● 教、学、做一体化教材

国家示范院校重点建设专业

给排水工程技术专业课程改革系列教材

给排水工程运行与管理

◎ 主 编 胡 昊
◎ 副主编 李 涛 洪 林 张思梅
◎ 主 审 满广生 汤 峰

中国水利水电出版社
www.waterpub.com.cn

内 容 提 要

本教材为国家示范建设专业——给排水工程技术专业课程改革系列教材之一，作者本着高职高专教育特色，依据国家示范院校重点建设专业人才培养方案和课程建设的目标和要求，按照校企专家多次研究讨论后制定的课程标准进行编写。

本教材包括6个学习项目，分别是：给水管网运行与管理、给水厂运行与管理、排水管网运行与管理、污水厂运行与管理、中水工厂运行与管理、建筑给排水管网管理与维护。

本教材突出高职高专教育特色，加大实训运用力度，基础内容具有系统性、全面性，具体内容具有针对性、实践性，满足专业特点和要求。

本教材为给排水工程技术专业的教学用书，也可作为土建类相关专业和工程技术人员的参考用书。

图书在版编目（CIP）数据

给排水工程运行与管理 / 胡昊主编. -- 北京 : 中国水利水电出版社, 2010.3(2022.1重印)
（国家示范院校重点建设专业、给排水工程技术专业课程改革系列教材）
ISBN 978-7-5084-7335-2

Ⅰ. ①给… Ⅱ. ①胡… Ⅲ. ①建筑工程：给水工程—高等学校：技术学校—教材②建筑工程：排水工程—高等学校：技术学校—教材 Ⅳ. ①TU82

中国版本图书馆CIP数据核字(2010)第038538号

书　　名	国家示范院校重点建设专业 给排水工程技术专业课程改革系列教材 **给排水工程运行与管理**
作　　者	主　编　胡　昊 副主编　李　涛　洪　林　张思梅 主　审　满广生　汤　峰
出版发行	中国水利水电出版社 （北京市海淀区玉渊潭南路1号D座　100038） 网址：www.waterpub.com.cn E-mail：sales@waterpub.com.cn 电话：(010) 68367658（营销中心）
经　　售	北京科水图书销售中心（零售） 电话：(010) 88383994、63202643、68545874 全国各地新华书店和相关出版物销售网点
排　　版	中国水利水电出版社微机排版中心
印　　刷	清淞永业（天津）印刷有限公司
规　　格	184mm×260mm　16开本　14.25印张　347千字
版　　次	2010年3月第1版　2022年1月第3次印刷
印　　数	4501—6000册
定　　价	**48.00**元

前言

水是生命之源，是城市发展的血液，维系着城市人民生存和社会经济发展的命脉。随着人口的增长，经济的发展，世界用水量在大幅度增长，同时污水的排放量与日俱增，水污染严重使可供利用的水资源减少，更加重了水资源的供需矛盾。目前，全球性的水污染问题对人类的生存和经济发展构成了越来越严重的威胁，防治水体恶化，保护水资源，走可持续发展的道路已成为人类共同追求的目标。水资源短缺和水环境污染使我国水工业面临双重压力，严重制约着我国社会经济的发展。

水在自然界中是唯一不可替代的资源，也是唯一可以重复利用的资源。科学用水和排水是人类社会发展史上最重要的社会活动和生产活动内容之一，特别是随着人类居住和生产的城市化进程，给排水工程已经发展成为城市建设和工业生产的重要基础设施，成为人类生命健康安全和工农业科技与生产发展的基础保障。因此，大力发展给排水工程；净化水质，控制水污染，保障城市供水的水量、水质、水压；强化给排水工程的运行控制与管理；提高给排水工程的运行效率、安全可靠性和最大限度地降低运行、维护和管理费用；解决城市水资源危机；使水资源实现良性社会循环；实现经济、环境、社会效益的三统一，具有重要的现实意义。

本教材是依据国家示范院校重点建设专业——给排水工程技术专业的人才培养方案和课程建设目标、要求进行编写的。本专业的课程改革是基于工作过程为导向，以项目为载体进行的。人才培养方案和课程重构建设方案由校企等多方面的专家经过多次研讨论证形成。根据课程教学基本要求，按照以学习情境代替学科为框架体系的编排结构，在教材风格上形成理论与实践相结合的鲜明特色。与以往教材对比，本教材理论知识本着适度的原则，在此基础上大幅度增加实训内容，着重培养学生解决工程实际问题的能力。

本教材由安徽水利水电职业技术学院胡昊任主编，编写人员及分工为：安徽水利水电职业技术学院李涛（学习项目 1、学习项目 3），胡昊（学习项目 2、学习项目 4），张思梅（学习项目 5），洪林（学习项目 6）。本教材由安徽水利水电职业技术学院满广生副教授、合肥市供水集团汤峰高工任主审。

在编写过程中，有关院校和单位的同行对本书提出了许多宝贵意见和热情协助，尤其得到了合肥市供水集团的大力支持，在此一并表示感谢。限于作者水平，书中难免存在欠妥之处，敬请广大读者批评指正。

编者

2010 年 1 月

目录

前言

学习项目1　给水管网运行与管理

学习目标：学生通过本学习项目的学习，能够了解给水工程的概况；掌握取水水源与构筑物运行与管理的方法；熟练掌握输配水管网运行与管理技能。

学习情境1.1　给 水 工 程 概 述

我国水资源严重短缺，而人口增加、工农业生产发展需水量的日益提高，且对水质标准要求越来越高，这就更需要加强对给水工程的各个子系统的运行与管理。整个给水工程或给水系统是包括水源取水工程、给水管网工程、给水处理工程三部分。

（1）水源取水工程。包括水资源（如江河、湖泊、水库、海洋等地表水资源，潜水、承压水和泉水等地下水资源，复用水资源）、取水设施、提升设备和输水管渠等。

（2）给水管网工程。包括输水管渠、配水管网、水压调节设施（泵站、减压阀）及水量调节设施（清水池、水塔等）等，又称为输水与配水系统，简称输配水系统或输配水工程。

（3）给水处理工程。包括各种采用物理、化学、生物等方法的水质处理设备和构筑物。生活饮用水一般采用反应、絮凝、沉淀、过滤和消毒处理工艺和设施；工业用水一般有冷却、软化、淡化、除盐等工艺和设施。

其中水质问题是给水工程目前需解决的科技难题。下面就给水处理对象、目的、基本原则、方法与工艺流程作简要介绍。

1. 给水处理对象

本书所讲的给水处理对象仅限于天然淡水水源，主要有来自地表的江河水、湖泊水和水库水、地下水（井水）等三大类。

江河水是降水经地面径流汇集而成的，是敞开流动的水体，其水质受地区、气候、生物活动以及人类活动的影响而有较大的变化。江河水一般均夹带有泥沙悬浮物而有浑浊度，从数十到数百度，随季节变化很大；河水的盐浓度一般在100～200m/L，一般不超过500mg/L，某些内陆河流也可达到很高的矿化度；河水中各主要离子的比例，一般是$Ca^{2+}>Na^{+}$、$HCO^{2-}>SO_4^{2-}>Cl^{-}$；河水一般情况下是一种含碳酸水类型的水质体系，化学成分有一定的稳定性。

湖泊水是由河流及地下水补给而成的，它的水质与补给水水质、气候、地质及生物等条件有密切关系，同时流入和排出的水量、日照和蒸发强度等也在很大程度上影响湖水的水质；水库水实际上是一种人造湖，其水质也与流入的河水水质和地质特点有关，但最终会形成与湖泊相似的稳定状态。

地下水是由降水经过土壤地层的渗流而形成的。地下水水质悬浮物质含量少、水比较清澈透明、有机物和细菌含量较少、受地面污染的影响小、溶解盐含量高、硬度和矿化度较大，水温基本保持稳定。地下水按其深度可以分为表层水、间层水和深层水，水层越深，地下水的特点就越明显。表层水是不透水层以上的地下水，受外界的影响比较大；间层水是指不透水层以下的中层地下水，受外界的影响较小，水质成分稳定，具有明显的地下水特征，一般较大的供水水源或深井取水都是利用此类水层；深层水是指与外界完全隔绝的地下水层，一般有很高的矿化度或特种盐类。

2. 给水处理目的

去除或降低原水中的悬浮物质、胶体、细菌、微生物及其他有害杂质，使处理后的水质满足用户需要和要求。

3. 给水处理基本原则

(1) 充分利用现有技术、方法和手段来净化水质，一般遵循先易后难、先简后繁的原则，即先去除容易去除的物质，然后再去除难去除的物质，先采用简单的方法然后再采用复杂的方法。

(2) 应采用尽可能低的工程造价建造水处理构筑物及建筑物。

(3) 应采用合理的工艺流程，在达到水质要求的条件下，尽量降低运行成本。

4. 给水处理方法

给水处理通常采用的方法有：

(1) 自然沉淀。去除水中粗大颗粒杂质。

(2) 混凝沉淀。使用药剂、泥淀或澄清去除水中胶体、悬浮物等杂质。

(3) 过滤。使水通过细孔型滤料伏，截留前述工艺单无剩余细微杂质。当原水水质较好时，可不经沉淀，直接加药、混凝、过滤（称为接触过滤法），去除水中胶体及悬浮物。

(4) 消毒。杀灭水中细菌和病毒，保证用水的卫生和安全。

(5) 软化。降低水中硬度，减少 Ca^{2+} 、Mg^{2+} 等，使水质软化。

(6) 除铁除锰，去除地下水中过量铁锰，改善水质。

5. 给水处理工艺流程

影响给水处理工艺流程选择的因素主要有原水水质、处理后水应达到的水质要求、处理规模——水量及技术经济指标等。选择水处理工艺流程时，最好参考条件相近的水处理厂的运行经验。在确定工艺流程过程中，常会遇到同时有几个方策都能达到目的的情况，此时需要进行技术经济比较，择优选用。

以地表水为水源时，生活饮用水处理通常采用混合、絮凝、沉淀（澄清）、过滤和消毒的工艺流程；以地下水为水源的生活用水，处理工艺通常比较简单，依水质确定工艺环节；特殊原水水质（如含藻、含铁锰、微污染水）为水源时，则需要特殊处理。

(1) 一般水源净化处理工艺流程。一般水源是指原水水质基本符合 GB 5749—2006《生活饮用水卫生标准》规定的水源，其净水工艺流程及适用条件如下：

1) 原水—简单处理（筛网隔滤或消毒）。此工艺适用于水质好或水质要求不高的情况下，如冷却用水。

2) 原水—混凝、沉淀或澄清。此工艺适用于进水悬浮物浓度小于 2000～3000mg/L，短时间允许 5000～10000mg/L，出水浊度约为 10～20NTU 的情况，一般用于水质要求不高的工业用水。

3) 原水—接触过滤—消毒。此工艺适用于：①浊度、色度较低的湖泊和水库水；

②进水浊度小于 50NTU，水质稳定变化小且无藻类繁殖情况。

4）原水—混凝、沉淀（澄清）—过滤—消毒。此工艺是一般地表水水处理厂广泛采用的常规处理流程。当进水悬浮物浓度小厂 3000mg/1，出水浊度小于 3NTU 时常采用。低浊度无污染的水可不加絮凝剂或跨越沉淀直接过滤。含藻、低温低浊水处理时沉淀工艺可采用气浮池或浮沉池。

（2）高浊度水处理工艺流程。高浊度水一般浊度高，含沙最大，砂峰持续时间较长，其所用工艺主要是加强预沉，可供选择的工艺流程如下：

1）原水—预沉—混凝沉淀（澄清）—过滤—消毒。

2）原水—沉沙池—混凝沉淀（澄清）—过滤—消毒。

3）原水—调蓄池—混凝沉淀（澄清）—过滤—消毒。

4）原水—混凝沉淀（澄清）—沉淀调蓄池—过滤—消毒。

5）原水—混凝沉淀（澄清）—沉淀调蓄池—过滤—消毒—清水调蓄水池。

上述工艺的适用条件说明如下：

1）工艺中二级沉淀（澄清）工艺适用于含砂量大，砂峰持续时间长的原水。

2）预沉后原水含砂量应降到 1000m/L 以下。

3）在采用沉砂池、人字形折板絮凝池和组合沉淀池（平流沉淀池分为两段，前段平流区完成初沉，后段设为斜管沉淀）进水悬浮物浓度 1000mg/L 时，出水浊度一般在 1C～15NTU 以下。

4）高浓度水处理沉淀（澄清）池池型选择：一级沉淀构筑物，大中水厂用辐流式沉淀池、水力循环澄清池；二级沉淀构筑物，大水厂一般用组合沉淀池，中小水厂多采用机械搅拌澄清池。

5）中小型水厂有时在滤池后建造清水调蓄池以适应用水量变化。

6）对沉淀池排泥问题，若地形允许，采用重力流大口径直管就近排泥；限于地形无法重力排泥时，可采用泥浆泵压力排泥。

（3）含藻水处理工艺流程。水库、湖泊水原水往往浊度较低、含藻较高。在除浊的同时还要考虑除藻，其常见的净水工艺流程及适用条件如下：

1）原水—气浮—过滤—消毒。

2）原水—微滤—接触过滤—消毒。

3）原水—微滤—微絮凝接触过滤—消毒。

上述 3 种工艺主要用于低温原水，进水浊度小于 100NTU 的情况。

4）原水—混凝—气浮—过滤—消毒。此工艺适用于以富营养型湖泊、水库水为水源，且浑浊度常年小于 100NTU 的原水。

5）原水—混凝—直接过滤—消毒。此工艺以贫一中营养或中一富营养型湖泊、水库为水源，且浊度小于 20NTU 的原水。

6）原水—杀藻—混凝沉淀（澄清）—过滤一消毒。此工艺用于一般原水。

（4）除铁、除锰水处理工艺流程。当水中铁、锰含量超过现行 GB 5749—2006 的规定或超过工业用水水质要求时，应对原水进行除铁、除锰处理。除铁、除锰净水工艺流程及适用条件如下：

1）原水曝气—接触氧化过滤。当原水只含铁不含锰时采用该工艺，但要求曝气后水的pH值在6.0以上。

2）原水曝气—氧化—过滤。要求曝气后水的pH值在7.0以上。

3）原水曝气—混凝—过滤。适用于原水含铁、锰量不很高的地下水。

4）原水曝气—混凝—沉淀—过滤。适用于地表水含铁、锰又需要去除浊度时采用。

5）原水曝气—单级过滤。适用于原水含铁、锰量高于标准不大情况。

6）原水曝气——次过滤除铁—二次过滤除锰。适用于原水含铁高，含锰不高的情况。

7）原水曝气——次过滤除铁—曝气—二次过滤除锰。适用于原水含铁、锰量均较高的情况。

（5）微污染水源水处理工艺流程。根据水源水质的具体情况，对于微污染水源水可选择下列工艺流程，作为给水处理工艺：

1）原水—生物预处理—混凝沉淀—过滤—消毒。

2）原水—生物预处理—混凝沉淀—过滤—活性炭吸附—消毒。

3）原水—混凝沉淀—生物处理—过滤—消毒。

4）原水—混凝沉淀—生物处理—过滤—活性炭吸附—消毒。

5）原水—预臭氧氧化—生物处理—混凝沉淀（气浮）—过滤—颗粒活性炭（GAC）吸附—消毒。

6）原水—预臭氧氧化—生物处理—混凝沉淀（气浮）—过滤—消毒。

当水源水浊度和色度较低时，可选择工艺1）；如果需要更好的水质，可选择工艺2）；当水的浊度和色度较高时，可选择工艺3）或工艺4）；对于富营养化水源水，当其藻类数量不是很高、致变活性较强时，可选择工艺2）；如水的致变活性不强时，可选择工艺1）；当水中藻类数量很高、致变活性较强时，可选择工艺5）；如水的致变活性不强时，可选择工艺6）。

学习情境1.2　取水水源与构筑物运行与管理

1.2.1　取水水源运行与管理

1.2.1.1　地表水源的管理

1. 水量管理

（1）认真观察和记录取水口附近河流流量的水位，每日一次；洪水期间适当增加次数。对江河水源可由当地水文部门协助测量，对湖泊和水库水源，可请当地水文部门协助测量，测绘出水位—水库关系曲线，并在水塔附近设立水位标尺，根据水位变化，推算出进水量、出水量和库容。

（2）记录当天总取水量和取水流量。

（3）记录当天气温和降雨情况。

（4）水库（湖泊）水源还应增加观测记录进水量、出水量和库容。

（5）防汛期间应及时了解上游水文变化和洪水情况。

（6）地表水水源的水量管理由进水泵房或取水设施值班人员负责观察和记录，每月由厂部主管生产技术人员汇总，每年有专人对所有资料整理与分析。

（7）进行一次分析整理，绘制河水流量与水位的变化曲线，寻求对策。

2. 水质管理

(1) 认真分析和记录取水口附近，河（湖）水的浊度、pH 值及水温，每日一次，在水质变化频繁的季节要适当增加分析次数和内容。

(2) 每月或每季度对取水口附近的河（湖）水水质选择有代表性的几个重要理化指标进行一次常规分析，分析项目有：浊度、色度、臭和味、肉眼可见物、叫值、总碱度、氨氮、亚硝酸氨、硬度、溶解氧、耗氧量、细菌总数、大肠菌群、水库和湖泊水源要增加氮、磷等项目的监测。

(3) 每季或每半年对取水口附近河（湖）水按 GB 5749—2006 规定的所有项目进行一次全分析。

(4) 每年应对取水口上游进行水源污染调查。

(5) 水库与湖泊水源每 3 个月还要对不同深度的水温和浊度进行一次检测，并要分析检测藻类与浮游生物含量，在水质变化频繁季节，适当增加检测次数。

(6) 每日的浊度、pH 值及水温可由进水泵房或进水操作人员进行常规分析，全分析由厂化验室进行，如无化验条件的可以委托当地卫生部门或其他有条件的水厂进行。

(7) 整理与分析所有分析资料，应由专人进行分析、整理。发现异常情况，应立即分析研究，查找原因，寻求对策。每年都要写出水质分析的书面总结，所有资料应当存档保存。

1.2.1.2　地下水源的管理

地下水源的管理基本同地表水源的管理，但尚有其特殊性。

1. 水量管理

(1) 记录每天出水量，井内水位、水温。

(2) 经常了解其他周围水井水位变化，研究由于抽水造成的地下水位降漏斗的范围。

(3) 靠近河水附近取水的地下水源要观察河水流量与水位变化对地下水源取水量的影响，通过观察了解和分析，及时预测取水量可能发生的变化趋势。

2. 水质管理

水质管理同地表水源水质管理。

每日做一次细菌项目分析，每月做一次常规分析，每年做一次全分析，同时，应严格做好水源的卫生防护工作。

1.2.2　取水构筑物的运行与管理

取水构筑物是给水工程的重要组成部分之一，它的任务是从水源取水并送至水厂或用户。取水构筑物可分为地下水取水构筑物和地表水取水构筑物。

1.2.2.1. 地下水取水构筑物分类

由于地下水类型、埋藏深度、含水层性质等各不相同，开采和取集地下水的方法和取水构筑物形式也各不相同。常见的取水构筑物有管井、大口井、辐射井、复合井及渗渠等。其中以管井和大口井最为常见，大口井井径 2～10m，常用 3～6m，井深在 20m 以内，常用 6～15m。大口井广泛应用于取集浅层地下水，地下水埋深通常小于 10m，含水层厚度在 5～15m 之内。管井井径 50～1000mm，常用 150～600mm，井深 20～1000m，常用 300m 以内。管井用于开采深层地下水。渗渠直径 450～1500mm，常用 600～1000mm，埋深在 10m 以内，常用 4m。渗渠可用于取集含水层厚度在 4～6m、地下水埋深小于 8m 的浅层地下水。辐射井是由集水井和若干水平铺设的辐射形集水管组成。集水井直径 4～6m，辐射管直径 50～300mm，常用 75～150mm，集水井井深常用 3～12m。辐射井一般用于取集含水层厚度较薄而不能采用大口井的地下水。复合井是大口井与管井的组合，适用于地下水位较高、厚度较大的含水层。

地下水取水构筑物的位置主要取决于水文地质条件、地质环境和用水要求，应选择在水质良好，不宜受污染的富水地段；应尽可能靠近主要用水区；应有良好的卫生防护条件，为避免污染，城市生活饮用水的取水点应设在地下水的上游；应考虑施工、运箍、维护管理方便，不占或少占农田。

1.2.2.2　地下水取水构筑物的运行与管理

1. 管井

(1) 管井的运行巧管理。管井使用得合理与否，将影响其使用年限。生产实践表明，很多管井由于使用不当，出现出水量衰减、涌砂、甚至导致早期报废。管井使用应注意下列问题：

1) 抽水设备的出水量应小于管井的出水能力，并使管井过滤器表面进水流速小于允许进水流速，否则，有可能产生出水含砂量增加。破坏含水层渗透稳定性。

2) 违立管井使用卡制度。每口管井都应有使用卡。使值班或巡视人员逐日按时记录水井的出水量、水位、出水压力和电动机电流、电压、温度，据以检查、研究出现异常现象的问题，以便及时处理。为此，管井应安装水表及观测水位的装置。

3) 严格执行必要的管井、机泵的操作规程和维修制度：如深井泵运行应遵守预润手续，及时加注机泵润滑油等，机泵必须定期检修、水井也要及时清理沉淀物。必要时还要进行洗井，以恢复其出水能力。

4) 对于季节性供水的管井，在停运期间，应定期抽水、以防长期停用使电动机受潮和加速井管腐蚀巧沉积，对于地下式井室的管井和高矿化度地下水的地区，更应注意这一情况。

5) 管井周围应按卫生防护要求，保持良好的卫生环境和进行绿化。

(2) 管井出水量减少原因及其恢复措施。管井在使用过程中，往往会有出水量减少现象，通常有管井本身和水源两方面的原因。

1) 属于管井原因，除抽水设备故障外。一般多为过滤器或其周围填砾、含水层填塞造成的，主要有以下 4 种情况。

a. 过滤器进水孔尺寸选择不当、缠丝或滤网腐蚀破裂、井管接头不严或错位、井断裂等原因，使砂粒、砾石大量涌入井内，造成堵塞。

b. 过滤器表面及周围填砾、含水层被细小泥砂堵塞。

c. 过滤器及周围填砾、含水层被腐蚀胶结物和地下水中析出的盐类沉淀物填塞。

d. 因细菌繁殖造成堵塞。

属于 a. 的堵塞，应更换过滤器，或修补封闭漏砂部位，弹力套筒补井是一种较好补井方法。此法是将 2mm 厚钢板卷成长度 3～5m（视补井需要）的开口套筒，然后将套筒卷紧，安置在特制的紧固器上，送入井下预定位置。最后松开紧固器，套筒则借自身弹力张开，紧紧贴在井管上，达到封闭目的。

属于 b. 的堵塞可用下列方法：①用安装在钻杆上的钢丝刷，在过滤器内上下拉动，清除过滤器表面上的泥沙；②活塞洗井；③压缩空气洗井。

属于 c. 的情况系化学性的堵塞、地下水含有盐类，是天然的电解质，浸在其中的金属过滤器必然产生程度不同的电化学腐蚀。此外，地下水溶解有钙、镁等盐类，也会沉积于过滤器及其周围的含水层，形成不透水的胶结层。上述化学性堵塞除在设计管井时考虑相应的措施外，在维护中可用酸洗法来清除。常用浓度为 18%～35%的工业盐酸清洗，为防止酸液侵蚀过滤器及注酸设备，应加入缓蚀剂（甲醛的水溶液），洗毕，应立即抽水，防止酸洗剂的扩散，以保证湖水水质。

应该注意，注酸洗井必须严格按操作规程进行，以保证安全。

属于 d. 的情况，可用氯化法或酸洗法使其缓解。

2）属于水源方面引起管井湖水量减少的原因有：

a. 地下水位区域性下降，使管井湖水量减少。应调整现有抽水设备的安装高度，必要时需改建取水井，使之适应新的水文地质情况。

b. 含水层中地下水的流失。地下水流失可能是地震、矿坑开采或其他自然与人类活动的结果，使地下水流入其他透水层、矿坑或其他地点。

（3）增加管井出水量的措施。

1）真空井法。在井孔抽水时，将管井全部或部分密闭，使管井处于负压下进水（实质上是增加水位降落值）、以达到增加出水量的目的。

2）爆破法。在坚硬裂隙岩溶含水层中取水时，常因孔隙、裂隙、溶洞发育不均匀，影响地下水的流动，从而影响水井的出水量。在这种情况下，采用井中爆破法处理，能增强含水层的透水性。

这种方法通常是将炸药和雷管封置在专用的爆破器内，用钢丝绳悬吊在井中预定位置，用电起爆。当含水层很厚时，可以自下而上分段进行爆破。爆破的岩石、碎片用抽筒或压缩空气清理出井外。

应该指出，爆破法不是对所有含水层都有效，如在松软岩层中不很适合。爆破前，必须进行含水层岩性、厚度和裂隙溶洞发育程度等情况分析，拟定爆破计划。

3）酸处理法。对于石灰岩地区的管井可采用注酸的方法，以增大或串通石灰岩裂隙或溶洞，增加出水量。注酸管用封闭塞在含水层上端加以封闭。注酸后即以 980Pa 以上的压力水注入井内，使酸液渗入岩层裂隙中，注水时间约 2～3h 左右。酸处理后，应及时排除反应物，以免沉淀在井孔内及周围的含水层中。

2. 大口井

（1）大口井的运行与管理。大口井的运行和管理基本上与管井相同，可参考管井的相应部分。另外，还应注意以下两点：

1）应均匀取水。大口井在运行中应均匀取水，最高时开采水量不应大于设计允许的开采水量。在使用的过程中应严格控制出水量，由于大口井在丰水期和枯水期的出水量变化幅度较大，所以在枯水期更要杜绝过量开采的产水方式，否则，很容易破坏滤层结构，导致井内大量涌砂，直至造成大口井报废。

2）防止水质污染。大口井一般集取浅层地下水，应加强防止井周围地表水的侵入。井口、井筒的防护构造应定期维护；在地下水影响半径范围内，注意污染观测；严格按照水源卫生防护的规定制订卫生管理制度；保持井内良好的卫生环境，经常换气并防止井壁微生物生长。

(2) 增加大口井出水量的措施。

1) 降低水泵标高，使用多年的大口井，往往遇到井内动水位下降、水泵吸水扬程增加、效率降低、出水量相应减少等现象，若有条件将水泵下降，可以改善水泵的工作条件，恢复一定的出水量。

2) 重新铺设井底反滤层。对由于井底反滤层铺设不当或已造成井底严重淤积的大口井，应采取重新铺设反滤层的办法以加大出水量。铺设时要先将地下水位降低，将原有反滤层全部挖出，彻底清洗并补充滤料，严格控制径粒规格和层次排列，保证施工质量。

3) 清理井壁进水孔，换填井壁周围的反滤层。一般在井壁外堆填砾石粒径为 80～150mm；外面填三层反滤料，最外层粒径为 2～4mm，中间层为 10～20mm，内层为 50～80mm。

3. 渗渠

(1) 渗渠的运行与管理。渗渠的管理与管井、大口井的管理有共同之处，另外还应注意以下几点：

1) 掌握渗渠出水量的变化规律，渗渠的出水量与河流流量的坐化关系密切，当河流处于丰水期时渗渠出水量大，枯水期时出水量小。需要通过长时期的观测，掌握渗渠出水量的变化规律，以便正确指导生产。

2) 加强水质管理。渗渠的出水往往只经消毒就送往用户，做好渗渠的水质监测和水源卫生防护对确保出水水质具有重要意义。

3) 做好渗渠的防洪。设置于河床中的渗渠、检查井、集水井等要严防洪水冲刷和洪水灌入集水管造成整个渗渠的淤积。应在每年洪水期前，做好一切防洪准备，如详细检查井盖封闭是否牢靠，护坡、丁坝等有无问题等，洪水过后应再次检查并及时清淤、修补被损坏部分。

(2) 渗渠出水量衰减原因及其防止措施。渗渠常由于泥砂淤积河床和淤塞含水层、填砾层，在运行中常存在不同程度的湖水量衰减问题，严重时，会出现早期报废。主要有以下两方面的原因：

1) 渗渠本身的原因。渗渠反滤层和周围含水层受地表水中泥砂杂质淤塞。防止渗渠淤塞的措施为选择河水含泥砂杂质少的河段，合理布置渗渠，避免将渗渠埋设在排水沟附近；控制取水量，降低水流渗透速度；保证反滤层的施工质量。

2) 水源的原因。渗渠所在地段河流水文和水文地质状况发生变化，如地下水水位发生地区性下降；河流水量减少，水位降低，尤其是枯水期流量的减少；河床变迁，主流偏移等。

为防止上述问题的发生，在设计时应全面掌握有关水文和水文地质资料，对河床变迁趋势进行科学的预测，对开发地区水资源状况做出正确评价。选择适当河段，在有条件时，应采取必要的河道整治措施，以稳定水源所在的河床或改善河段的水力状况。

(3) 增加渗渠出水量的措施。

1) 修建拦河闸。山区河流如果距离渗渠下游河床较近，则可垂直河流修建拦河闸，枯水期关闸蓄水，抬高水位以增加渗渠出水量。丰水期开闸放水，冲走沉积的泥砂恢复河床的渗透性能。

2）修建临时性的拦河土坝。无条件修闸时，可在渗渠下游将河砂堆成土堤以缩小枯水期河流断面，达到提高河水水位的目的。堆堤工作应在每年枯水期前进行，翌年春季雨水来临前拆除。这种方法管理繁琐，每年工程量较大。改进的方法是将土坝顺河修筑，慢慢缩小水面，这样有可能在第二年洪水时只冲走倾斜缩口的部分土堤，而能保留一大部分，以减少第二年工程量。

3）修建地下潜水坝。即在河底以下修筑地下截水墙。当含水层较薄，河流断面较窄时，两岸为基岩或弱透水层，在渗渠所在河床下游 10～30m 范围内修建截水潜坝，可以截取全部地下水量，有效提高渗渠出水量。

1.2.2.3　地表水取水构筑物分类

由于地表水水源的种类、性质和取水条件各不相同，因而地表水取水构筑物有多种形式。按水源分，则有河流、湖泊、水库取水构筑物；按取水构筑物的构造形式分，则有固定式（岸边式、河床式、斗槽式）和活动式（浮船式、缆车式）两种。其中江河取水构筑物具有普遍性和代表性，湖泊、水库取水构筑物多数情况下都是根据不同水体条件，从最基本的江河取水构筑物类型演变而来。

地表水取水构筑物的位置主要取决于水源的水文、地形、地质、卫生等要求。应选择在水质较好，不宜受污染的地段；具有稳定河床和河岸，靠近主流，有足够的水深；具有良好的地质、地形及施工条件；靠近主要用水地区；应注意河流上的人工构筑物或天然障碍物；避免冰凌的影响；应与河流的综合利用相适应。

1.2.2.4　地表水取水构筑物的运行与管理

1. 江河水取水构筑物

取水构筑物的类型很多，但可分为固定式取水构筑物和活动式取水构筑物两类。江河取水构筑物形式是根据对取水量和水质的要求，结合江河的水流状态、流量流速、水位变幅、河床断面状况、河床地质条件、冰情和航运等情况，以及施工、运行来决定的。固定式取水构筑物与活动式取水构筑物相比具有取水可靠，维护管理简单，适用范围广等优点，但投资较大，水下工程量较大，施工期长，在水源水位变幅较大时，尤其是这样。固定式取水构筑物，设计时应考虑远期发展的需要，土建工程一般按远期设计，一次建成；水泵机组设备可分期安装。

江河固定式取水构筑物主要分为岸边式和河床式，另外还有斗槽式等。

直接从江河岸边取水的构筑物称为岸边式取水构筑物，是由进水间和泵房等部分组成。它适用于江河岸边较陡、主流近岸、岸边有足够水深、水质和地质条件较好、水位变幅不大的情况。

河床式取水构筑物与岸边式基本相同，但用伸入江河中的进水管来代替岸边式进水间的进水孔。因此，河床式取水构筑物由取水头部、进水管、集水井和泵房等部分组成。它适用于河床稳定、河岸较平坦、枯水期主流离岸较远、岸边水深不够或水质不好而河中又具有足够水深或较好水质的情况。

斗槽式取水构筑物是在岸边式或河床式取水构筑物之前设置“斗槽”逆水，称之为斗槽式取水构筑物。它适用于河流含砂量大、冰絮较严重、取水量较大、地形条件合适时采用。

活动式取水构筑物主要分为浮船式和缆车式两种，在水源水位变幅大，供水要求急和取水量不大时考虑采用。

江河取水构筑物的运行与管理主要包括原水水质的监测、取水构筑物的维护和取水泵站的运行和维护。主要运行控制参数有原水浊度、pH值、水温、河水水位、取水泵站吸水井水位、取水泵机组进口真空度及出口压力、总管压力、流量等。常见的主要措施有：

（1）防漂浮物措施。对于江河取水构筑物，水流中往往挟带有漂浮物，特别是每年汛期第一、二次洪水中，水草杂物特别多，很容易聚集于进水孔和取水头部的格栅和格网上，严重时会把进水孔和取水头部堵死，造成断流事故，是江河取水构筑物日常维护管理的重点。

1）防草措施。在河网地区取水口附近的河面上，通常设置防草浮堰、挡草木排和在压力管中设置除草器等。以阻止漂浮在水面上的杂物靠近取水头部和进入水泵。

2）改进格栅。在取水头部或进水间的进水孔上设置格栅，以拦截水中粗大漂浮物和鱼类。当格栅不能有效拦截时，可采用增设旋转格网、增加栅条数量和在栅条上增设横向钢筋等措施。另外，由于人工清栅存在劳动强度大，洪水期清理困难等问题，可采用机械或水力方法及时清理格栅。

3）加强管理。建立巡回检查制度，一般每天检查一次，在汛期，应增加检查次数，发现有堵塞现象要及时采取措施，以免延误。

（2）防冰冻、防冰凌措施。北方大多数河流在冬季均有冰冻现象，特别是水内冰、流冰和冰坝等，对取水的安全有很大影响。冬季取水构筑物在运行时，应采取的防冰措施有：

1）加快水流速度。水深较浅、河面较宽的河流，在冰冻前修筑顺河土坝，使水流在较窄的河面上流动，加快取水头部处的水流流速，在一定程度上可以防止冰冻的形成。土坝每年冰冻前修筑，翌年汛前拆除。

2）经常破冰。在进水孔附近每天破冰1～2次或3～4次，以避免整个取水头部封冻而造成停止进水的事故。

3）通入压缩空气。在进水孔附近的水域中，每隔一定时间通入压缩空气，使进水孔处的水域经常产生水浪，防止水流冰冻。空气压缩机可以设置在岸边或泵房内，利用导管将压缩空气送至进水孔附近的水域中，输送压缩空气的间隔时间可根据气温高低，以水不封冻来确定。

4）降低进水孔流速。降低进水孔的进水流速可减少水内冰的带入数量，能阻止过冷水形成冰晶。但流速减小必增大进水孔面积，在实际使用中受到限制，一般进水孔流速控制在0.05m/s，左右为宜。

5）加热格栅法。该方法比较有效，应用较广。通常采用电、蒸汽或热水加热格栅，防止冰冻。电加热格栅是把格栅的栅条当作电阻，通电后使之发热。蒸汽或热水加热格栅是将蒸汽或热水通入空心栅条中，然后再从栅条上的小孔喷出。

6）在进水孔前引入废热水。当取水构筑物附近有洁净的工厂废热水可利用时，可采取此措施。常用于电厂取水构筑物防冰，简易有效。

7）在进水孔上游设置挡冰木排。适用于河水中流速较大、冰凌撞击较严重的河段，以阻挡水内冰进入进水孔。

8）设置导凌设备。因被导凌设备撞碎的冰屑需流经一定距离后才逐渐稳定浮于水面，所以导凌设备在进水孔上游的距离，通常根据导凌设备后水流情况来确定。为了得到较好的效果，取水头部一般设在第二排导凌设备后10～30m稳定区域内；导凌设备长度通常根据河水流速来确定，一般在 8～10m 左右，布置成二排，间隔为 20m 左右；导凌设备与水流方向的夹角，则根据流速大小来确定。当流速在 1.5m/s 时，可采用 30°夹角；导凌设备的固定，一般采用岸上设固定桩用钢丝绳锚固或在水中用铁锚固定，当水位涨落或流速变化时要能够保证随时调整其布置及角度。

9）采取渠道引水。使水内冰在渠道内上浮，并由排水渠排走。

（3）进水管的维护措施。河床式取水构筑物的进水管主要有自流管、进水暗渠、虹吸管等。自流管一般采用钢管、铸铁管和钢筋混凝土管。虹吸管要求严密不漏气，通常采月钢管，当埋在地下时，亦可采用铸铁管。进水暗渠一般用钢筋混凝土，也有利用岩石开凿衬砌而成。

为了提高进水的安全可靠性和便于清洗检修，进水管一般不应少于两条。当一条进水管停止工作时，其余进水管通过的流量应满足事故用水要求。进水管的管径是按正常供水的设计流量和流速确定的。进水管的设计流速一般不小于 0.6m/s，即大于泥砂颗粒的不淤流速，以免泥砂沉积进水管内，造成淤积；当水量和含沙量较大、进水管短时，可适当增大管内流速，管线冲洗成检修时，管中流速允许达到 1.5～2.0m/s。

自流管一般埋设在河床下 0.5～1.0，以减少其对江河水流的影响和免受冲击。自沉管如需敷设在河床上，须用块石或支墩固定。自流管的坡度和坡向应视具体条件而定，可以坡向河心、坡向集水间或水平铺设。

（4）抗洪、防汛措施。取水构筑物一般设在河岸或河床中间，取水泵房紧靠河道。每年的防汛工作至关重要、主要采取以下防汛措施：

1）掌握水情。

2）准备防汛物资。

3）防汛前检查。

4）巡查堤防。

5）采取防漫顶措施，当水位越过警戒水位时，堤防有可能出现漫顶前，要抓紧修筑子堤，即在堤防上加高，一般采用草袋铺筑。

6）防风浪冲击。堤防迎水面护坡受风浪冲击比较严重时，可采用草袋防浪措施。

7）及时处理漏洞。

2. 其他地表水取水构筑物

对于湖泊和水库取水构筑物和海水取水构筑物，在运行和维护中主要是防止泥沙淤积，减轻藻类和浮游动植物造成的取水头部、格网和管道堵塞。常用的防治生物的方法有加氯法、加碱法、加热法、机械刮除、密封窒息、含毒涂料、电极保护等。其中以加氯法采用最多，效果最好，水中余氯量保持在 0.5mg/L 左右即可抑制生物的繁殖。

学习情境 1.3　输配水管网运行与管理

1.3.1　管材、附件和附属构筑物

1.3.1.1　水管材料和管件

输配水工程是给水系统中投资最大并且是极为重要的组成部分。输配水管网由相互联系的一系列水管和管网附件连接而成，水管为工厂现成产品，运到施工现场后进行埋设和

接头。

按照水管厂做条件，水管基本条件应满足以下要求：

(1) 有足够的强度，可以承受各种内部水压和外部荷载。

(2) 水密性好，它是管网有效而经济地工作的重要条件。如因管线的密性差以至经常漏水，无疑会造成水量浪费、增加管理费用和导致经济上损失，同时，管网漏水严重时也会冲刷地层而引起严重事故。

(3) 水管内壁面应光滑、不结垢以减小水头损失。

(4) 水管材料应耐腐蚀，有较高的防止水和土壤的侵蚀能力。

(5) 价格较低，使用寿命较长。

此外，水管接头应施工简便，工作可靠。

总之，水管应使管网运行安全、可靠、水质稳定、节省输水能量。

水管可分金属管（铸铁管和钢管）和非金属管（钢筋混凝土管、玻璃钢管、塑料管等）。水管材料的选择，取决于承受的水压、外部荷载、埋管地质及施工条件、市场供应情况等，现将各种管材的性能分述如下。

1. 铸铁管

根据铸铁管制造过程中采用的材料和工艺的不同，可分为灰铸铁管和球墨铸铁管，后者的质量和价格比前者高得多，但产品规格基本相同。铸铁管经久耐用，有较强的腐蚀性。

连续铸造的铸铁管称灰铸铁管，以往使用最广，但由于连续铸造工艺的缺陷，质地较脆，抗冲击和抗振能力较差，接口易漏水、易产生水管断裂和爆管事故，给生产带来很大的损失。目前，灰铸铁管已逐渐被球墨铸铁管取代。

球墨铸铁管的石墨形态主要为球状结构，较石墨为片状结构的灰铸铁管的强度高，故其管壁较薄，质量较轻，节省管材。球墨铸铁管既具有灰铸铁管的许多优点，而且力学性能又有很大提高，其耐压力是灰铸铁管的多倍，耐蚀性能远高于灰铸铁管，但低于钢管，因此是理想的管材，很少发生爆管、渗水和漏水现象。球墨铸铁管一般适用于大、中、小口径管道，我国目前生产的最大直径为1400mm，使用的最大直径为2600mm，国外最大直径已达2900mm。

球墨铸铁管已被国内建设主管部门和供水企业选定为今后首选的管道材料。

铸铁管有各种标准铸铁配件，可在水管转弯、管径改变、分叉或管道与附件之间衔接等连接处应用。

铸铁管接口有两种形式：承插式和法兰式。水管接头应紧密不漏水，特别是沿管线的土质不均匀而有可能发生沉陷时，埋在地下的水管接头必须稍带柔性。

承插式接口适用于埋地管线，安装时将插口插入承口内，两口之间的环形空隙用接头材料填实，接口施工麻烦，劳动强度大。接口材料一般可用橡胶圈、膨胀性水泥或石棉水泥，特殊情况下也可用青铅接口。目前不少单位采用膨胀性填料接口，利用材料的膨胀性达到接口密缝的目的。

承插式铸铁管采用橡胶圈接口时，安装时无需敲打接口，因而减轻了劳动强度，并加快了施工进度。

法兰接口的优点是接头严密，便于拆装，检修方便，常用来连接泵站或水塔的进、出水管。为使接口不漏水，在两法兰盘之间嵌以 3～5mm 厚的橡胶垫片。

在管线转弯、分叉、管径变化以及连接其他附属设备处，须采用各种水管配件。例如，承接分支管用丁字管和十字管；管线转弯处需根据情况采用各种角度的弯管；变管径处采用渐缩管；改变接口形式处采用承盘短管或插盘短管等。

2. 钢管

钢管可分为焊接钢管和无缝钢管两种。前者适用于大、中口径管道；后者适用于中、小口径管道。钢管的特点是能耐高压、耐振动、质量较轻、单管的长度大和接口方便，但耐蚀性差，管壁内外都需有防腐措施，并且造价较高。在给水管网中，通常只在管径大和水压高处，以及因地质、地形条件限制或穿越铁路、河谷和地震地区时使用。

钢管用焊接或法兰接口。所用配件如三通、四通、弯管和渐缩管等由钢板卷焊而成，也可直接用标准铸铁配件连接。

3. 钢筋混凝土管

在给水工程建设中，有条件时宜以非金属管代替金属管，对于加快工程建设和节约金属材料都有现实意义。钢筋混凝土管分为自应力钢筋混凝土管和预应力钢筋混凝土管（分为普通型和加钢套筒型）。

预应力混凝土管和自应力钢筋混凝土管具有良好的抗渗性和耐久性，防腐能力强，不需要任何防腐处理。管壁光滑，水力条件好，耐蚀性能优于钢管，不易腐蚀或结垢，爆管率低，但因水管质量大而质地较脆，不便于运输和安装。铺管时，沟底必须开挖平整，以免水管局部架空而受损，覆土必须夯实。目前还没有标准配件，须用特制配件连接，接口采用橡胶圈，施工安装方便。

预应力钢筒混凝土管是在预应力钢筋混凝土管内放入钢筒，其用钢量比钢管省，价格比钢管便宜。其接口为承插式，承口环和插口环均用扁钢压制成形，与钢筒焊成一体，是一种比较理想的管材。

自应力钢筋混凝土管会后期膨胀，可能使管材疏松，管径最大为 600mm。一般仅用于农村及中、小城镇水压较低的次要管线上。

4. 玻璃钢管

玻璃钢管是一种新型的非金属材料，指玻璃纤维增强树脂塑料管（GRP），是以玻璃纤维和环氧树脂为基本原料预制而成，具有强度高、耐腐蚀、内壁光滑、不结垢、水头损失小、质量轻、加工和接口方便等优点。在管径相同的条件下，其质量是钢管的 40%、是预应力钢筋混凝土管的 20%，其综合造价介于钢管和球墨铸铁管之间，可考虑在强腐蚀性土壤中采用。

5. 塑料管

塑料管近年来发展很快，种类很多，给水工程常用的塑料管有多种，如聚丙烯脂—丁二烯—苯乙烯塑料管（ABS）、高密度聚乙烯塑料管（PE）、聚丙烯塑料管（PP）和硬聚氯乙烯塑料管（UPVC）等。

塑料管具有强度高、表面光滑、不易结垢、水头损失小、耐蚀性能优良质量轻、加工和接口方便等优点。但是管材的强度较低，线胀系数较大，用作长距离管道时，需考虑温度补偿措施，例如伸缩节和活络接口。

塑料管常用管径为 15～50mm，小区多为 $DN100 \sim DN200$，管径一般不大于

DN400。配件有塑料三通、四通、90°弯管和阀门等。接口方式有焊接、胶合剂黏接、熔接或丝扣连接等。

上述各种材料的给水管多数埋设在道路下。水管管顶以上的覆土厚度，在不冰冻地区由外部荷载、水管强度以及与其他管线交叉情况等确定，金属管道的管顶覆土厚度通常不小于0.7m。非金属管的管顶覆土厚度应大于1～1.2m，覆土必须夯实，以免受到动荷载的作用而影响水管强度。冰冻地区的覆土厚度还应考虑土壤的冰冻线深度。

在土壤耐压力较高和地下水位较低处，水管可直接埋在管沟中未扰动的天然地基上。一般情况下，铸铁管、钢管、承插式钢筋混凝土管可以不设基础。在岩石或半岩石地基处，管底应垫砂铺平夯实，砂垫层的厚度，对于金属管和塑料管至少为100mm，对于非金属管道应不小于150～200mm。在土壤松软的地基处，管底应有强度不小于C8的混凝土基础。如遇流砂或通过沼泽地带，承载能力达不到设计要求时，需进行基础处理。根据一些地区的施工经验，可采用各种桩基础。

1.3.1.2 管网附件

给水管网除了管道以外还应设置各种附件，以保证管网的正常工作。

管网的附件主要有调节流量用的阀门，提供消防用水的消火栓，其他还有控制水流方向的止回阀、安装在管线高处的排气阀、安装在管线低处的泄水阀和安全阀等。

1. 阀门

阀门是控制水流、调节管道内的流量和水压以及管网检修的重要设备。阀门通常放在管网节点及分支管处、穿越障碍物和过长的管线上。阀门的布置要数量少而调度灵活。主要管线和次要管线交接处的阀门常设在次要管线上。承接消火栓的水管上要安装阀门。阀门的口径一般和水管的直径相同，但当管径较大阀门价格较贵时，可安装口径为0.8倍水管直径的阀门，以降低造价。

给水用的阀门包括闸阀和蝶阀等。闸阀也叫闸板门，是给水管上最常见的阀门。闸阀的闸板有楔式和平行式两种。根据阀门使用时阀杆是否上下移动，可分为明杆和暗杆两种：明杆是阀门启闭时，阀杆可随之升降，因此易于掌握阀门启闭程度，适宜于安装在泵站内；暗杆适用于安装和操作地位受到限制之处，否则当阀门开启时因阀杆上升妨碍工作，一般选用法兰连接方式。

蝶阀的功能和一般阀门相同，但结构简单，阀的长度较小，开启方便，质量轻，旋转90°就可全开或全关。由于密封结构和材料的限制，只在中、低压管线上应用。连接方式有对夹和法兰连接两种方式。

闸阀和蝶阀均有手动和电动之分。

2. 止回阀

止回阀也叫单向阀或逆止阀，主要功能是限制水流朝一个方向流动。阀门的闸板可绕轴转动，水流方向相反时，阀门因自重和水压作用而自动关闭。止回阀一般安装在水压大于196kPa的水泵出水管上，防止突然停电或其他事故时水流倒流而损坏水泵设备。微阻缓闭止回阀和液压式缓冲止回阀还有防止水锤的作用。

3. 排气阀

排气阀安装在管线的隆起部分，使管线投产时或检修后通水时，管内空气可经此阀排出。平时用以排除从水中释出的气体，以免空气积在管中，以致减小过水断面积和增加管线的水头损失。长距离输水管一般随地形起伏敷设，在高处设排气阀。一般采用的单口排气阀垂直安装在管线上。排气阀放在单独的阀门井内，也可和管网其他配件合用一个阀门井。

4. 泄水阀

泄水阀须安装在管线的最低处，它和排水管连接，以排除水管中的沉淀物以及检修时放空水管内的存水。泄水阀和排水管的直径由所需放空时间决定。为加速排水，可根据需要同时安装进气管或进气阀。

5. 消火栓

消火栓是发生火灾时的取水龙头，分地上式和地下式两种。一般，后者适用于气温较低的地区。每个消火栓的流量为 10～15L/s。地上式消火栓一般布置在道路旁消防车可以驶近的地方，在道路两侧或单侧安装。地下式消火栓安装在阀门井内，安装间距通常为 100～120m。

1.3.1.3　管网附属构筑物

1. 阀门井

为便于操作和维护，输配水管道上的各种附件，一般应设在专用地下井内，如阀门井、消火栓井、排气阀井、放水井等。为了降低造价，配件和附件应布置紧凑。井的平面尺寸取决于水管直径以及附件的种类和数量，但应满足阀门操作和安装拆卸各种附件所需的最小尺寸。井的深度由水管埋设深度确定。阀门井一般用砖砌，也可用石砌或钢筋混凝土建造。地下井的形式根据所安装的附件类型、大小和路面材料而定。

2. 支墩

承插式接口的管线，在转弯处、三通处、水管尽端的盖板上以及缩管处，都会产生拉力，接口可能因此松动脱节而使管道漏水，因此在这些部位须设置支墩以承受拉力和防止事故。但当管径小于 300mm 或转弯角度小于 10°，且所承受的水压力不超过 980kPa 时，因接口本身足以承受拉力，故可不设支墩。

3. 管线穿越障碍物

给水管道在穿越各种障碍物如铁路、公路、河道和深谷时，必须采取一定的措施。管线穿越铁路或公路时，其穿越地点、方式和施工方法应满足有关技术规范要求。根据其重要性，可采取如下措施：穿越临时铁路或一般公路，或非主要路线且水管埋设较深时，可不设套管，但应尽量将铸铁管接口放在轨道中间，并用青铅接口，钢管则应有防腐措施；穿越较重要的铁路或交通频繁的公路时，水管须放在钢筋混凝土套管内，套管直径根据施工方法而定，大开挖施工时应比给水管直径大 300mm，顶管法施工时应比给水管的直径大 600mm。穿越铁路或公路时，水管管顶应在铁路路轨底或公路路面以下 1.2m 左右；管道穿越铁路时，两端应设检查井，井内设阀门或排水管等。

管线穿越河川山谷时，可利用现有桥梁架设水管，或敷设倒虹管，或建造水管桥。给水管架设在现有桥梁下穿越河流最为经济，施工和检修比较方便，通常水管架在桥梁的人行道下。

倒虹管从河底穿越，其优点是隐蔽，不影响航运，但施工和检修不便。倒虹管一般用钢管，并须加强防腐措施。当管径小、距离短时可用铸铁管，但应采用柔性接口。倒虹管设置一条或两条，在两岸应设阀门井。阀门井顶部标高应保证洪水时不致淹没。井内有阀门和排水管。倒虹管顶在河床下的深度，一般不小于0.5m，但在航道线范围内不应小于1m。倒虹管应选择在地质条件较好，河床及河岸不受或少受冲刷处。

大口径水管由于质量大，架设在桥下有困难时，或当地无现成桥梁可利用时，可建专用水管桥，架空跨越河道。水管桥应有适当高度以免影响航行。架空管一般用钢管或铸铁管。在过桥水管或水管桥的最高点应安装排气阀，并且在桥管两端设置伸缩接头。在冰冻地区应有适当的防冻措施。钢管过河时，本身也可作为承重结构，称为拱管，施工简便，并可节省架桥所需的支承材料。拱管在两岸有支座，以承受作用在拱管上的各种作用力。

4. 管网节点详图

管网设计时，须先在管网图上确定阀门、消火栓、排气阀等主要附件的位散布置必须合理，然后选定节点上的管配件。在施工图中应绘制节点详图，图中用标准符号给出节点上的配件和附件，如消火栓、弯管、渐缩管、阀门等。特殊的配件也应在图中注明，便于加工。设在阀门井内的阀门和地下式消火栓应在图上表示。节点详图不按比例绘制，但管线方向和相对位置须与管网总图一致，图的大小根据节点构造的复杂程度而定。

1.3.1.4 调节构筑物

调节构筑物用来调节管网内的流量，有水塔和水池等。建于高地的水池其作用和水塔相同，既能调节流量，又可保证管网所需的水压。当城市或工业区靠山或有高地时，可根据地形建造高地水池。如城市附近缺乏高地，或因高地离给水区太远，以致建造高地水池不经济时，可建造水塔。中小城镇和工矿企业等建造水塔以保证水压的情况并不少见。

1. 水塔

多数水塔采用钢筋混凝土或砖石等建造，但以钢筋混凝土水塔或砖支座的钢筋混凝土水柜用得较多。钢筋混凝土水塔的构造主要由水柜（或水箱）、塔体、管道及基础组成。进、出水管可以合用，也可以分别设置。进水管应设在水柜中心并伸到水柜的高水位附近，出水管可靠近柜底，以保证水柜内的水流循环。为防止水柜溢水和将柜内存水放空，需要设置溢水管和排水管，管径可和进、出水管相同。溢水管上不应设阀门。排水管从水柜底接出，管上设阀门，并接到溢水管上。溢水管不能直接和排放管道相连接，和水柜连接的水管上应安装伸缩接头，以适应温度变化或水塔下沉时产生的微小位移。水塔顶应有避雷设施。在寒冷有冰冻的地区，应在水柜外壁做保温防冻层。

2. 水池

给水工程中，常用钢筋混凝土水池、预应力钢筋混凝土水池和砖石水池等，其中以钢筋混凝土水池使用最广。一般做成圆形或矩形，当有效容积小于2500m^{3}时，采用圆形较经济，而当有效容积不小于2500m^{3}时，采用矩形较经济。水池应有单独的进水管和出水管，安装位置应保证池内水流的循环。此外，应有溢水包管径和进水管相同，管端有喇叭口，管上不设阀门。水池的放空管接到集水坑内，容积在1000m^{3}以上的水池，至少应设两个检修孔。为使池内自然通风，应设若干通风孔，高出水池覆土面0.7m以上。池顶覆土的作用为保温和抗浮，厚度一般在0.5～1.0m之间。

1.3.2 管网技术资料

为了维持输配水工程的正常工作，保证安全供水，必须做好日常的管网养护工作。内容包括：①建立完整和准确的技术档案及查询系统；②管道检漏和修漏；③水管清垢和防腐蚀；④用户接管的安装、清洗和防冰冻；⑤管网事故抢修；⑥检修阀门、消火栓、流量计和水表等；⑦管网的日常运行调度。

为了做好上述工作，必须熟悉管网的情况、各项设备的安装部位和性能、用户接管的位置等。以便及时处理。平时要准备好各种管材、阀门、配件和修理工具等，便于紧急事故的抢修。

1.3.2.1　管网技术资料

技术管理部门应有给水管网平面图，图上标明泵站、管线、阀门、消火栓等的位置和尺寸。大中城市的管网可按每条街道一张图样列卷归档。

管网技术资料主要包括以下几部分：

(1) 管线图，表明管线的直径、位置、埋深以及阀门、消火栓等的布置，用户接管的直径和位置等，它是管网养护检修的基本资料。

(2) 管线过河、过铁路和公路的构造详图。

(3) 各种管网附件及附属构筑物的记录数据和图文资料，包括安装年月、地点、口径、型号、检修记录等。

(4) 竣工记录和竣工图。

(5) 管网运行、改建及维护记录数据和文档资料。

管线埋在地下，施工完毕覆土后难以看到，因此应及时绘制竣工图，将施工中的修改部分随时在设计图样中订正。竣工图应该在沟管回填土以前绘制，图中标明给水管线位置、管径、埋管深度、承插口方向、配件形式和尺寸、阀门形式和位置、其他有关管线（如排水管线）的直径和埋深等。竣工图上的管线和配件位置可用搭角线表示，注明管线上某一点或某一配件到某一目标的距离，便于及时进行养护检修。

为适应快速发展的城市建设需要，现在逐渐开始采用供水管网图形与信息的计算机存储管理，以代替传统的手工方式。

1.3.2.2　检漏

给水系统的漏损会造成供水量的减少，水资源、能源和药剂的浪费，同时危及公共建筑和道路交通等。因此，检漏是管线管理部门的一项日常非常重要的工作。减少漏水量既可降低给水成本，也等于开辟新水源，经济意义很大。

城市给水管网的漏水损耗是相当严重的，其中绝大部分为地下管道的接口暗漏所致。据多年的观察和研究，漏水有以下几个原因：①管材质量不合格或使用期长而破损；②接口质量不合格；③施工质量不合格；④水压过高；⑤温度变化；⑥水锤破坏；⑦管道防腐不佳；⑧其他工程影响；⑨道路交通负载过大等。

检漏的方法很多，应用较广且费用较省的检漏方法有实地观察法和音听检漏，个别城市采用区域装表法和分区检漏法，可根据具体条件选用先进且适用的检漏方法。

(1) 实地观察法。实地观察法是从地面上观察漏水迹象，如排水窨井中有清水流出，局部路面发现下沉，路面积雪局部融化，晴天出现湿润的路面等。该法简单易行，但较粗略。

(2) 音听检漏法。音听检漏法使用最久，听漏工作一般在深夜进行，以免受到车辆行驶和其他杂声的干扰。所用工具为一根听漏棒，使用时棒一端放在水表、阀门和消火栓上，即可从棒的另一端听到漏水声，这一方法的听漏效果凭各人经验而定。

检漏仪是比较好的检漏工具，所用仪器有电子放大仪和相关检漏仪等，前者是一个简单的高频放大器，利用晶体探头将地下漏水的低频振动转化为电信号，放大后即可在耳机中听到漏水声，也可从输出电表的指针摆动看出漏水情况。相关检漏仪是由漏水声音传播速度，即漏水声传到两个拾音头的时间先后，通过计算检出漏水地点。该类仪器价格昂贵，使用时需较多人力，对操作人员的技术要求高，国内正在推广使用。管材、接口形式、水压、土壤性质等都会影响检漏仪的检漏效果。其优点是适用于寻找疑难漏水点，如穿越建筑物和冰下管道的漏水。

(3) 分区检漏法。分区检漏法是用水表测出漏水地点和漏水量，一般只在允许短期停水的小范围内进行。方法是把整个给水管网分成小区，凡是和其他地区相通的阀门全部关闭，小区内暂停用水，然后开启装有水表的一条进水管上的阀门，使小区进水。如小区内的管网漏水，水表指针将会转动，由此可读出漏水量。水表装在直径为10～20mm的旁通管上。查明小区管网漏水后，可按需要分成更小的区，用同样的方法测定漏水量。这样逐步缩小范围，最后还需结合听漏法找出漏水的地点。漏水位置查明后，应做好记号，以便于检修。

(4) 区域装表法。区域装表法就是将供水区划分为若干小区，在进入小区的总管上安装总水表，抄表员在固定日期抄录该区域内的用户水表，核查少量检漏专用的总水表后，即能计算出该区域是否有大的漏水。此法可减小音听检漏的范围。但投资较大，水表故障或估表会影响漏水的判断，最终确定漏水点还需用音听法。

(5) 地表雷达测漏法（雷达探测仪测漏法）。地表雷达法主要是利用无线电波对地下管线进行测定，可以精确地绘制出现有地下管线的横截面图，它也可根据水管周围的图像进行判断是否有渗水和漏水的情况。它的缺点是一次搜索的范围较小，目前我国还很少使用。

根据以上方法测定的漏水量若超过允许值，则应进一步检测以确定准确漏水点再进行处理。根据现场不同的漏水情况，可以采取不同的处理措施。若直管段漏水，则应将表面清理干净停水补焊；若法兰盘处漏水，则应更换橡皮垫圈，如果是因基础不良而导致的，则应对管道加设支墩；若承插口漏水，则应用水冲洗干净后，再重新打油麻，捣实后再用青铅或石棉水泥封口。

管道渗漏的表现形式有接口渗水、窜水、砂眼喷水、管壁破裂等。可以使用快速抢修剂，是一种应用在管道系统的紧急带压抢修的堵塞剂。其优点是：数分钟快速固化致硬，迅速止住漏水；抢修剂的堵塞处密封性好、防渗漏性能佳、抗水压强度高、胶黏度强。应用范围较广，如钢管、铸铁管、UPVC管、混凝土管以及各类阀门的渗漏等。

1.3.2.3 管网水压和流量测定

测定管网的压力和流量是管网技术的一个主要内容。

1. 水压的测定

在测定管网的水压时，首先应挑选有代表性的测压点，在同一时间测读水压值，以便对管网输、配水状况进行分析。测压点的选定既要能真实反映水压情况，又要均匀合理分布，使每一测压点能代表附近地区的水压情况。测压点以设在大中口径的干管线上为主，不宜设在进户支管上或有大量用水的用户附近。当测压、测流同时进行时，测压孔和测流孔可合并设立。测压时，可将压力表安装在消火栓或给水龙头上，定时记录水压，能有自动记录压力仪则更好，可以得出24h的水压变化曲线。

测定水压有助于了解管网的工作情况和薄弱环节。根据测定的水压资料，按 0.5～1.0m 的水压差在管网平面图上给出等水压线，以此反映各条管线的负荷。整个管网的水压线最好均匀分布，如某一地区的水压线过密，表示该处管网的负荷过大，说明所用的管径偏小。水压线的密集程度可作为今后放大管径或增敷管线的依据。

由管网等水压线标高减去地面标高，得出各点的自由水压，即可给出管网等自由水压线图，据此可了解管网内是否存在低水压区。

2. 流量的测定

给水管网中的流量测定是现代化供水管网管理的重要手段。管网测流量工作可根据需要进行。一般采用毕托管测量，测定时将毕托管插入待测水管的测流孔内，毕托管有两个管嘴，一个对着水流，另一个背着水流，由此产生的压差 h 可在 U 形压差计中读出。

根据毕托管管嘴插入水管中的位置，可测定水管断面内任一测点的流速，并按下式计算

$$v=\gamma\sqrt{2gh(\rho_1-\rho)} \tag{1-1}$$

式中：v 为水管断面内任一测点的流速，m/s；h 为压差计读数，m；ρ_1 为压差计中的液体密度，kg/L，通常用四氯化碳配成密度为 1.224kg/L 的溶液；ρ 为水的密度，kg/L；γ 为毕托管系数；g 为重力加速度，$g=9.81\text{m/s}^2$。

设 γ 值为 0.866，代入式（1－1）得各测点的流速为

$$v=0.866\sqrt{2\times9.8\times(1.224-1)h}=1.81\sqrt{h} \tag{1-2}$$

实测时，需先测定水管的实际内径，然后将该管径分成上下等距离的 10 个测点（包括圆心共 11 个测点），用毕托管测定各测点的流速。因圆管断面各测点的流速为不均匀分布，故可取各测点流速的平均值 v_a，再乘以水管断面积即得出流量。用毕托管测流量的误差一般为 3%～5%。

除了用毕托管测流量外，目前还普遍采用电磁流量计或超声波流量计，安装使用方便，可由仪器打印出流量、流速和流向等相应数据。

1.3.2.4　水管防腐蚀

腐蚀是金属管道的变质现象，其表现形式有生锈、坑蚀、结瘤、开裂或脆化等。金属给水管道的腐蚀也是输水过程水质遭受二次污染的原因之一。金属管道与水或潮湿土壤接触后，因化学作用或电化作用产生的腐蚀而遭到损坏。按照腐蚀过程的机理，可分为没有电流产生的化学腐蚀，以及形成原电池而产生电流的电化学腐蚀（氧化还原反应）。给水管网在水中和土壤中的腐蚀以及流散电流引起的腐蚀，都是电化学腐蚀。

影响电化学腐蚀的因素很多，例如，钢管和铸铁管氧化时，管壁表面可生成氧化膜，腐蚀速度因氧化膜的作用而越来越慢，有时甚至可保护金属不再进一步腐蚀，但是氧化膜必须完全覆盖管壁，并且在附着牢固、没有透水微孔的条件下，才能起保护作用。水中溶解氧可引起金属腐蚀，一般情况下，水中含氧越多，腐蚀越严重。但对钢管来说，此时在内壁产生保护膜的可能性越大，因而可减轻腐蚀。水的 pH 值明显影响金属管的腐蚀速度，pH 值越低腐蚀越快，中等 pH 值时不影响腐蚀速度，pH 值高时因金属管表面形成保护膜，腐蚀速度减慢。水的含盐量对腐蚀的影响是，含盐量越高则腐蚀越快。流速和腐蚀速度的关系是，流速越大腐蚀越快。

防止给水管腐蚀的方法有如下三种：

（1）采用非金属管材，如采用预应力或自应力钢管混凝土管、玻璃钢管、塑料管等。

（2）在金属管表面上涂油漆、水泥砂浆、沥青等，以防止金属和水相接触而产生腐蚀。例如，可将明设钢管表面打磨干净后，先刷1～2遍红丹漆，干后再刷两遍热沥青或防锈漆；埋地钢管可根据周围土壤的腐蚀性，分别选用各种厚度的正常、加强和特强防腐层。

（3）阴极保护。采用非金属管材外壁涂保护层的方法，并不能做到非常完美，这就需要进一步寻求防止水管腐蚀的方法。阴极保护提供了保护水管的外壁免受土壤侵蚀的方法。根据腐蚀电池的原理，两个电极中只有阳极金属发生腐蚀，所以阴极保护的原理就是使金属管成为阴极，以防止腐蚀。

阴极保护有两种方法：

1）使用消耗性的阳性材料，如铝、镁等，隔一定距离用导线连接到管线（阴极）上，在土壤中形成电路，结果是阳极腐蚀，管线得到保护。这种方法常在缺少电源的、土壤电阻率低和水管保护涂层良好的情况下使用。

2）通入直流电的阴极保护法，埋在管线附近的废铁和直流电源的阳极连接，电源的阴极接到管线上，因此可防止腐蚀，在土壤电阻率高（约2500Ω·cm）或金属管外露时使用较宜。

但是，有了阴极保护措施还必须同时重视管壁保护涂层的作用，因为阴极保护也不是完全可靠的。

1.3.2.5　管道清垢和涂料

由于输水水质、水管材料、流速等因素，水管内壁会逐渐结垢而增加水流阻力，使水头损失逐步增大，输水能力下降。根据有些地方经验，内壁未涂水泥砂浆的铸铁管，使用1～2年后n值即达到0.025，涂沥青的铸铁管经10～20年使用后粗糙系数n值可增长到0.016～0.018，而涂水泥砂浆的铸铁管，虽然长期使用，粗糙系数可基本不变。为了防止管壁腐蚀或积垢后降低管线的输水能力，除了新敷管线内壁事先采用水泥砂浆涂衬外，对已埋的管线则应有计划地进行刮管涂料，即清除管内壁积垢并加涂保护层，以恢复输水能力，节省输水能量费用和改善管网水质，这也是管理工作中的重要措施。

1. 管线清垢

产生积垢的原因很多，例如，金属管内壁被水侵蚀，水中的碳酸钙沉淀，水中的悬浮物沉淀，水中的铁、氧化物和硫酸盐的含量过高，以及铁细菌、藻类等微生物的滋长繁殖等。要从根本上解决问题，改善所输送水的水质是很重要的。

金属管线清垢的方法很多，应根据积垢的性质来选择。

（1）水力冲洗法。松软的积垢，可提高流速进行冲洗。冲洗的流速应大于平时正常运行流速的1.5～3倍，但压力不应高于允许值。每次冲洗的管线长度为100～200m。冲洗工作应经常进行，以免积垢变硬后难以用水冲去。

用压缩空气和水同时冲洗，效果更好，其优点是：①清洗简便，水管中无需放入特殊的工具；②操作费用比刮管法、化学酸洗法低；③工作进度较其他方法迅速；④用水流或气—水冲洗并不会破坏水管内壁的沥青涂层或水泥砂浆涂层。

水力清管时，管垢随水流排出。起初排出的水浑浊度较高，以后逐渐下降，冲洗工作直到出水完全澄清时为止。用这种方法清垢所需的时间不长，管内的绝缘层不会破损，所以也可作为新敷设管线的清洗方法。

(2) 气压脉冲射流法。气压脉冲射流法冲洗管道的效果也很好，贮气罐中的高压空气通过脉冲装置、橡胶管、喷嘴，送入需清洗的管道中，冲洗下来的锈垢由排水管排出。该法的设备简单，操作方便，成本不高。进气和排水装置可安装在检查井中，因而无需断管或开挖路面。

(3) 刮管法。坚硬的积垢仅仅用水冲洗的方法是难以解决的，这时就要采用机械刮管法清除。刮管法所用刮管器有多种形式，都是用钢丝绳绞车等工具使其在积垢的水管内来回拖动。小口径刮管器由切削环、刮管环和钢丝刷组成。使用时，先由切削环在水管内壁积垢上刻划深痕，然后刮管环把管垢刮下，最后用钢丝刷刷净。

大口径水管刮管时可用旋转刮管器，情况和刮管器相似，但钢丝绳拖动的是装有旋转刀具的封闭电动机。刀具可用与螺旋桨相似的刀片，也可用装在旋转盘上的链锤，刮垢效果较好。

刮管法的优点是工作条件较好，刮管速度快；缺点是刮管器和管壁的摩擦力很大，往返拖动相当费力，并且不易刮净。

(4) 清管器清垢。除了上述清垢方法外，还可用软质材料制成的清管器清通管道。清管器用聚氨酯泡沫制成，其外表面有高强度材料的螺纹，外径比管道直径稍大，清管操作由水力驱动，大小管径均可适用。其优点是成本低，清管效果好，施工方便且可延缓结垢期限，清管后如不衬涂也能保持管壁表面的良好状态。它可清除管内沉积物和泥砂，以及附着在管壁上的铁细菌、铁锰氧化物等，对管壁的硬垢，如钙垢、二氧化硅垢等也能清除。清管时，通过消火栓或切断的管线，清管器塞入水管内，利用水压力以 2～3km/h 的速度在管内移动，约有 10%的水从清管器和管壁之间的缝隙流出，将管垢和管内沉淀物冲走。冲洗水的压力随管径增大而减小。软质清管器可任意通过弯管和阀门。这种方法具有成本低、效果好、操作简便等优点。

(5) 酸洗法。除了机械清管法以外还可用酸洗法。酸洗法是将一定浓度的盐酸或硫酸溶液放进水管内，浸泡约 16h 以去除碳酸盐和铁锈等积垢，再用清水冲洗干净，直到出水不含溶解的沉淀物和酸为止。由于酸溶液除能溶解积垢外，也会侵蚀管壁，所以加酸时应同时加入缓蚀剂，以保护管壁少受酸的侵蚀。这种方法的缺点是酸洗后，水管内壁变为光洁，如水质有侵蚀性，以后锈蚀可能更快。

2. 清垢后涂料

(1) 水泥砂浆。管壁积垢清除以后，应在管内衬涂保护涂料，以保持输水能力和延长水管寿命。一般是在水管内壁涂水泥砂浆或聚合物改性水泥砂浆。前者涂层厚度为 3～5mm，后者约为 1.5～2mm。水泥砂浆用 M50 硅酸盐水泥或矿渣水泥和石英砂，按水泥：砂：水=1：1：(0.37～0.4) 的比例拌和而成。聚合物改性水泥砂浆由 M50 硅酸盐水泥、聚醋酸乙烯乳剂、水溶性有机硅、石英砂等按一定比例配合而成。

衬涂砂浆的方法有多种：在埋管前预先衬涂可用离心法，即用特制的离心装置将涂料均匀地涂在水管内壁上；对已埋管线衬涂时，也有用压缩空气的衬涂设备，利用压缩空气推动橡胶涂管器，由于橡胶的柔顺性，可将涂料均匀抹到管壁上。涂管时，压缩空气的压力为 29.4～49.0kPa。涂管器在水管内的移动速度为 1～1.2m/s，不同方向反复涂两次。

在直径 500mm 以上的水管中，可用特制的喷浆机（LM 型螺旋式抹光喷浆机或活塞式喷浆机）喷涂水管内壁。根据喷浆机的大小，一次喷浆距离约为20～50m。

（2）环氧树脂涂衬。环氧树脂具有耐磨性、柔软性、紧密性，使用环氧树脂和硬化剂混合的反应型树脂，可以形成快速、强度高、耐久的涂膜。环氧树脂涂衬方法是采用高速离心喷射原理，喷涂厚度为0.5～1.0mm。环氧树脂涂衬不影响水质，施工期短，当天即可恢复通水，但是该法设备复杂，操作技术要求高。

清除水管内积垢和加衬涂料的方法，对恢复输水能力的效果很明显，所需费用仅为新埋管线的1/10～1/12，还有利于保证管网的水质。但对地下管线清垢涂料时，所需停水时间较长，影响供水，使用上受到一定限制。

1.3.2.6　维持管网水质

维持管网水质也是管网管理工作的重要任务之一。有些地区管网中出现红水 、黄水和浑水，有异味，色度增高，水质严重恶化等，其原因除了出厂水水质指标不合格外，还由于水管中的锈蚀积垢在水流冲击下脱落，管线末端的水流停滞，或管网边远地区的余氯不足而引起微生物繁殖等所致。

为保持管网的正常水量和水质，在提高出厂水水质的情况下，还应采取以下措施。

（1）通过给水栓、消火栓和放水管，定期放去管网中的部分“死水”，并借此冲洗水管。

（2）长期未用的管线或管线末端，在恢复使用时必须冲洗干净。

（3）管线延伸过长时，应在管网中途加氯，以提高管网边缘地区的剩余氯量，防止微生物繁殖。

（4）尽量采用非金属管道。对金属管道应定期清垢、刮管和衬涂水管内壁，以保证管线的输水能力。

（5）无论是在新敷管线竣工后，或是旧管线检修后，均应冲洗消毒。消毒之前先用高速水流冲洗水管，然后用20～30mg/L的漂白粉溶液浸泡一昼夜以上，再用清水冲洗，同时连续测定排出水的浊度和细菌，直到合格为止。

（6）定期清洗水塔、水池和屋顶高位水箱。

1.3.2.7　调度管理

给水管网调度的目的是安全可靠地将水量、水压、水质符合要求的水送往用户，保证给水系统的运行安全可靠，并最大限度地降低生产成本，取得较好的社会效益和经济效益。

城市供水管网的调度管理是很复杂的，仅凭人工经验调度已不能满足现代化管理的要求。先进的调度管理应充分利用计算机信息技术、通信技术和自动控制技术，对整个给水管网的主要参数、管网信息、设备运行状况进行动态检测、实时调度和自动化控制，实现自动化信息管理。

通过集中调度，各水厂泵站可不必只根据本厂水压的大小来启闭水泵，而有可能按照管网控制点的水压确定各厂工作泵的台数。这样，既能保证管网所需的水压，且可避免因管网水压过高而浪费能量。通过调度管理，常可改善运行效率，降低供水的耗电量和生产运行成本。

调度管理部门是整个管网也是整个给水系统的管理中心，不仅要照顾日常的运行管理，还要在管网发生事故时，立即采取应急措施，把事故的影响降至最低程度。要做好调度工作，必须熟悉各给水厂和泵站中的设备，掌握管网的特点，了解用户的用水情况。

为进行有效调度，需有遥控、遥测、遥信的中心调度机构，以便统一调度各给水厂的水泵，保持整个系统水量和水压的动态平衡。对管网中有代表性的测压点进行水压遥测，对所有水库和水塔进行水位遥测，对各给水厂的出厂管进行流量遥测，对所有泵站和主要阀门进行遥控，对泵站的电压、电流和运转情况进行遥信。根据传示的信息，发出调度指示。

我国许多给水厂可在调度室内对各测点的工艺参数集中测量并用数字显示、连续监测和自动记录，还可发现和记录事故情况。采用这种装置后，可取得以下效果：①在调度室内能连续监测各种参数，可合理进行调度；②检测速度很快，几秒钟内即可发出警报，以便迅速采取措施，避免事故发生；③能代替值班人员抄表和检查设备，为自动操作创造条件。

我国不少城市的给水厂已建立城市供水的数据和监控系统，即 SCADA 系统，在此基础上，通过在线的、离线的数据分析和处理系统、水量预测预报系统等，逐渐朝优化调度的方向迈进。

本项目学习小结

本学习项目主要讲述了给水工程概述，取水水源和取水构筑物的运行与管理，输配水管网的运行、维护与管理。着重阐述了取水水源、取水构筑物和输配水管网的运行与管理相关知识和技能。本学习项目的目的是使学生了解给水工程的概况；掌握取水水源与构筑物运行、维护与管理的方法；掌握输配水管网运行、维护与管理的技能。

思考题与习题

1.1 水源取水工程一般由哪些部分组成？

1.2 给水处理过程中，一般有哪些技术措施？

1.3 给水管材料和管件有哪些？

1.4 管道如何清垢和涂料？

1.5 如何维持管网水质？

1.6 取水构筑物的任务是什么？分成哪几类？

1.7 取水构筑物抗洪、防汛有哪些措施？

学习项目2　给水厂运行与管理

学习目标：通过本学习项目的学习，使学生了解给水厂常见处理构筑物的工作原理；熟悉常见净水处理工艺工作过程；熟练掌握给水厂处理构筑物日常运行与管理的技能；掌握给水厂水质分析与检测的基本技能；了解给水厂运行保养、维护与检修的方法和相关规定；了解给水厂自动化控制方法。

学习情境2.1　混凝工艺的运行与管理

水的混凝处理是将化学药剂加入待处理的水中，使水中悬浮物质的细小颗粒凝聚或絮凝成大的可沉降絮体，通过后续的沉淀（澄清）和过滤去除的工艺过程。其去除的主要对象为胶体颗粒，如黏土颗粒、细菌、硅胶、腐殖质等，以及由它们所引起的水体浑浊、颜色和臭味。混凝处理的优劣对后续工艺和水的整体效果影响极大，必须给予足够的重视。

2.1.1　混凝工艺概述

2.1.1.1　混凝机理

水处理中，"凝聚"是指水中的胶体被压缩双电层的脱稳过程；"絮凝"是胶体脱稳以后或由高分子的吸附架桥作用而凝结成大颗粒絮状体的过程。混凝则包括凝聚与絮凝两种过程。

由于涉及水中杂质成分、浓度、水温、pH值、混凝剂性能、药剂投加量及混凝过程中的水力条件等诸多因素，给水处理的混凝机理过程复杂，认识不一。当前看法比较一致的有以下四种机理。

1. 双电层压缩机理

胶团的双电层构造决定了在胶粒表面处反离子的浓度最大，随着胶粒表面向外的距离越大则反离子浓度越低，最终与溶液中离子浓度相等。当向溶液中投加药剂，使溶液中离子浓度增加，则扩散层厚度减小，电位降低，胶粒碰撞距离变小。其胶粒由斥力为主变为引力为主，胶粒得以迅速凝聚，例如，河口入海处的沉积现象，由于盐类浓度增加的结果，使土颗粒迅速凝集沉积。

2. 吸附电中和机理

吸附电中和机理是指胶粒表面对异号离子、异号胶粒或链状离子带异号电荷的部位都具有强吸附作用，由于这种吸附作用中和了它的部分电荷，减少了静电斥力，因而容易与其他颗粒接近而相互吸引，得以凝聚。

3. 吸附架桥作用机理

吸附架桥作用主要是指高分子物质与胶粒的吸附与桥连。拉曼（Lamer）等通过研究认为：当高分子链的一端吸附了某一胶粒后，另一端又吸附另一胶粒，形成"胶粒—高分子—胶粒"的絮凝体。高分子物质在这里起了胶粒与胶粒之间相互结合的桥梁作用，故称吸附架桥作用。

胶粒间的吸附作用来源于各种物理化学作用，如范德华引力、静电引力、氢键、配位键等。这个机理可以很好地解释高分子絮凝剂具有较好的絮凝效果的现象。

4. 沉淀物网捕机理

当金属盐（硫酸铝、氯化铁等）或金属氧化物和氢氧化物（如氢氧化钙）作凝聚剂时，当投加量大到足以析出金属氢氧化物沉淀或碳酸盐沉淀时，水中胶粒可被这些沉淀物在形成时所网捕。水中投加混凝剂后产生的凝聚作用包括两个过程：首先是脱稳，即使水中处于稳定状态的颗粒失去稳定性；接着是絮凝，即脱稳后的胶体颗粒相互吸附，产生粘结作用，生成较大的絮凝体（一般称为矾花）。其混凝过程常常是四种机理共同作用的结果。

2.1.1.2 影响混凝效果的因素

影响混凝效果的因素比较复杂，其中包括水温、水化学特性、水中杂质性质和浓度及水力条件等。

1. 水的 pH 值的影响

水的 pH 值对混凝效果影响很大，pH 值的大小直接关系到选用药剂的种类、加药量和混凝沉淀效果。水中 H^+ 和 OH^- 参与混凝的水解反应，因此 pH 值强烈影响混凝剂的水解速度、产物存在形态与性能。

以铝盐为例，铝盐的混凝作用是通过形成 $Al(OH)_3$，胶体实现的，在不同 pH 值下，Al^{3+} 存在形态不同。当 pH 值小于 4 时，$Al(OH)_3$ 溶解，以 Al^{3+} 存在，混凝除浊效果极差。在低 pH 值时，高电荷低聚合度的多核配合离子占主要地位，起不了粘附、架桥、吸附等作用。当 pH 值为 6.7～7.5 时，聚合度大的中性 $Al(OH)_3$，胶体占绝对多数，故混凝效果好。当 pH 值大于 8 时，$Al(OH)_3$ 溶解为负离子 $[Al(OH)_4]^-$，混凝效果又变差。

高分子絮凝剂受 pH 值影响较小，例如聚合氯化铝在投入水中前聚合物形态基本稳定，故对水的 pH 值变化适应性强。

水的碱度对 pH 值有缓冲作用，水中碱度不足时，应投加石灰药剂，中和 H^+ 提升 pH 值。一般情况下，石灰投量最好通过试验确定。

2. 水温的影响

水温对混凝效果有明显的影响。混凝剂水解多是吸热反应，水温低时，混凝剂水解速度慢，不完全。温度也影响矾花形成的速度和结构。水温低时，絮体形成缓慢，而且结构松散，颗粒细小，较难去除；此外，水温低时水的黏度大，布朗运动弱，剪切力增大，难以形成较大絮体。但水温过高，也会使高分子絮凝剂老化或分解生成不溶性物质，反而降低絮凝效果。

3. 水中杂质对混凝效果的影响

水中杂质对混凝效果的影响表现如下：

（1）水中黏土杂质颗粒细小而且均匀者，混凝效果差，粒径参差则对混凝有利。

（2）黏土杂质颗粒浓度过低时对混凝不利，回流沉淀物或投加助凝剂可提高混凝效果，或无须混凝工序而直接过滤。

（3）水中存在大量有机物时，能被黏土微粒吸附，使微粒具有高度稳定性，不利于混凝，此时水中应投氯氧化有机物，破坏稳定性，可提高混凝效果。

（4）水中盐类也能影响混凝效果，如 Ca^{2+}、Mg^{2+}、硫、磷化合物对混凝有利，水中某些阴离子、表面活性物质，对混凝不利。

(5) 水中藻类和菌类多时，影响混凝效果，首先应除藻和杀死菌类，在投加混凝剂前先加氯（加氯量通过试验确定），才能提高混凝效果。

4. 混凝剂种类的影响

混凝剂的选择主要取决于胶体和悬浮微粒的性质、浓度。如水中污染物主要呈胶体状态，且电位较高，则应优选无机混凝剂；如水中絮体细小应增加高分子助凝剂（混凝剂），因为对于高分子助凝剂（混凝剂）而言，分子链长，荷电量大，吸附架桥空间大，效果好。很多情况下，将无机混凝剂与高分子混凝剂并用，可明显提高混凝效果，扩大应用范围。

5. 混凝剂投加量的影响

任何混凝处理工艺都存在最佳混凝剂和最佳投加量，应通过实验确定。一般投药量范围是：普通铁盐、铝盐为10～100mg/L；聚合铁、铝盐为普通盐的1/3～1/2；有机高分子混凝剂为1～5mg/L。投加量过多造成胶体再稳。

6. 混凝剂投加顺序的影响

使用多种混凝剂时，其投加顺序应通过实验确定。一般而言，当无机盐混凝剂与有机混凝剂并用时，先投无机混凝剂，再投有机混凝剂。但当处理的胶粒在50μm以上时，常先投加有机混凝剂架桥吸附，再投加无机混凝剂使胶体脱稳、絮凝。

7. 水力条件对混凝的影响

在混合阶段，要求混凝剂与水迅速均匀的混合，需强力搅拌，混凝剂与水的混合强度要大，时间要短（不超过规定的时间）；在絮凝阶段，要创造足够的碰撞机会和良好吸附条件，让絮体有足够成长机会，后期要防止生成的絮体被打碎，因此搅拌强度应逐步减小。

8. 絮凝时间对混凝影响

任何混凝处理工艺都有最佳反应时间，应通过实验确定。反应时间过短，则混凝效果不佳；反应时间过长，同样影响混凝效果，甚至产生破絮现象（药剂投加不合理时）。

2.1.1.3 混凝药剂的选择

1. 混凝药剂的种类

混凝药剂一般分为混凝剂及助凝剂两大类，其中混凝剂主要包含无机盐类混凝剂和高分子类混凝剂。助凝剂根据混凝过程所起的作用分为调节或改善混疑条件的助凝剂和改善絮凝体结构的助凝剂两类。

(1) 无机盐类混凝剂。主要为铝盐、铁盐，它们可以水解阳离子，具有使胶体脱稳和起吸附架桥的作用，是普遍使用的混凝剂。

(2) 无机高分子絮凝剂。主要为聚合氯化铝和聚合硫酸铁等，其作用机理与铝盐、铁盐类似。也是普遍使用的混凝剂。

(3) 有机高分子絮凝剂。有人工合成高分子絮凝剂（聚丙烯酰胺）和各种天然高分子絮凝剂（如水溶性淀粉），其作用以吸附架桥作用为主，目前主要用于高浊度水的混凝预沉或与其他混凝剂共同使用处理高浊度水或低温低浊水。

(4) 调节或改善混凝条件的助凝剂。本身不起混凝作用，只起混凝剂的辅助作用，如调整原水pH值和碱度的石灰，用以破坏对混凝有干扰作用的有机物的氧化剂，如臭氧和氯等。

(5) 改善絮凝体结构的助凝剂。主要指活化硅酸、骨胶、海藻酸钠、聚丙烯酰胺、二氧化硅、活性炭、各种黏土、沉淀泥渣等，用以改善水中絮凝体结构，使使用铝盐或铁盐产生的细小松散的絮凝体变得粗大而紧密。

2. 混凝剂的选用

(1) 选择混凝剂的原则如下：

1) 应根据对原水的实验结果选定混凝剂与助凝剂的品种或参照类似原水条件下的现有水厂的运行经验确定。

2) 药品选择要立足当地产品，以易得和价廉为首选。

3) 最佳药剂和投加量必须通过实验确定。

4) 处理生活饮用水时药剂不得含有对人体健康有害成分时，不得含有对生产有害的成分。用于生产用水时，不得含有对生产有害的成分。

5) 如选有自行配制药剂以及利用工业废料生产的药剂，应取得省级以上部门的安全评价许可，还必须充分重视原料的卫生质量。

总之，选用的混凝药剂应能生成大、重、强的矾花，净水效果好，质量稳定，对水质无不良影响，操作方便，价格便宜，货源充足。

(2) 在选择混凝剂、助凝剂以及其他药剂时，有时缺少实验资料，这时可根据原水水质特性选择适用的药剂：

1) 原水浊度高时，处理工艺应采用混凝，多投加聚合氯化铝、聚合硫酸铁、硫酸亚铁、三氯化铁、三氯化铝等药剂。

2) 原水色度高、有机物和浮游生物含量高时，处理方法应采用氧化和吸附，多用液氯、漂白粉、活性炭、臭氧、二氧化氯等药剂。

3) 原水碱度低时，处理工艺应有碱化功能，多采用石灰、苏打、苛性纳作药剂。

4) 原水有臭和味时，处理工艺应有吸附、氧化功能，多采用液氯、活性炭、漂白粉等作药剂。

5) 原水受细菌污染时，处理工艺应有氯化或氧化功能，多采用臭氧、二氧化氯、漂白粉等作药剂。

3. 混凝剂投加量的确定

(1) 根据原水水质检验报告，用不同药剂做混凝实验，来确定合理的药剂品种及投药量。

(2) 无法做实验时，可参考相似水源有关水厂的药剂投加资料。

2.1.1.4　混凝工艺过程

设计混凝工艺应着重考虑：①根据混凝处理的目的，通过试验选择混凝剂品种、用量和 pH 值；②选择合适的混凝剂投加位置和方式，调制、投加浓度和设备；③选择合适的混合、絮凝方法和设备；④考虑与上下构筑物的衔接。

1. 投药系统

混凝剂的投加方式较多，总体上可分为干投法与湿投法两大类。干投法是把易溶解的药剂粉末直接投入水中，其流程如图 2.1 所示。干投法在国内采用较少，但投加石灰时一般用干投法。

图 2.1　干投加药系统流程

湿投法是把一定浓度的药剂溶液投入待处理的水中，流程如图2.2所示，国内大多采用此法。湿法投加需要一套配制溶液及投加溶液的设备，包括溶药、搅拌、计量、投药等部分。按照药剂溶液加入到水中的方式，湿法投加又分为重力投加和压力投加两种方式。各种投药方法的比较见表2.1。

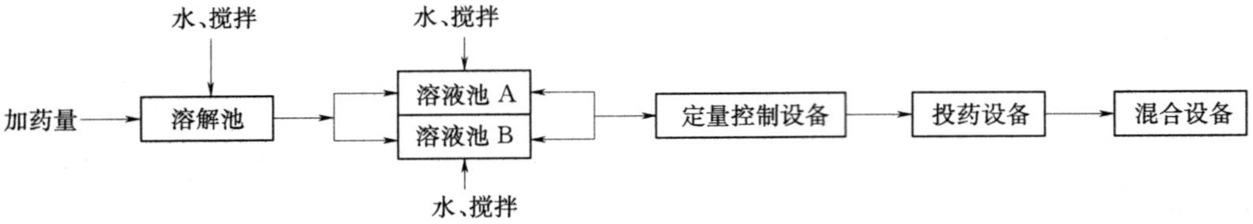

图2.2 湿投法加药系统流程

表2.1 **各种投药方式的比较**

方式	作用原理		优缺点	适用条件
重力投加	建造高位药液池，利用重力作用把药剂投入加药点		优点：管理操作简单，投加安全可靠。 缺点：必须建高位池	适合中小型水处理厂，输液管线不宜过长，以防止在管线中絮凝
压力投加	水射器	利用高压水在水射器喷嘴处形成的负压将药液射入压力管	优点：设备简单，使用方便，不受溶液池高程所限。 缺点：效率较低，药液浓度不当时，可引起堵塞	适合不同规模的自来水厂；水射器来水压力不小于 2.5×10^5 Pa
	加药泵	泵在溶液池内直接吸取药液，加入压力水管内	优点：可以定量投加，不受压力管压力所限。 缺点：价格较贵，养护麻烦	适用大中型污水处理厂或自来水厂，一般采用计量泵

2. 混合

混合是原水与混凝剂或助凝剂药液进行充分混合的工艺过程，是进行混凝反应和沉淀的重要前提。混合时间很短，一般在10～30s内完成，最多不超过2min。因此，为使药液与原水混合均匀，应有足够动力使被处理的水产生剧烈湍流。

混合还可采用多种形式，目前较常采用的混合有：水泵混合、管式静态混合器混合（见图2.3）、扩散混合器混合（见图2.4）、跌水混合和水跃混合等。

图2.3 管式静态混合器

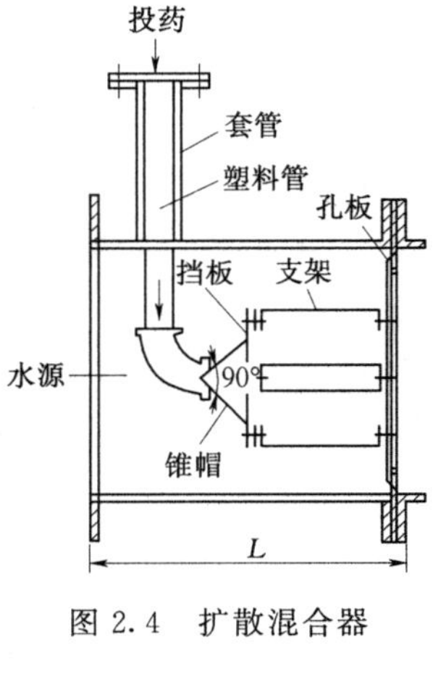

图2.4 扩散混合器

几种不同混合方式的主要优缺点和适用条件见表 2.2。

表 2.2　　混合方式比较

方　式	优　缺　点	适用条件
水泵混合	优点：(1) 设备简单。 (2) 混合充分，效果较好。 (3) 不另消耗动能。 缺点：(1) 吸水管较多时，投药设备要增加，安装、管理较麻烦。 (2) 配合加药自动控制较困难。 (3) G 值相对较低	适用于一级泵房离处理构筑物 120m 以内的水厂
管式静态混合器	优点：(1) 设备简单，维护管理方便。 (2) 不需土建构筑物。 (3) 在设计流量范围，混合效果较好。 (4) 不需外加动力设备。 缺点：(1) 运行水量变化影响效果。 (2) 水头损失较大。 (3) 混合器构造较复杂	适用于水量变化不大的各种规模的水厂
扩散混合器	优点：(1) 不需外加动力设备。 (2) 不需土建构筑物。 (3) 不占地。 缺点：混合效果受水量变化有一定影响	适用于中等规模水厂
跌水（水跃）混合	优点：(1) 利用水头的跌落扩散药剂。 (2) 受水量变化影响较小。 (3) 不需外加动力设备。 缺点：(1) 药剂的扩散不易完全均匀。 (2) 需建混合池。 (3) 容易夹带气泡	适用于各种规模水厂，特别当重力流进水水头有富余时
机械混合	优点：(1) 混合效果较好。 (2) 水头损失较小。 (3) 混合效果基本不受水量变化影响。 缺点：(1) 需耗动能。 (2) 管理维护较复杂。 (3) 需建混合池	适用于各种规模的水厂

3. 絮凝

原水与药剂充分混合后，原水中大部分处于稳定状态的胶体杂质脱稳，脱稳的胶体颗粒通过一定的水力条件相互碰撞、相互凝结、逐渐长大成能沉淀出去的矾花的工艺过程称为絮凝。相应的设施称为絮凝池（或反应池）。要保证絮凝的顺利进行，絮凝池必须满足以下几个条件：

(1) 保证足够的絮凝时间。为使絮体长大，必须保证足够的絮凝时间。时间因水质、池型和搅拌情况不同而有差异，一般在 10～30min。

(2) 保证适宜的搅拌强度。搅拌的作用是促进胶体颗粒之间的相互接触以使矾花长大，矾花长大后，搅拌程度应降低，以避免打碎长大的矾花。

2.1.1.5　常见工艺构筑物

絮凝池的种类和形式很多，目前我国大多数水厂采用隔板絮凝池、机械搅拌式絮凝池、折板絮凝池、网格式和栅条式絮凝池以及组合式絮凝池。

各类絮凝池形式及特点如下。

1. 隔板絮凝池

隔板絮凝池是在絮凝池内设有许多隔板构成一道道的廊道，廊道的宽度和深度根据絮凝体聚集结大所要求的不同的 G 值而定。水流以一定流速在隔板或折板之间流动，从而完成絮凝过程。一般来说，为保证不破坏已经形成的矾花，其结构都是絮凝池内的水的流速越来越低。起始流速最大，保证水中胶体颗粒发生充分的碰撞吸附；末端流速最小，保证胶体颗粒能凝结成较大的絮粒，以便在沉淀池内去除。

往复式隔板絮凝池（见图 2.5）的优点是絮凝效果较好，构造简单，施工和管理方便。缺点是体积大，水头损失大，转折处絮体易破碎，出水流量分配不易均匀。适用于水量大于 3 万 m^3/d 且水量变动较小的水厂。

回转式隔板絮凝池（见图 2.6）优点是起始流速大，末端流速小，絮凝效果好，水头损失小，构造简单，管理方便。缺点是出水流量不易分配均匀。适用于水量大于 3 万 m^3/d 的水厂且水量变动小，适合旧池改建或扩建。

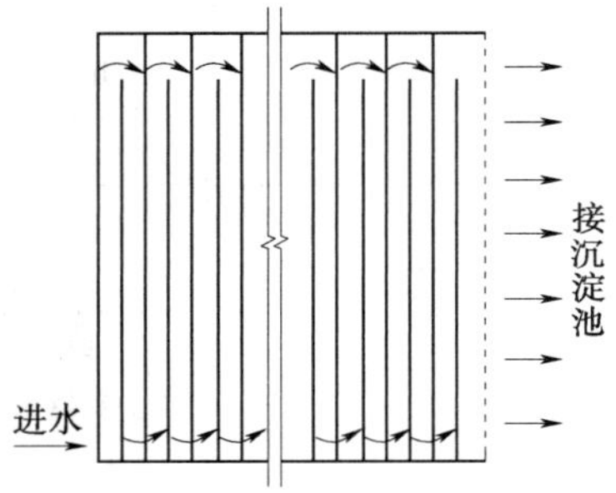

图 2.5 往复式隔板絮凝池

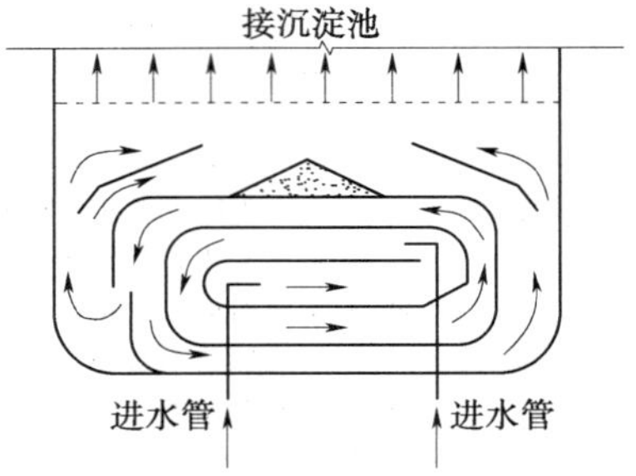

图 2.6 回转式隔板絮凝池

2. 折板絮凝池

折板絮凝池是在隔板絮凝池的基础上发展起来的。根据水量的大小可设计成单通道或多通道。整个絮凝池的设计一般分为三段，每段的絮凝容积可大致相等。其中，第一段布置异波折板，第二段布置同波折板，第三段布置平板。水流流经絮凝池时，在第一段产生缩放流动，第二段产生曲折流动，第三段产生直线流动。水流产生的湍动程度由大变小，水流质点间产生碰撞的几率由大变小，产生的水头损失由大变小，从而絮凝 G 值也由大变小，以满足絮凝体增长结大的要求。折板絮凝池提高絮凝池的容积利用率和能量利用率，有效地改善了水流中速度梯度的分配状况，使其更趋于合理。因此，絮凝效果好，絮凝时间短，水头损失小。缺点是安装维修比较困难，造价较高。此种絮凝形式目前一般用于水量变化不大的中小规模水厂。常见的两种折板絮凝池如图 2.7 和图 2.8 所示。

3. 机械搅拌式絮凝池

机械搅拌式絮凝池（见图 2.9）是将多个单独的机械絮凝池串联起来，每个絮凝池内都设有搅拌器对水流进行搅拌。传动装置一般为多级或无级调速的形式，根据水量、水温、药剂情况调节搅拌强度。按搅拌设备的安装形式，可分为水平轴和垂直轴两种。为满足絮凝体形成结大的要求，各个絮凝池的搅拌强度从头至尾渐次降低，从而使得絮凝 G

值由大变小。机械搅拌式絮凝池的优点是絮凝效果好，节省药剂，水头损失小，可适应水质、水量变化。缺点是需要机械设备和经常维修。机械搅拌式絮凝池对大中小水厂均适用，并适应水量变动较大的水厂。

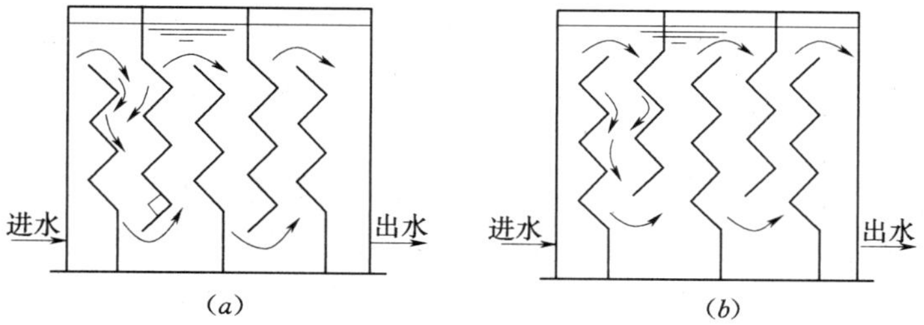

图 2.7　单通道同波折板和异波折板絮凝池

(a) 同波折板；(b) 异波折板

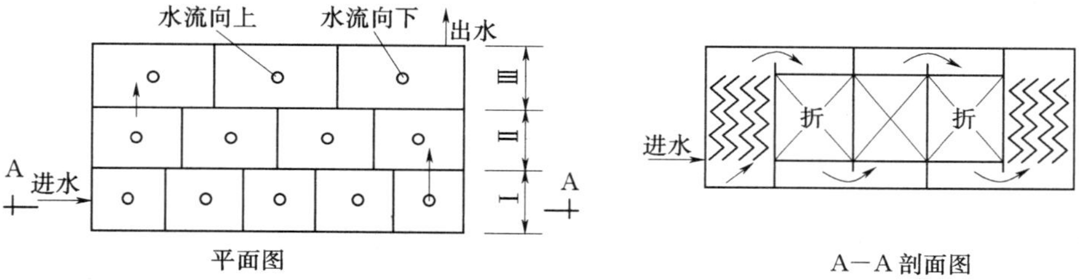

图 2.8　多通道折板絮凝池

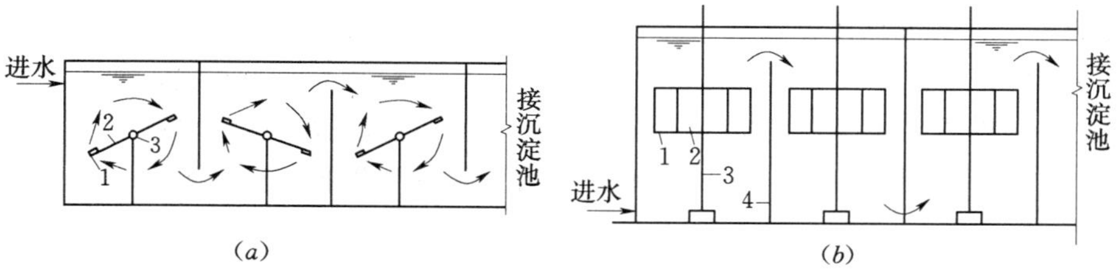

图 2.9　机械搅拌式絮凝池

(a) 水平轴；(b) 垂直轴

1—桨板；2—叶轮；3—旋转轴；4—隔墙

4. 网格式和栅条式絮凝池

网格式和栅条式絮凝池是近几年发展起来的新式絮凝池，其原理是水通过网格或栅条时，形成许多小涡流，利用这些小涡流的扰动使水中胶体颗粒产生碰撞从而相互凝聚。这种形式可以使主体水流流速降低，减少水流与边壁之间的阻力，在保证絮凝效果的前提下，降低能耗。这种絮凝池的构造分成若干格，每格安装若干层网格或栅条，层数自进水端至出水端逐渐减小，网格孔眼或栅条间距具体取决于絮凝要求，水流自进口至出口逐渐地交错流动。网格絮凝池的优点是絮凝效果好、絮凝时间短、水头损失小。缺点是安装维修比较麻烦，絮凝池末端的竖井底部容易产生积泥现象。此种絮凝形式一般用于

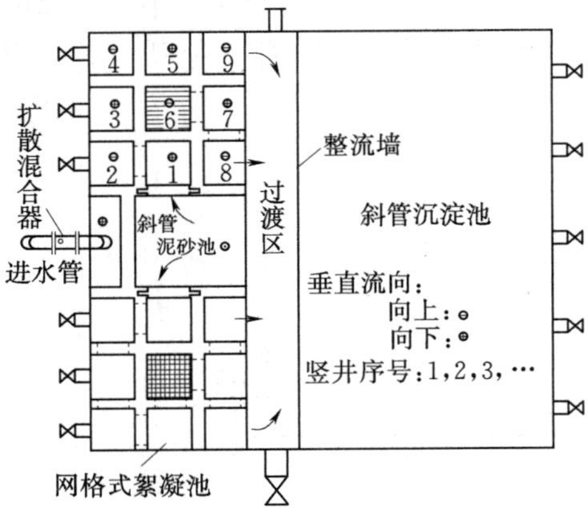

图 2.10　网格式和栅条式絮凝池

中小规模水厂。常见网格式和栅条式絮凝池如图 2.10 所示。

不同形式絮凝池的组合运用是我国水处理工艺的一大特色。实践证明，不同形式的絮凝池串联使用，可取长补短，充分发挥每一种絮凝池的优点，提高混凝效果，降低工程造价。

2.1.2　混凝工艺运行控制与管理

2.1.2.1　药剂的配制和投加

1. 固体药剂配制

固体药剂的配制可根据式（2－1）计算

$$m=1000CV \tag{2-1}$$

式中：m 为固体混凝剂的量，kg；C 为欲配制药液含量或浓度，%或 kg/m^3；V 为欲配制药液的体积，m^3。

2. 液体药剂的配制

液体药剂的配制可根据式（2－2）计算

$$V=\frac{C_1V_1}{C} \tag{2-2}$$

式中：C 为液体混凝剂的含量，%；V 为液体混凝剂的体积，m^3；C_1 为欲配制药液的含量，%；V_1 为欲配制药液的体积，m^3。

3. 配制浓度的控制

配制药液浓度大小关系到药剂效果的发挥与每个工作日配制次数，浓度太高、太低都影响药效的发挥，浓度低配制次数也多。合适的配制浓度为 5%～15%，处理规模小时浓度可以小于 5%，处理规模大时浓度应大于 10%。药液配制浓度要准确，如果配制浓度存在 1%的误差，投药量的误差可达 10%，这样就不能保证计量设施的准确加药量。

另外，如需添加助凝剂时，应一并配制成功。还应注意制药液不可存放太长时间，否则影响药效。

4. 混凝剂的投加

混凝剂的投加方法取决于药剂混合的方式。采用水泵混合时应在泵前加药，加药点最好选择在水泵吸水管喇叭口处或 45°弯头处。应特别注意的是，泵房与絮凝池之间距离一般不应超过 120m，超过则应改为泵后管道内加药，否则容易在管内结矾花，到达絮凝池内矾花又被打碎，被打碎的矾花则不易下沉。当采用泵后管道混合时，加药点应选在离絮凝池 50～100m 的范围内，太近混合不充分，太远又会形成矾花。另外，在管道内加药时，加药管出口应保持与水流方向一致，插入深度以 1/4～1/3 管径为宜。

2.1.2.2　混凝剂加药量的确定

影响混凝效果的因素很多，对于某一特定的混凝系统来说，原水水质及其变化规律、混凝剂的种类及其投加顺序、混凝过程中水的温度、混凝过程中的 pH 值、混凝过程中的搅拌强度和反应时间等，都能影响混凝的效果。对于某一混凝系统来说，上述因素有些是可调的，如混凝剂种类、投加顺序、投加量、搅拌强度、搅拌时间、反应时间；有些是不可控制的，如原水水质及其变化规律；有些是难调因素，如混凝过程中的水温（调节耗能大）和水 pH 值。我们的原则应该是对可调因素通过试验调至最佳状态，对难调或不可调因素通过加药和辅助工序予以调节，以确保稳定的混凝效果。最佳加药量是影响混凝效果的最重要因素。调节加药量时，加药量并不是越多越好，加药量太多，一方面造成浪费，另一方面还可能使混凝效果下降。因此，实际运行中应选择确定最佳加药量。最佳加药量是指达到既定混凝效果的最小加药量，一般用烧杯搅拌试验确定。烧杯搅拌实验一般 4～6 组，搅拌叶片尺寸一般为 6cm×4cm，转速一般在 20～400r/min，并可调。

1. 混凝剂加药量确定的实验步骤

（1）取样分析。每个烧杯加入 1L 原水，并确保烧杯内水样一致。对烧杯中的水进行以下项目的分析与测量：水温（温度计）、浊度（浊度仪或分光光度计）、色度（比色仪）、pH 值（pH 计）、碱度（自动滴定分析仪）等，若水质恶劣，可增加 SS、COD 等项目。

（2）预搅拌。将叶片放入每个烧杯中间位置，开启搅拌器，速度控制在 100～160r/min，也可根据实际运行装置的控制值确定。

（3）混合。待搅拌器旋转稳定后，同时向每个烧杯中加入不同量的混凝剂药液。从投药时刻起搅拌 1～3min，搅拌时间具体取决于实际运行中的混合时间，每个烧杯投加量预先调好，可依据设计投药量上下浮动。如设计投药量为 70mg/L，可选 60mg/L、65mg/L、70mg/L、75mg/L、80mg/L、85mg/L。

（4）絮凝。达到预定混合时间后，立即把搅拌器转速调到 20～60r/min，进行慢速搅拌 10～30min，搅拌时间与强度应与设计中实际采用的时间强度一致。

（5）沉淀。达到预定絮凝时间后，停止搅拌，取出叶片，使水样静沉 10～30min，具体时间应该与设计中实际运行沉淀时间相一致。

（6）静沉过程中，应认真观察和记录每个烧杯中矾花的大小与沉淀状况，尤其应当注意沉淀速度。

（7）静沉过程中，还应对每个烧杯的上清液进行浊度、色度、pH 值、碱度、SS、COD 等项目的分析测量。

（8）结果分析。根据混凝前后所测得的数据，计算各指标去除率，根据所要求的出水水质及矾花沉淀状况，综合分析，确定最佳投药量。

烧杯搅拌实验除了确定最佳投药量外，也可以用做最佳絮凝剂种类选择实验。此时，有两种方法：一种是烧杯加等量不同种类的混凝药剂，另一种是各烧杯加等价值、不同的混凝剂确定最低成本。当然，这种方式还可做投药顺序实验和最佳助凝剂实验，以及药剂混凝效果最佳 pH 值实验。

总之，在混凝沉淀工艺的运行管理中，应充分利用好这一有效的试验手段。但应注意的是，烧杯搅拌试验只是模拟实际运行单元，试验结果用于运行之后，还应结合实际运行情况进行必要的调整，使投药量逼近真正的最佳值。

2. 调整混凝剂的判断

确定混凝剂投加量后，若实验允许，则沉淀池的出水一般能控制在 10NTU 左右，过高将增加滤池负荷，缩短滤池运行周期，增加反冲洗次数和水量。絮凝池运行后，可根据矾花凝结情况，判断投药量是否准确，若矾花凝结较好，出水又符合要求，则不必再调整投药量，否则需调整混凝剂的投加量，一般可根据下列经验来判断：

(1) 当原水浊度为200NTU左右时，投药后在絮凝池结成的矾花一般为密集、细小而结实的颗粒，在池的进口处已能明显看到。随着流速的下降，矾花逐渐增大，至反应池后部颗粒面界线清楚，形成清晰的泥水分离面，矾花看上去如成堆的云块。进入沉淀池后，即泥水分离现象，这种现象说明混凝剂的投加量合适，絮凝池运行正常。

如絮凝池后部出现泥水分离现象，并且在沉淀池中很快沉淀，这表明混凝剂的投加量过大。若在絮凝池虽然可见到细小矾花，但在池的后部和沉淀池的进口处无泥水分离现象，水呈浑浊模糊状，说明投加量不足。

(2) 当原水浊度为50NTU左右时，投药后在絮凝池结成的矾花一般类似小雪花片的形状，密度小、颗粒轻而不结实。在絮凝池进口处不能明显见到矾花；至中段和出口处才能看到类似小雪花片的矾花，进入沉淀池后，产生泥水分离现象，这种现象说明混凝剂投加量适宜，絮凝池运行正常。

若絮凝池出水口有大量矾花带出，并呈乳白色，出水浊度增加，说明混凝剂投加过量，应予调整。

若絮凝池出水口处和沉淀池进水口处看不到类似小雪花片状矾花，同时也没有明显的泥水分离现象，说明混凝剂投加量不足，应予调整。

(3) 当原水浊度已小于10NTU时，还应投加少量的混凝剂，只要能看到矾花即可，使沉淀池出水比原水浊度有所降低（2～4NTU），为滤池创造良好的工艺条件，否则细小悬浮颗粒不易在较高的滤速下被滤层截留。

当原水浊度突然变化时，应及时调整混凝剂的投加量，可根据实验或经验确定。

2.1.2.3 pH值及碱度的控制

1. pH值的控制

pH值对混凝效果的影响很大。这是因为每一种混凝剂只有在要求的pH值范围内，才能形成氢氧化物，以胶体状态存在，从而发挥其絮凝作用。

聚合氯化铝允许pH值的范围为5～9，硫酸铝允许pH值的范围为6.5～7.5，硫酸亚铁允许pH值的范围为8.1～9.6，三氯化铁允许pH值的范围为6.4～8.4。超出范围则混凝效果急剧下降，故应维持水中相应的pH值。一般而言，各种药剂最佳pH值在其中心值附近。

2. 水中碱度的控制

混凝剂投入水中，水解生成氢氧化铝（铁）胶体的过程中，产生出大量氢离子，消耗水中重碳酸盐碱度，导致pH值下降。因此，若超出混凝剂适用范围，应补碱，一般投加石灰（因苏打、烧碱价格较贵）。

石灰投药量可用下式计算

$$W_{(cao)}=0.5C-X+20 \tag{2-3}$$

式中：$W_{(cao)}$为石灰投加量（以无水纯CaO计），mg/L；C为混凝剂投加量［以无水$Al_2(SO_4)_3$，或$FeCl_3$计］，mg/L；X为原水碱度（以CaO计），ms/L；20为使反应顺利进行所增加的剂量（以CaO计），mg/L。

若$W_{(cao)}\leqslant 0$，则说明水中碱度满足要求；若$W_{(cao)}>0$，则说明水中碱度不满足要求，应加石灰。式中的$W_{(cao)}$为石灰投加量。

需投加石灰时，最好采用石灰粉。石灰粉一般有生石灰和熟石灰粉两种，使用时各有利弊。用生石灰粉制备的石灰乳分散性好，有利于化学反应进行，而且石灰利用率高，费用低。但生石灰制造困难不能保证较高纯度，使用时不易控制有效计量。另外，因生石灰是碱性，存储时必须采取安全措施。熟石灰粉主要成分为 $Ca(OH)_2$，溶解度随温度升高而降低。熟石灰粉在储存和输送过程中，应避免与空气接触，防止其再碳化而失去活性。熟石灰粉的优点是纯度高、使用方便、操作强度小、不易堵塞设备等。

2.1.2.4　混合强度的控制

不论采用哪种混凝方式，其混合效果都可由两个参数进行控制，一个是速度梯度 G，另一个是混合时间 T。

1. 速度梯度 G

（1）从宏观上认识，速度梯度 G 是搅拌强度的一种量化，搅拌强度越大，G 值也越大。

（2）从微观上认识，速度梯度 G 是相邻两水层两个颗粒运动的速度之差，G 值越大，颗粒之间的速度差也越大，颗粒快的易赶上颗粒慢的，碰撞机会多，混合效果越好。G 值可用下式计算

$$G=\sqrt{\frac{P}{\mu}} \tag{2-4}$$

式中：G 为水流速度梯度，s^{-1}；μ 为水的动力黏度，$kg\cdot s/m^2$，一般查表求得；P 为单位体积水流所需的功率，$kg\cdot m/(s\cdot m^3)$。

当采用机械混合时，P 即为单位体积原水所消耗的机械功率；当采用水力混合时，P 可用下式计算

$$P=\frac{\rho Q\Delta h}{V} \tag{2-5}$$

式中：Q 为原水流量，m^3/s；ρ 为原水密度，kg/m^3，一般取 $1000kg/m^3$；Δh 为原水流程经混合设备或构筑物的水头损失，m；V 为混合区总有效容积，m^3。

2. 混合时间 T

G 值较小时，可以延长混合时间予以弥补，但实际操作时，混合时间不宜超过 2min，否则絮凝反应可能在混合阶段发生，产生的矾花被打碎，而不能很好的沉淀分离。如果厂在 2min 之内，G 值一般应控制在 $500\sim1000s^{-1}$ 之间。

2.1.3　混凝工艺常见故障原因分析与对策

现象一。絮凝反应池末端颗粒状况良好，水的浊度低，但沉淀池中矾花颗粒细小，出水携带矾花。

原因 1：絮凝池末端有大量积泥，堵塞了沉淀池进水穿孔墙上部分孔口，使孔口流速过大，打碎矾花使之不易沉淀。

对策：停池清泥。

原因 2：沉淀池内有积泥，降低了有效池容，使沉淀池内流速过大。

对策：停池清泥。

现象二。絮凝反应池末端矾花状况良好，水的浊度低，但沉淀池出水携带矾花。

原因 1：沉淀池超负荷。

对策：增加沉淀池接通数量，降低沉淀池的水力表面负荷。

原因2：沉淀池内存在短流。

对策：如果短流是由堰板不平整所致，则调子堰板。如果由温度变化引起密度流，则应在沉淀池进水口采取整流措施。

现象三。絮凝反应池末端矾花细小，水体混浊，且沉淀池出水浊度高。

原因1：混凝剂投加量不足。水中胶体颗粒不能凝聚成大矾花。

对策：此时应增加投药量，通过计算或实验确定。

原因2：进水碱度不足。混凝剂水体使pH值下降，混凝效果不能正常发挥。

对策：投加石灰，补充碱度，通过实验确定。

原因3：水温降低。当采用硫酸铝做混凝剂时水温下降会使混凝效果下降。

对策：①改用氯化铁或无机高分子混凝剂；②采用投加助凝剂的方法，如水玻璃，应通过实验确定。

原因4：混凝强度不足。对于非机械混合方式常出现这种情况，原因是流速低，导致混合强度不够。

对策：加强运行的管理调度，尽量保证混合有充足的流速。

原因5：絮凝条件改变。絮凝池内大量积泥，使池内流速增加，缩短了反映时间，导致混凝效果降低。另外，流量变小时，G值和T值也会低于正常值，降低效果。

对策：加强运行调度，保证正常的絮凝反应条件。

现象四。絮凝池末端矾花大而松散，沉淀池出水清澈，但出水中携带大量矾花。

原因：混凝剂投加过量，会使矾花颗粒异常长大，不密实，不易沉淀。

对策：降低投药量，通过实验确定。

现象五。絮凝池末端矾花碎小，水体浑浊，沉淀池出水浊度偏高。

原因：混凝剂投加过量，会使脱稳的胶体重新处于稳定状态，不能凝聚。

对策：降低投药量，通过实验确定。

学习情境2.2　沉淀工艺的运行与管理

2.2.1　沉淀工艺概述

2.2.1.1　沉淀机理

水中的悬浮颗粒，例如泥沙，依靠重力从水中分离出来的过程称为沉淀。完成沉淀过程的设备或构筑物称为沉淀池。只有比水重的颗粒才能沉下去，比水轻的颗粒总是悬浮在水中或是向上浮动。水中凡是能沉淀的颗粒，下沉的快慢（即沉淀速度）可能不同，生产上总是希望悬浮颗粒在沉淀池中能沉的快些，能在较短的时间内使水澄清。

1. 沉淀类型

根据悬浮颗粒的性质、凝聚性能的强弱及其浓度的高低，沉淀可分为以下四种基本类型：

（1）自由沉淀。水中的悬浮颗粒浓度不高，而且不具有凝聚性能，在沉淀过程中固体颗粒不改变形状、大小，也不互相聚合，各自独立完成沉淀过程。

（2）絮凝沉淀。水中悬浮颗粒浓度也不高，但具有凝聚性能，在沉淀过程中互相聚合，其尺寸和质量均随深度而增加，其沉降速度也随深度而增大。

(3) 拥挤沉淀（也称集团、分层沉淀）。当水中悬浮颗粒的浓度达到一定程度后，每个颗粒的沉淀都受周围颗粒的干扰，沉降速度有所降低，在清水和浑水之间形成明显的界面。沉淀过程实质上就是这个界面的下降过程。

(4) 压缩沉淀。悬浮物浓度很高，固体颗粒互相接触、互相支撑，上层夥粒在重力作用下将下层颗粒间隙中的液体挤出界面，使固体颗粒群被压缩而下沉。

2. 斯托克斯公式

在沉淀池的设计中，颗粒的沉降速度是起决定性作用的参数，它和颗粒大小、颗粒密度、液体的密度和黏滞性存在函数关系。

对于自由沉淀，当水流为层流状态时，颗粒的下沉速度用式（2-6）表示

$$u=\frac{\rho_g-\rho_y}{18\mu}gd^2 \tag{2-6}$$

式中：u 为颗粒的沉降速度，m/s；ρ_g 为密度，kg/m^3；ρ_y 为密度，kg/m^3；d 为直径，m；g 为加速度，m/s^2；μ 为液体的动力黏度，kg/(s·m)。

这就是斯托克斯公式。由该式可知：

(1) $\rho_g-\rho_y$ 是颗粒沉速 u 的决定因素，当 $\rho_g>\rho_y$ 时，u 呈正值，颗粒下沉；当 $\rho_g<\rho_y$ 时，u 呈负值，颗粒上浮；当 $\rho_g=\rho$ 时，$u=0$，颗粒悬浮。

(2) 沉降速度 u 正比于颗粒直径 d，所以增大颗粒直径 d，可在很大程度上提高沉淀（或上浮）效果。

(3) 沉降速度 u 反比于液体的动力黏度 μ，而 μ 决定于水质与水温，在水质相同的条件下，水温高则 μ 值小，有利于颗粒下沉（或上浮）。

(4) 水中颗粒为非球形，工艺计算时应加非球形的修正系数。有关修正系数，可以参阅相关资料。

2.2.1.2 沉淀池运行效果分析

1. 沉淀池种类

沉淀池按其形态和结构可分为平流沉淀池、竖流沉淀池、辐流沉淀池以及斜管、斜板沉淀池等多种。我国广泛采用的沉淀池是平流沉淀池和斜管、斜板沉淀池。

各沉淀池的优缺点及适用条件见表2.3。

2. 影响沉淀池运行效果的因素

这里主要讲述沉淀池实际水流状况对沉淀效果的影响 。在理想沉淀池中，假定水流是稳定和均匀的，水力停留时间 t_0 为

$$t_0=\frac{V}{Q} \tag{2-7}$$

式中：t_0 为水流停留时间，h；V 为池容体积，m^3；Q 为设计流量，m^3/h。

在实际沉淀池中，总是偏离理想沉淀池，表现为一部分水流通过沉淀区时间小于 t_0，另一部分水流则大于 t_0，这种现象称为短流现象，它是由于水流的流速不同和流程不同而产生的。引起短流的因素很多，如进水区的射流，温度差和悬浮颗粒浓度差所引起的异重流以及池内存在停滞区等。

表 2.3 各沉淀池的优缺点及适用条件

形 式	优 点	缺 点	适用条件
平流式	（1）造价低、施工简单。 （2）操作、管理方便。 （3）对原水浊度适应性强、潜力大、处理效果稳定。 （4）带有机械排泥设备时、排泥效果好	（1）占地面积大。 （2）不采用机械排泥设备时，排泥困难。 （3）需维护机械排泥设备	一般用于大、中型净水厂
竖流式	（1）排泥较方便。 （2）一般与絮凝池合建、不需另建絮凝池。 （3）基建费用低、占地面积较小	（1）上升流速受颗粒沉降速度所限，出水量消，一般沉淀效果较差。 （2）施工比平流式困难	一般用于中、小型净水厂
辐流式	（1）沉淀效果好。 （2）有机械排泥装置时，排泥效果	（1）基建投资大。 （2）运行管理费用大。 （3）刮泥机运行管理复杂，维修费用高。 （4）施工比平流式困难	一般用于大、中型水厂的高浊度水预沉
斜管、斜板式	（1）沉淀效果高。 （2）体积小、占地少	（1）斜管（板）耗材多，老化后更换费用高。 （2）对原水浊度适应性较平流池差。 （3）不设机器排泥装置时排泥困难，设机器排泥时维护管理麻烦	可用于各种规模的水厂，宜用于各沉淀池的改建

下面讨论几种短流现象对沉淀效果的影响。

（1）沉淀池进出水的影响。水流经过进水穿孔墙的流速（小于0.1m/s）较池中水流速（3～20m/s）高出许多倍，所以进水池具有很大的动能，他能在池中持续很长距离才逐渐消解消失。这种射流加剧水的湍动从而影响沉淀效果。

（2）异重流的影响。絮凝池的水进入沉淀池后，因为水中杂志不断沉淀而变清，混水和清水的、密度不同，进入沉淀池的混水密度大于池中水和即将流出的清水密度，密度大的混水入池后，会潜入池的底部流动，形成混水异重流，混水异重流程度视进池原水的浊度和颗粒密度而定。

此外，水的密度也与温度有关。当进水温度大于池内水温，进水趋向池表面流动，形成温差异重流，当进水温度小于池内水温，进水趋向池底，将会加剧混水异重流。实践证明，白天沉淀效果低于夜间沉淀效果。

（3）池内滞水区的影响。由于池内水流速较小或由于沉淀池构造上的缺陷引起长宽比较小的沉淀池及池身转折处常出现滞水区，在滞水区的水流内常不产生沉淀作用。

（4）水流湍动性和稳定性对沉淀效果的影响。水流湍动性以雷诺数只，判别

$$Re=\frac{vR}{\nu} \tag{2-8}$$

式中：Re 为雷诺数；v 为水流速度，m/s；R 为水力半径，m，$R=\frac{A}{\chi}$，A 为过水断面面积，χ 为湿周；ν 为水的运动黏度，m^2/s。

一般认为，在明渠流中，$Re>2320$ 时为湍流，$Re<2320$ 时为层流。平流沉淀池中 Re 为4000～15000，属湍流状态，水流除水平流速外，尚有上下左右的脉动分速，且伴有小

的涡流。这在一定程度上可使密度不同的水流能较好地混合，减弱分层流动现象，但却不利于颗粒沉淀。因此，在沉淀池中，通常要求降低雷诺数以利于沉淀。

水流稳定性以弗劳德数凡判别

$$Fr=\frac{v^2}{Rg} \tag{2-9}$$

式中：Fr 为弗劳德数；v 为水流速度，m/s；R 为水力半径，m；g 为重力加速度，通常取 9.81m/s^2。

一般认为，平流沉淀池的弗劳德数 Fr 宜大于 10^{-5}，弗劳德数高，水流的相对稳定性高，水流对温差、密度异重流及风浪等影响的抵抗力强，使沉淀池中的流型平稳，利于沉淀。因此在沉淀池中，通常要求提高弗劳德数，以利于颗粒沉淀。

在沉淀池中，减小水力半径尺，是降低只 e 和提高凡的有效措施。平流沉淀池的纵向分格及斜板斜管沉淀池都能达到上述目的。

在沉淀池中，增大水平流速 v。一方面提高了 Re，提升了水的湍动性而不利于沉淀，但另一方面也提高了 Fr，提升了水的稳定性而有利于沉淀。所以水平流速可以在极宽的范围内选取，而不致对沉淀效率有明显影响。目前国内常用的沉淀池水平流速为 5～50mm/s。

3. 其他影响因素

（1）水在池内停留时间对沉淀效果的影响。因为池内水流速度分布是不均匀的，存在的速度梯度引起颗粒碰撞，停留时间长则碰撞几率就大，从而促进进一步絮凝和沉淀。而且水中的絮凝颗粒的大小和沉降速度不同，沉降速度快的颗粒沉降中捕捉慢的颗粒，停留时间长，使捕捉几率增大，从而促进絮凝沉降。因此，水在池内沉淀时间越长，由速度不均匀引起的絮凝沉淀进行的越彻底，沉淀效果越好。

目前国内平流式沉淀池停留时间一般选用 1～3h，但受浊度和水温的影响，低温低浊水停留时间一般选 2h，低温高浊水超过 2h，时间选用太长，将影响整个工艺流程的效率。

（2）池深的影响。池中的水越深，因颗粒沉速不同引起的絮凝进行的越完善，沉降效果越好。目前国内平流式沉淀池深一般选取 3～3.5m。

（3）池的构造及辅件的影响。水流转弯处常出现的滞水区，池中支柱、刮泥机桁架等障碍物的设置都会加大局部湍流，降低沉淀效果。

2.2.2 沉淀工艺运行控制与管理

2.2.2.1 平流沉淀池工艺条件的控制

1. 工艺条件控制的目标

将沉淀池的运行工艺参数控制在要求的范围内，使其在因水厂进水水质水量的变化而发生变化时，变化幅度能控制在允许的范围内。

2. 工艺运行中主要控制的工艺参数

（1）水平流速可采用 10～25mm/s。

（2）水力停留时间宜为：t=1.5～3h。

（3）有效水深，可采用 3.0～3.5m；每格宽度，宜为 3～8m，最大不超过 15m，长度与宽度之比不得小于 4；长度与深度之比不得小于 10。

（4）堰板溢流负荷心不大于 300m^3/(m·d)。

3. 工艺参数调整方法

如果上述工艺参数超出要求范围，可按下列公式对池数和各参数调整

$$n=\frac{Q}{qBL} \tag{2-10}$$

$$t=\frac{nBLh_2}{Q} \tag{2-11}$$

$$v=\frac{Q}{nBh_2} \tag{2-12}$$

$$q'_1=\frac{Q}{l'n} \tag{2-13}$$

式中：Q 为原水入厂流量，m^3/h；n 为运行池数，个；q 为水力表面负荷，$m^3/(m^2/h)$；B、L、h_2 为沉淀池的长、宽和有效水深，m；l'为每个池子溢流堰总长，m；q'_1 为堰板溢流负荷，$m^3/(m^2 \cdot h)$；t 为水力停留时间，h。

2.2.2.2　刮泥和排泥的操作与管理

刮泥和排泥操作有两种方式，即间歇刮（排）泥和连续刮（排）泥。

1. 刮泥

（1）常用机械。平流池用桁车刮泥机时，一般采用间歇式刮泥；采用链条式刮泥机时，既可间歇，也可连续刮泥。

（2）刮泥周期。取决于污泥量和质，污泥量大时，应缩短周期。

（3）刮泥行走速度。应小于设计极限值，辐流沉淀池一般采用连续刮泥用周边刮泥机时，周边线速度不超过3m/min，否则会搅起已沉淀的污泥。

2. 排泥

（1）对排泥操作的要求是既要把污泥排净，又要使污泥浓度较高（含固量达3%～5%）。

（2）平流沉淀池，采用桁车刮泥时，其间歇式刮泥、排泥周期时间一致，协同操作。

（3）排泥时间（周期）的确定。在排泥开始时，从排泥管定时连续取样测定含固量变化，直至含固量降至基本为零，即为排泥时间。

（4）一般采用自动控制排泥，在排泥管路上安装污泥浓度计或密度计，当排泥浓度达到设定值时，泥泵自动停止。

2.2.2.3　斜板（管）沉淀池工艺参数控制

将斜板（管）沉淀池布置在平流沉淀池中，极大地提高了平流式沉淀池的沉淀效率，是改造平流式沉淀池最有效的技术途径。

（1）斜板（管）内水力停留时间。水在斜板（管）内停留时间一般控制在2～5min。

（2）斜板（管）的宽度。斜板（管）的宽度一般采用0.9～1m。

（3）上流式斜板（管）沉淀池流速。上流式斜板（管）沉淀池流速垂直上升流速，一般控制在2.5～3.0mm/s。

（4）斜板与斜管的比较。上向流斜板（管）沉淀池，当上升流速小于5mm/s时，两者沉淀效果相当；当上升流速大于5mm/s时，斜管优于斜板。

上向流斜板（管）沉淀池的运行操作与平流式沉淀池大体相同，但混凝剂的投加不可中断，同时要及时排泥。

2.2.3　沉淀工艺常见故障原因分析与对策

导致浊度去除率降低的原因可能有以下几个方面：

（1）工艺控制不合理。

1）水力表面负荷太大。

对策：调整水力表面负荷。

2）水力停留时间太短。

对策：调大水力停留时间。

（2）水流短路，减小了沉淀池有效容积。

1）出水堰板溢流负荷太大，堰板不平整。

对策：调小溢流负荷，调平堰板。

2）沉淀池设计不合理，有滞留区，死区。

对策：改造池形。

3）入流水温度或浊度起伏太大，形成密度异重流。

对策：调整困难，应从工艺参数入手调整。

4）进水整流设置不合理或损坏。

对策：检查并调整整流装置。

5）风力引起出水不均匀。

对策：沉淀池布置于厂房内。

（3）排泥周期不合理，排泥不及时。

对策：调整缩短排泥周期。

学习情境 2.3　过滤工艺的运行与管理

2.3.1　过滤工艺概述

过滤是原水（或沉淀水）通过介质（如石英砂、无烟煤等滤料）以去除水中的悬浮杂质胶体等使水澄清的过程。滤池进水的絮凝后的颗粒，在电性中和、吸附、架桥等作用下会粘附在滤料颗粒的表面，从而使原水得到净化。目前一般认为，以地表水为水源的水厂都需要进行过滤处理，原水经过混凝沉淀等预处理再进入滤池。如原水浊度和色度较低，且终年变化不大，最高浊度不超过 50 度时，可在混凝后不经过沉淀池而直接经过双层滤料或多层滤料过滤，过滤周期也不会太短，过滤水质也是满意的，但是不能采用省掉滤池的处理工艺。

滤池的形式很多，目前最常见的有普通快滤池、V 形滤池、无阀滤池、虹吸滤池、移动罩滤池、压力滤池等。

2.3.1.1　常见滤池及工作过程

1. 普通快滤池

常规的快滤池称为普通快滤池。普通快滤池适用于小型、大中型水厂，小型水厂滤池格数小于 5 个时采用单排布置形式。大中型水厂滤池格数较多则采用双排布置形式，把滤池分成两组对称排列，两组滤池间布置管渠和阀门称为管廊。快滤池本身包括进水管（渠）、冲洗排水槽、滤层、承托层和配水系统五个部分。普通快滤池的滤层可以是单层的石英砂滤料，也可以采用无烟煤、石英砂双层滤料或无烟煤、石英砂、石榴石三层滤料等多种滤料形式。快滤池的管廊内主要是浑水进水、清水出水、初滤水、冲洗进水、冲洗排水等五种管道及其相关的控制阀门。

快滤池的工作过程包括过滤和反冲洗两个过程。过滤为生产清水的过程，过滤的速度可以用清水支管上的阀门控制，或流量控制器自动控制，以保持等速或变速过滤。

过滤过程：混凝沉淀池来水→浑水进水干管→进水支管阀门→浑水渠→冲洗排水槽→滤层→承托层→配水系统收集清水→清水支管阀门→清水干管→清水池。此时进水支管阀门、清水支管阀门开，其他的阀门关闭，浑水由浑水渠流入冲洗排水槽后从槽的两边溢流而出，使水量可以均匀分布在滤池整个面积上。过滤时，水中的杂质逐渐截留在滤料层中，滤料层的孔隙不断减小，增加水流阻力，使水头损失不断增大。当滤层水头损失达到允许水头损失的最大值（一般在2.0～2.5m）时，就应该停止过滤，进入反冲洗阶段。

反冲洗过程水的流向和过滤过程完全相反，是从滤池底部朝滤池上部流动的。关闭浑水进水阀门，让过滤继续进行，当砂上水深约在10cm，关闭清水支管阀门，防止空气进入滤层，开反冲洗进水阀、反冲洗排水阀门，水流程如下：反冲洗水干管→反冲洗支管阀门→配水系统→承托层→滤料层进入冲洗排水槽→浑水渠→反冲洗排水阀门→废水渠→回收水利用系统（或排入水厂下水道）。当冲洗水层排水约5min，排水槽冲洗水变清后（浊度约在30NTU以下），依次关闭反冲洗进水阀门和反冲洗排水阀门，冲洗工作结束。冲洗过程使滤料层的过滤能力得到恢复，整个冲洗经历的时间大约20～30min，冲洗的耗水量约占产水量的1%～3%，等到砂滤层下沉稳定后可以进入下一个过滤周期。重新开始过滤的时候，出水的水质较差，如不允许进入清水池，可以通过初滤水排放管排放，直到滤池出水水质合格。

过滤是很复杂的过程，过滤效果既受到进水水质的影响，也受到滤池本身结构的影响，进水水质如水温、悬浮物和胶体的尺寸、性质和浓度都会受到影响，温度高的水容易处理。滤池本身的结构如滤料粒径、滤层厚度、水流方向滤料的排列都会影响滤池的过滤效率。

2. V形滤池

V形滤池是法国得利满（Degrement）公司开发的一种重力式快滤池，是均质滤料的滤池，自动化程度高，适用于大中型城市净水厂。V形滤池因为滤池两侧进水的V形槽而得名，V形进水槽底部设一排小孔，过滤时从小孔和V槽堰顶进水，反冲洗时小孔进水扫洗滤料层。V形滤池采用均质砂滤料，粒径较大并且比较均匀，有效粒径d_{10}大约在0.95～1.35mm之间，不均匀系数小于1.6，滤层的厚度较大在0.95～1.5m之间，因而整个滤层的含污能力较强，滤池的滤速一般在8～15m/h，可根据原水水质和滤料粒径而定。V形滤池均采用气水反冲洗，配水系统采用长柄滤头，安装在混凝土滤板上，布置的滤头数为50～60个/m^2，同时V形槽底部小孔进水表面扫洗。V形滤池出水管上安装虹吸管，使流量随虹吸管中的空气量的多少而变化，用以控制恒定的滤池水位；或在出水管上安装蝶阀，可按照池内的水位，自动控制阀门的开启度，以保持恒定的水位；或者使用超声波液位仪和出水阀门，以保持池内水位恒定和变速过滤。V形滤池是一种高效的滤池，滤后的水浑浊度一般都小于0.5NTU。

V形滤池的工作过程如下：

原水由进水总渠再由瓣膜阀和进水方孔进入 V 形槽，再从槽壁上的小孔和槽顶溢流进入滤池。过滤水经过滤层后，由长柄滤头收集，流入气水室，再经孔口汇入中央配水渠，最后由水封井、出水堰、清水渠流入清水池。

当滤池的水位超过设计水位或阻力大于设计值时，进行反冲洗。冲洗时首先关闭进水瓣膜阀，仍有水由进水方孔进入 V 形槽，并经槽壁上的小孔水平进入滤池。开启排水阀门，使池内的水位下降，直到与排水槽顶相平，起动鼓风机，打开进气阀，空气由气水分配渠上的小孔进入气水室，再由长柄滤头均匀进入滤池，引起滤料振动摩擦使得滤料表面粘附的杂质脱落。再起动反冲洗水泵，进气水对滤层进行清洗，扫洗小孔扫洗水冲洗滤层表面的污泥，将反冲洗废水中的悬浮杂质均匀迅速从排水槽顶溢流进排水槽，排入净水厂废水回收系统（或排入下水道）。最后停止空气反洗，单独用水反洗几分钟，加上横向扫洗，将冲洗下的杂质全部带入排水渠。气冲的强度一般为 14～17L/(m^2·s)，水洗的强度约为 4～6L/(m^2·s)，横向扫洗的强度约为 1.4～2.3L/(m^2·s)，总的反冲洗时间约 10～15min。V 形滤池的反冲洗可自动控制或操作台上人工手动操作。

3. 无阀滤池

无阀滤池有重力式和压力式，重力式应用较多。适用于中小型给水工程，池形可以是矩形或圆形。无阀滤池的特点是能够自动冲洗，便于运行管理。无阀滤池一般由两格或三格合用一个冲洗水箱。滤池由进水分配箱进水，U 形进水管是防止空气进入滤池，每格滤池中央有一条主虹吸管，其上升段管径比下降段大 1～2 级，虹吸管布置成倒 V 字形，主要减少虹吸管中积存的空气，以便加快发生虹吸。主虹吸管上接出辅助虹吸管，接管口的高度和冲洗水箱最高水位的高差，等于滤池的极限水头损失值。

无阀滤池开始过滤时，进水由进水分配箱经过 U 形进水管进入滤池，水经过滤层、承托层、小阻力配水系统、连通渠，进入水箱，由水箱中的清水集水槽收集，由清水管输送到清水池，进水流量等于滤出的流量，滤速保持不变。随着滤层的水头损失不断增大，虹吸上升管内的水位不断升高。当虹吸上升管内的水位上升到辅助虹吸管管口时，水沿管口旋流而下，经过抽气管带走虹吸管中的空气，不断抽气的结果，使虹吸管中真空度不断增大，虹吸上升管和下降管中的水位同时上升。等到上升水流溢过虹吸管顶部时，虹吸作用更为强烈，使虹吸管内全部充水。同时虹吸管中的空气体积受到压缩，压力增大，一部分空气从虹吸管下的水封井中逸出。可以根据虹吸管内的水位上升时间或上升高度来控制滤池的冲洗周期，水位变化值一般约为 1.5～1.8m。

虹吸发生后，冲洗水箱的水就通过连通渠、配水系统、承托层和滤层，再向上流经虹吸管排入水封井。进水管照常进水，水随着反冲洗废水排入水封井。随着冲洗的进行，冲洗水箱的水位连续下降，冲洗强度逐渐从大到小。当冲洗水箱的水位下降到破坏斗时，破坏管抽吸干破坏斗内的水，破坏管口露出在大气中，空气进入主虹吸管，虹吸破坏管破坏后冲洗停止，立即自动恢复到过滤状态。

从过滤开始到水位上升到辅助虹吸管口的时间，称为无阀滤池的过滤工作周期，一般为 12～24h，冲洗的时间大约 5min。有时滤池出水水质不合格，但是水位并没有到达辅助虹吸管口，这时滤池不会自动进行冲洗。为运行管理方便，辅助虹吸管和抽气管交接处，连一根和辅助虹吸管成 15°夹角的压力水管，使得在水位没到达设计水位时也可人工控制冲洗滤池。

无阀滤池由于上层是反冲洗水箱，下层是滤池部分，因此一般无阀滤池的池身较高，在整个水厂的设计中高程要合理搭配，常与澄清池和斜管沉淀池搭配使用。

4. 虹吸滤池

虹吸滤池的特点是用进水虹吸、排水虹吸代替进水和排水阀门，采用小阻力系统，多格滤池共用清水集水槽，利用集水槽里的清水反洗滤池，基本上不设大阀门，易于自动化管理操作。一般虹吸滤池适用于中小水厂，每只虹吸滤池最少分为 6 格，一般采用 6～8 格，每池的水量控制在 5000～50000m^3/d 范围内。平面一般可以布置成矩形或圆形形式，采用对称布置。由于采用小阻力配水，每格面积不宜过大，最好不超过 50m^2。虹吸滤池的总高度比普通滤池高，可达 5m 以上。

虹吸滤池工作时，当进水量不变时，过滤的速度恒定，采用变水位等速过滤方式。水由进水槽经进水虹吸管，流入单格滤池进水槽，由进水槽底的布水管进入滤池，再经过滤层过滤，由小阻力配水系统收集，进入清水集水槽，由出水管输送到出水井，由清水管输送到清水池。随着过滤的进行，砂滤层的水头损失不断增大，滤池中的水位不断上升，任意一格的水位比出水堰顶高出 1.5～2.0m 时，由液位计或压力表控制，表明过滤阶段应该结束，需要进行反冲洗。自控系统打开进水虹吸破坏管，进水管停止进水，同时启动排水虹吸真空系统，排水虹吸形成，滤池中的水位不断下降，当下降到一定水位时，集水槽中的水位与池中的水位差足以克服滤层和配水系统的水头损失时，集水槽中的清水经过配水室，均匀进入滤池，再经过承托层、滤层对滤层进行冲洗，废水由冲洗排水槽收集，由排水虹吸输送，冲洗排水管排入水厂废水回收系统（或下水道）。此时，该池的其他几格滤池正常过滤，过滤水向冲洗格提供冲洗水，因此不需要设置冲洗水塔或水箱。等到冲洗废水较清时，破坏排水虹吸，启动进水虹吸形成中空系统，进水虹吸形成，即进入下一个过滤周期，如此反复进行。虹吸滤池的操作也可根据水力原理进行自，动控制。

5. 移动罩滤池

移动罩滤池是由许多格组成的滤池，从构造上来说，阀门较少，无需冲洗水箱，采用小阻力配水系统，运行管理自动化。移动罩滤池分成多格（12～40 格都有），多格滤池的上部和下部都相互连通，统一进水，统一出水，并有一个可以移动的冲洗罩。沉淀池的出水进入滤池后，通过每格的滤池的石英层、承托层和小阻力配水系统，过滤的水最后汇集出水渠，再经过出水虹吸管和出水堰流到清水池。由于只有一个移动罩，每次只能冲洗一格滤池，所以只能顺序地冲洗，一格一格地进行。任意一格的冲洗水来自其他滤池的过滤水。多格滤池进水水位相同，各个滤池滤层含污量多少不同，在各池间流量大小不同，清洁滤池含污量少，阻力小，分担较多流量，反之流量较小。对每格滤池而言，在一个工作周期内实现了变速过滤。

移动罩滤池冲洗方式有泵吸式和虹吸式，泵吸式的水泵采用流量大、扬程低的轴流泵或混流泵，由于水泵能力的限制，每格滤池的面积一般小于 4m^2。采用虹吸式冲洗时，单格滤池面积受均匀性的限制，每格不宜大于 10m^2。当任意一格滤池需要冲洗移动罩移动到该格并且固定在该格的池壁上，移动罩和池壁之间必须保持密封，才能使砂层冲洗干净，冲洗后的砂面保持平整。水由集水渠流经配水系统、滤层和承托层，再经过排水管流入排水沟。虹吸式和泵吸式的区别在于前者排水管是虹吸管，后者用水泵排除冲洗废水。

这种滤池的构造特点是一组滤池中各格相互连通，一格需要检修时，整组滤池就需要停止运行，所以至少需要两组滤池。每格滤池冲洗水来自其他格的过滤水，在正常滤速下，约需要 5～6 格的过滤水才可以满足一格冲洗的需要，滤速较低时，则需要更多格数的过滤水，因此每组滤池分格数至少需要 8 个。移动罩是滤池非常重要的部分，对任何一格冲洗时，必须定位准确，正好罩住该格滤池，而且和池壁密封良好，所以在运行管理过程中移动罩滤池都是技术要求较高的滤池。

移动罩滤池都是多格滤池联合运行，底部相通，因此冲洗后进入过滤初期的初滤水没法单独处理，进入清水系统将影响出水的水质，这也是移动罩滤池值得研究的一个课题。

6. 压力滤池

前面的几种滤池都是水面与大气相通，是重力过滤方式。随着水工业的发展，水处理规模集成化和工业水处理工艺的发展，压力过滤器应用也应用越来越多。压力过滤器一般用于小型供水站、工业给水处理过程的预处理中和一些临时供水场所，可由厂家生产成标准件，安装使用都很方便。通常过滤器外壳由钢板制成，将滤池的反冲洗排水槽改成了排水斗，滤料的粒径、厚度都较大，粒径一般都采用 0.6～1.0mm，滤料厚度一般为 1.1～1.2m，滤速一般为 8～10m/h，甚至更大。配水系统可以采用小阻力的缝隙式滤头或百脚管的大阻力配水系统。过滤的时候水头损失可由进水和出水管上的压力表读出，两表的压力差即为过滤的水头损失，一般为 5～6m，有时可达 10m。过滤器有立式和卧式两种，过滤器直径一般不超过 3m，卧式的长度不超过 10m。压力过滤器耗费钢材多，成本较高，但是占地少，运行管理方便。

2.3.1.2　滤料与承托层

1. 滤料

（1）滤料的选择。滤池保证出水水质和正常运行的一个关键是合理的选用和设计过滤的介质——滤料。能作为水处理的介质，必须具有足够的化学稳定性，滤料中不得含有危害健康的有毒有害物质，以免在过滤的过程中，溶解于过滤水，引起出水水质的恶化，如锅炉用水不得选用石英砂滤料，因为 SiO_2，是锅炉进水需要处理的物质之一。滤料要有足够的机械强度，以免在冲洗的过程中颗粒之间发生碰撞和摩擦而破裂，细碎的颗粒容易进入过滤水中，在冲洗时会被冲洗水带出滤池，增加滤料的损耗。滤料有一定的级配和适当的孔隙率，其种类和尺寸的选择，要考虑过滤要去除固体颗粒和反冲洗的要求，粒径较大和密度较大的滤料，在相同的滤料膨胀率时需要较高的反冲洗强度。滤料还要求货源充足，价格低廉。

给水常用的滤料有石英砂、无烟煤、陶粒、石榴石、铁矿石等天然材料，近年来开发的纤维滤料、PVC 滤料以及聚丙烯球等，确定滤料的种类要根据水质要求，尽量就地取材。

（2）滤料的粒径和级配。滤料的级配是指粒径大小不同的颗粒在全部滤料中所占的比例。我国以最大粒径 d_{max}、最小粒径 d_{min} 和不均匀系数 K_{80} 作为滤料的级配指标（级配参数），K_{80} 为

$$K_{80}=\frac{d_{80}}{d_{10}} \tag{2-14}$$

式中：d_{80} 为指通过滤料质量 80％的筛孔孔径，mm；d_{10} 为指通过滤料质量 10％的筛孔孔

径，mm。

K_{80}大小反映了滤料颗粒的均匀程度，$K_{80}=1$表示颗粒大小一致，是完全均匀的滤料。不均匀系数大的滤料，无论对过滤和冲洗都十分不利，过滤时杂质在表层大量聚集，反洗时要么细小的颗粒被冲洗水带走，要么粗大的颗粒得不到很好的清洗。为了保证过滤和反冲洗较好的运行效果，通常要求$K_{80}<1$。

滤料颗粒间的孔隙率e是指滤料层中的孔隙所占的体积与滤料体积之比。孔隙率与过滤有十分密切的关系，孔隙率越大，滤层含污能力越大，相同条件其过滤效果越好。滤料层的孔隙率与滤料颗粒形状、均匀程度以及压实程度有关。形状不规则，而粒径又均匀的滤料孔隙率较高，石英砂滤料的孔隙率一般为0.42左右，无烟煤和陶粒的孔隙率一般在0.5以上。

（3）滤层。滤料对过滤的影响主要有以下几个方面：

1）滤层的厚度和粒度的影响。滤料的粒径都比较小，一般在0.5～2mm范围内。粒径小的滤料比表面积大，吸附力强有利于吸附水中的絮体，但粒径小易被堵塞。有试验研究表明，滤池过滤时大部分的杂质由表层5cm内的滤料截留，反之，粒径越大孔隙率越大，杂质越易进入滤层深度，过滤周期越长，周期产水量越大，相应的池体较深，降低运行成本。滤层的厚度可以理解为絮体穿透的深度和保护厚度之和。穿透深度与滤料的粒径、滤速和水的混凝效果有关。粒径大、滤速高、混凝效果差其穿透深度较大。滤池滤层设计，应综合考虑滤料的粒径、池高设计、滤速、反洗要求以及运行成本。

2）滤层的有效粒径和不均匀系数的影响。据一些研究机构的生产性试验，有效粒径越小，不均匀系数越大，运行过程中的工作周期越短，冲洗越频繁，冲洗效果越差，滤料表层积泥现象越严重，杂质聚集的深度越浅，深层滤料的过滤能力得不到发挥。造成运行成本的增加和已有资源（底层滤料）的浪费，最终滤池处于一种恶性循环的状态。因此在对滤池进行设计时要有适当的粒径，一般在0.5～2mm范围内，不均匀系数越小越接近理想滤料，根据工程实践一般$K_{80}<2$。

3）滤料层数的影响。单层砂滤料，经过过滤反冲洗的循环过程后，滤料都会出现水力分级，小粒径颗粒在上，大颗粒在下。为了充分利用大粒径颗粒较大的孔隙率，可以采用多种密度不同的滤料组成多层滤料进行过滤。多层滤料，上层是粒径较大、密度较小的轻质滤料，其孔隙率大、含污能力大，下层为粒径较小、密度较大的滤料，其比表面积大、吸附能力较强，可以安全防止杂质穿透，因此级配搭配合理的多层滤料滤池一般可以采用较高的过滤速度，较长的过滤周朔，仍然可以保证较好的出水水质。采用多层滤料与单层滤料对比，在相同的运行条件下，多层滤料过滤过程中水头损失增长缓慢，滤层的利用率高。

总而言之，双层滤料和三层滤料与普通单层滤料快滤池相比，具有如下特点：

a. 滤速大，多层滤料主要利用反粒度过滤的原理，滤层含污量大即使提高滤速水头损失并不会迅速增长而使过滤周期缩短。滤速及强制滤速见表2.4。常年水温较高的地区可用较高的滤速。

b. 滤层厚度和滤料规格有差别，见表2.4。为了防止反冲洗强度较大或冲洗水夹带少量气泡造成多层滤料混层现象，承托层中粒径小于8mm需要用重质矿石，粒径大于8mm

用卵石。配水系统的孔眼直径为 4mm 时，承托层最大粒径应为 16mm，孔眼直径为 9mm 时，承托层最大粒径为 32mm。如果孔眼小于 4mm 的滤砖，可省去承托层。

c. 冲洗强度较大，双层滤料的冲洗强度采用 13～16L/(m^2·s)，冲洗时间 8～6min。冲洗时强度较大，易造成表层的滤料流失，一年内水温差别很大的地区，应按照季节采用不同的冲洗强度，夏天用较大的冲洗强度，冬天用较低的冲洗强度。对不同的滤料滤层，其铺设厚度、粒径级配以及最佳的过滤速度应该有合理的设计，我国单层滤料、双层滤料和三层滤料的滤速与滤料层的规格见表 2.4。

表 2.4　　滤池的滤速与滤料组成

类别	滤料组成			正常滤速 (m/h)	强制滤速 (m/h)
	粒径（mm）	不均匀系 K_{80}	厚度（mm）		
单层细砂滤料过滤	石英砂 $d_{10}=0.55$	<2.0	700	7～9	9～12
双层滤料过滤	无烟煤 $d_{10}=0.85$	<2.0	300～400	9～12	2～16
	石英砂 $d_{10}=0.55$	<2.0	400		
三层滤料过滤	无烟煤 $d_{10}=0.85$	<1.7	450	16～18	20～24
	石英砂 $d_{10}=0.5$	<1.5	250		
	重质矿石 $d_{10}=0.25$	<1.7	70		
均匀级配粗砂滤料	石英砂 $d_{10}=0.9～1.2$	<1.4	1200～1500	8～10	10～13

2. *承托层*

滤池的配水系统孔眼较大时，为了保证均匀配水和防止滤料漏入孔眼，在配水系统和滤料之间铺设卵石垫层。承托层一般由一定级配的卵石组成，作用一是支承滤料，防止过滤时滤料从配水系统中流失；二是使反冲洗水均匀地向滤层分配。因此，卵石的粒径还应大到足以阻止孔口射出的水流对它的上冲力才能保证反冲洗时不发生移动，保持承托层稳定。承托层一般按习惯选用，不必仔细计算。常用的承托层材料为天然卵石或碎石，有时也用大粒径粗砂。承托材料的粒径大小取决于滤料的粒径以及反冲洗配水形式。无论那种配水系统的承托层，在铺装时都应由下而上，先粗后细，分层清楚，厚薄均匀，严格控制好高程。铺装前应将页岩、黏土及其他杂质清除干净，厚度约在 0.4mm 左右。

2.3.1.3　反冲洗

滤池经过一定时间的过滤后，滤层中截留了大量的杂质，由于滤料层中所含污泥的数量大增，孔隙大大减少，水头损失增加，必须对滤料进行冲洗使其恢复过滤能力。快滤池冲洗的方法有高速水流反冲洗、气水反冲洗和表面辅助冲洗加高速水反洗。

1. 反冲洗的方法

（1）高速水反洗。快滤池最传统的冲洗方法就是采用高位水箱或水泵的水进行冲洗，从下向上的水流使砂层悬浮起来，砂粒之间相互摩擦，在水流剪力和摩擦力双重作用下杂质脱落并随水流带走，达到清除砂粒表面上的污泥的目的。冲洗效果取决于冲洗流速（或反冲洗强度）：冲洗流速过小，滤料孔隙中水流剪力小，杂质不易脱落；冲洗流速过大，滤料层膨胀度过大，滤层孔隙中水流剪力也会降低，而且此时滤料颗粒之间过于离散，碰撞摩擦几率也减小。

由于采用高速水反冲洗过程中，滤层达到流态化状态，冲洗前后滤层厚度会有一定的变化。滤层膨胀后所增加的厚度与膨胀前厚度之比称滤层膨胀度。膨胀度取决于反冲洗强度，当反冲洗强度超过滤料的最小流态化速度时，增大反冲洗流速只是使得滤层的膨胀度增大，而水头损失保持不变。膨胀度太大会造成细小滤料流失，太小滤层冲洗效果不好，单层砂滤料在规定的冲洗强度下，膨胀度通常45%左右（20℃）。

冲洗的过程中，冲洗强度和冲洗膨胀度都满足要求，若冲洗时间不够，也不能充分地清洗掉滤料中的污泥，使得排除不尽的污泥重新返回滤层，长期下去会形成泥膜。因而滤池反冲洗时必须保证合适的冲洗强度、膨胀度和冲洗时间，根据生产经验得到的冲洗参数见表2.5。

表2.5　冲洗强度、膨胀度和冲洗时间

序　号	滤　层	冲洗强度 [L/(m^2·s)]	膨胀度 (%)	冲洗时间 (min)
1	石英砂滤料	12～15	45	7～5
2	双层滤料	13～16	50	8～6
3	三层滤料	16～17	55	7～5

注　1. 设计水温按20℃计，水温增减1℃，冲洗强度相应增减1%。
2. 由于全年水温、水质有变化，应考虑有适当调整冲洗强度的可能。
3. 选择冲洗强度应考虑所用混凝剂品种的因素。
4. 无阀滤池冲洗时间可采用低限。
5. 膨胀度数值仅作设计计算用。

（2）气水反冲洗。高速水反冲洗操作方便，池子和设备较简单，但冲洗结束后，滤料出现上细下粗的水力分级现象，对过滤也存在不利影响，而且反冲洗耗水量大，大量废水需要进行回收处理。采用气水反冲洗，利用上升空气气泡的振动作用可有效将附着于滤料表面污物擦洗下来使之悬浮于水中，然后再用水反冲洗把污物排出池外。因为气泡能够有效地使得滤料表面的杂质污泥脱落，对水冲洗的流速大大降低，故可采用“低速反冲”。由于水冲强度小，滤料的膨胀度小，还可以有效地防止滤料出现水力分级，故对粒径较大的滤料、均质滤料和多层滤料这种冲洗方式都是最理想的冲洗方式。气水反冲洗操作方式有以下几种：①先空气反冲，然后再水反冲；②先气水同时反冲，然后再水反冲；③先气冲，然后气水反冲，最后再用水反冲（或漂洗）。冲洗程序、冲洗强度和冲洗时间的选用，需要根据滤料种类、密度、滤料级配以及过滤水的水质水温等因素确定。根据水厂运行经验，采用气水反冲洗通常其冲洗强度和冲洗时间见表2.6。

表 2.6　　　　　　　　　　　　　　　气水冲洗强度和冲洗时间

滤料层的构成和水冲膨胀率	先气冲洗		气水同时冲洗			后水冲洗	
	强度 [L/(m² · s)]	历时 (min)	气强度 [L/(m² · s)]	水强度 [L/(m² · s)]	历时 (min)	强度 [L/(m² · s)]	历时 (min)
双层滤料，膨胀率 40%～45%	15～20	3～1	—	—	—	6.5～10	6～5
级配石英砂，膨胀率 40%～45%	15～20 12～18	3～1 3～1	— 12～18	— 3～4	— 4～3	8～10 7～9	7～5 3～2
均匀石英砂，不膨胀或微膨胀（带辅助反洗）	13～17 (13～17)	2～1 (2～1)	13～17 (13～17)	3～4 (2.5～3)	4～3 (5～4)	4～8 (4～6)	8～5 (8～5)

(3) 辅助反冲洗加高速水反洗。辅助反冲洗是在反冲洗的基础上，加上表面扫洗辅助冲洗装置。在反冲洗前用高压水通过喷嘴或孔口形成射流，对滤料喷射 2～3min。，使得表层滤料产生强烈摩擦碰撞，大的颗粒杂质被破碎脱落，以增强表层滤料的冲洗效果；然后开始反冲洗，与表面冲洗同时进行 3～4min；然后停止表面冲洗，单独反冲洗 2～3min。表面辅助反冲洗有固定式和旋转式两种，固定式冲洗强度一般采用 2～3L/(m² · s)，旋转式冲洗均匀，冲洗强度一般采用 0.5～0.75L/(m² · s)。其实 V 形滤池的扫水小孔也是辅助反冲洗的一种。

2. 反冲洗系统

反冲洗系统包括配水（气）系统、排水槽及集水渠和供水（气）系统。反冲洗过程是保证滤池正常工作的关键，反冲洗系统合理运行操作管理是冲洗效果的保证。

(1) 配水（气）系统。配水系统的作用是均匀收集滤后水，更重要的是均匀分配反冲洗水，保证滤层在冲洗的过程中不形成推移或冲走，并要求安装维修方便，不易堵塞，经久耐用。配水系统的合理设计是滤池正常工作的重要保证。通常采用的配水系统有：①大阻力配水系统，由干管和穿孔支管组成的“丰”字形配水系统，孔口水头损失较大，反冲洗的水头损失大于 3m；②中阻力配水系统，有滤球式、管板式、二次配水滤砖和三角形内孔的二次配水（气）滤砖等形式，反冲洗的水头损失介于 0.5～3m；③小阻力配水系统，有豆石滤板、格栅、平板孔、三角槽孔板、滤头等形式。在工程使用中小阻力配水系统采用滤头形式最为广泛，1m² 的滤板上配置 36～50 个滤头，滤头缝隙总面积为滤池面积 0.9%～1.25%。

(2) 排水槽及集水渠。排水槽用以均匀收集和输送反冲洗废水，要求在池中均匀布置，排水槽的面积不应超过滤池面积的 25%，溢流堰施工误差不大于±2mm，槽内水面以上留 70mm 干舷。在排水槽末端，反冲洗废水应该以自由跌落的形式流入集水渠。槽沿着长度方向宽度不变，末端的水流速度为 0.6m/s 槽上表面的高度设计直接影响反冲洗水的排除和反冲洗扬程的设计，高度的确定按照相关手册的规定。

(3) 供水（气）系统。冲洗的供水方式可以采用反冲洗水塔（水箱）供水或者反冲洗泵直接供水。采用水塔（水箱）反冲洗，反冲洗的强度决定反冲洗水塔（水箱）的最低水位高度，一般反冲洗水塔（水箱）有效水深不超过 3m，以免冲洗初期和末期的冲洗强度相差过大。水塔（水箱）的水可以在冲洗间歇时间内充满，对供水泵的水量要求低于直接用泵反冲洗。采用泵反冲洗直接按照单格滤池冲洗对水量和扬程的需要选泵，对泵的扬程和流量要求较高。

反冲洗供气系统有采用鼓风机直接供气和空气压缩机串联储气罐供气两种方式。CECS50：1993《滤池气水冲洗设计规程》规定："冲洗空气的供应，宜采用鼓风机直接供气，经技术经济分析认为合理时，亦可采用空气压缩机—储气罐组合供气方式。"根据实践，采用鼓风机直接供气较多，直接根据单格滤池冲洗气体流量和压力要求选择鼓风机即可，并考虑备用。

3. 影响反冲洗的因素

滤池反冲洗效果的好坏，取决于颗粒间的摩擦、碰撞以及颗粒的剪切力。反冲洗强度过大，可增大颗粒间的水流剪切力，但是滤层膨胀后，颗粒碰撞摩擦效果降低，反冲洗过程中细小的颗粒会随反冲洗废水带走，使滤料流失。所以反冲洗过程中应该加强以下因素的控制。

（1）膨胀度。在高速水反冲洗中提到，洗掉滤料中的杂质依靠水流剪力和滤料颗粒间碰撞摩擦，滤层膨胀度对冲洗效果影响很大。因为冲洗强度小，膨胀度太小，水流剪力也小，下层滤料悬浮不起来，聚集在滤料中的杂质难以随水流冲走；膨胀度过大，则滤料颗粒完全悬浮起来，颗粒浓度小，颗粒间相互碰撞摩擦的几率随之减少，也影响反冲洗效果。理想的膨胀度应该是截留杂质的那部分滤料恰好完全膨胀起来而下层最大颗粒滤料刚刚开始膨胀。我国一般规定石英砂滤料的膨胀度采用45%左右，煤、砂双层滤料取50%左右。

（2）反冲洗强度。反冲洗强度是指单位表面积滤层上所通过的冲洗流量，单位为L/(m^2·s)，或表示成水流上升流速，单位为mm/s。滤料层的膨胀度主要取决于反冲洗强度，反冲洗强度越大，滤料层的膨胀度也越大。反冲洗膨胀度还与滤粒粒径、相对密度及冲洗水的温度等有关。反冲膨胀度不变时，滤料的粒径和密度越大，冲洗水的温度越高，所需要的反冲洗强度越大。反冲洗强度太小，滤料层膨胀度不够，达不到洗净的目的；反冲洗的强度太大，会使得滤层过度膨胀，不仅浪费冲洗水，而且容易造成滤料流失；对于双层滤料还会破坏滤料分层，引起层间混杂甚至造成反分层而使双层滤料丧失其过滤的优越性。

（3）反冲洗历时。反冲洗历时不足，滤料颗粒就没有足够的碰撞摩擦时间，难以充分剥离杂质；同时反冲洗废水也来不及排除，水流冲洗下来的污物将重滤层，或覆盖于滤层表面而形成"泥毡"，或深入滤层形成泥球。因此，必须保证有足够的反冲洗时间，据生产经验，如果只用水反冲洗，单层滤料需要冲洗5～7min双层滤料需要6～8min。反冲洗强度大，冲洗历时可短些，反冲洗强度小，冲洗历时需要长些。

2.3.2 滤池工艺运行控制与管理

2.3.2.1 滤池的运行管理

为了管理好滤池，首先要求操作人员有高度的工作责任感，做到保证过滤水水质符合国家卫生标准，降低制水成本。操作人员要勤观察，注意冲洗水布水是否均匀，砂层有否结"泥球"现象，滤层有否裂缝以及水头损失增长情况是否异常，特别注意有没有发生负水头现象，还要注意池中是否有影响水质的水生物如红虫、绕足虫等，经常清除水面浮游的藻类或其他污染物质。操作人员除了搞好快滤池日常操作和必要的水质分析外，尚须对滤池工作情况定期进行测定，测定的项目和方法如下。

1. 滤速的测定

滤速可以通过关闭进水阀门的方法来测定，因为正常运行的滤池，池中的水位一般较高，关闭进水阀门后，池内水位慢慢下降，某一时间内下降的水位高度就是滤速。当然这种方法测定的滤速不是十分准确，因为滤池水位高时，滤速就快些，随着水位降低，滤速逐渐减小。但是滤池正常运转时，水位总是控制在比较高的位置，所以测出来的滤速是偏小的。要想知道每格滤池的过滤水量，只用将测得的滤速乘以滤池的面积即可得到流量。

2. 冲洗强度的测定

用冲洗水塔冲洗时，根据水塔的水位标尺算出冲洗所用的水量，再从冲洗时间和滤池面积计算出冲洗强度。

为了测定结果更准确，可在冲洗水位上升到排水槽口后，开始记录冲洗时水塔水位和冲洗时间。

用水泵反冲洗时，测定冲洗强度的方法和测得滤速时一样，就是测定滤池内冲洗水的上升速度，再换算成冲洗强度。但应在水位低于排水槽口时测定。

对于单独水反冲洗，根据生产经验，水温为 20℃时，单层砂滤料的反冲洗强度以 12～15L/(m^2·s) 为宜，煤—砂双层滤料以 13～16 L/(m^2·s) 为宜。夏季水温较高，水的黏度较小，所需反冲洗强度较大；冬季水温低，水的黏度大，所需的反冲洗强度较小。一般说来，水温增减 1℃，反冲洗强度增减 1%。

3. 滤层膨胀度的测定

测定膨胀度时，使用一根钉有许多铁皮小方盘的测棒，上下两只方盘的距离约 2cm。在冲洗池前，将木棒垂直固定在池旁，棒底刚碰到滤料表面。冲洗时，滤料层膨胀，就有一些滤料留在盘内，等到冲洗完毕，检查哪几格方盘内有滤料，有滤料的最高一格方盘的高度，就是滤料层膨胀的高度，据此算出滤层的膨胀度。

4. 滤层泥球百分率测定

如果滤池冲洗情况良好，则快滤池的滤料表面是平坦的，不会高低不平，也没有泥球和表面污泥层。滤料表面上出现污泥层或泥球，表示冲洗不够满意。

滤层泥球百分率的测定如下：采用一带柄的倒置圆筒高 150mm、直径为 65mm 砂取样器，筒底有一个 3mm 的溢水小孔。测定时将取样器按入滤层，使其底与砂面齐平。在不同的位置取 10 个样，将样品放到孔径 2.5mm 筛孔冲洗，测得残留在筛子上的泥球的体积。泥球的百分率为

$$泥球百分率=\frac{V_{泥}}{V_{沙}} \tag{2-15}$$

式中：$V_{泥}$为泥球体积，mL；$V_{沙}$为沙样的总体积，mL。

滤料的判别标准见表 2.7。

表 2.7　　滤料泥球百分率判别标准

泥球百分率(%)	0～0.2	0.2～0.5	0.5～1.0	1.0～5.0	>5.0
标准	极好	好	满意	不好	极坏

2.3.2.2 滤池过滤过程的控制

对于某一已经设计好的配水系统和滤层的滤池存在最佳滤速。滤池运行时滤速太大，一方面会造成杂质穿透滤层，工作周期缩短，冲洗水量增大，另一方面会造成杂质进入过滤水，出水水质会下降；滤速太小，一方面产水量太小，另一方面滤料孔隙间流速太小，杂质主要被表层滤料截留，深层滤料未能发挥作用。在滤料粒径和级配都一定的情况下，最佳滤速还与水质有关。在实际运行中，确定最佳滤料的方法是：先低速过滤，此时出水好，然后逐步提高滤速，出水水质降低，当出水水质接近或达到要求的水质时，对应的滤速即为最佳滤速。.

采用变速恒压过滤，其工作周期和出水水质均优于等速过滤。但变速过滤的运行调度较麻烦，因为时刻关注每格滤池的水量变化和总进水量之间的平衡，运行操作维护比较复杂。在等速过滤中，不断提供单个滤池滤层上的水位，来克服滤层阻力的增加，保持恒定的滤速。

在滤池试运行或大修后投入运行前，一般应对滤速进行实测确定滤池的实际过水能力，以便运行管理或者作为最佳运行速度的基础。最佳滤速的测定步骤如下：①将滤池水位控制在正常液位以上约 5～10cm；②迅速关闭进水阀，待水位下降至正常时，按下秒表，记录下降一定深度所需要的时间 t；③重复上述过程 3 次；④计算滤速 $v=h/t$。

确定滤池工作周期，一般有三种方法：①测定滤池的水头损失；②测定出水水质；③根据实际管理经验。在滤速一定的情况下，过滤周期的长短受到水温的影响较大。冬季水温低，水的黏度较大，杂质不易与水分离，容易穿透滤层，周期短；反之，夏季水温高，周期长。当过滤周期过短时，反冲洗频繁，应降低滤速。夏季滤池工作周期可长达 40～50h，应提高滤速，缩短周期，以防止滤料孔隙间截留的有机物缺氧分解。

2.3.2.3 反冲洗过程的控制

滤池冲洗过程的控制主要是控制滤池反冲洗的强度和反冲洗的时间。在滤层一定的情况下，滤池冲洗强度和冲洗历时受进水水质和水温影响较大。悬浮杂质浓度高时，截污量大且水的黏度降低，杂质不易被水冲洗掉，因而要加大冲洗强度和历时。最佳反冲洗强度和历时可按照下述方法测定：①在过滤周期结束后，在设计范围内选定一个冲洗强度进行反冲洗。在冲洗过程中连续测定水的浊度等水质指标；②冲洗开始后的 2min 内，如果冲洗水的浊度无明显升高，则说明强度不足，此时，可增大冲洗强度，直至 2min 内浊度明显升高，此时的冲洗强度为最佳冲洗强度；③按上述实测最佳冲洗强度进行冲洗，自冲洗开始至冲洗水的浊度不再降低时经历的时间为最佳反冲洗历时；④气水反冲洗的强度和历时可参照上述方法测定。

2.3.3 滤池常见故障原因分析与对策

滤池运行状况是保证净水厂出水水质的关键处理工艺，滤池在运行的过程中会遇到各种各样的问题。前部分对滤池已做了一些介绍，在实际运行中应该针对实际问题分析原因，究其根源来加以解决。各种滤池在运行中主要的问题是跑砂漏砂、滤料层中结泥球、气阻和水生微生物繁殖等。

1. 滤层气阻

滤池过滤过程中，有时滤料中会积聚大量空气，特别是表层滤料层。滤层中气泡会增加过滤时的阻力，减少过滤的水量。在反冲洗时，气泡会随着水流带出，可以看到水面上有大量气泡冒出，这是滤层开裂、水质变坏的原因，上述现象在生产上称作气阻。气阻形成的原因主要有：①滤层上部水深不够，滤料层内产生负水头现象，使水中溶解的气体析出，应及时提高滤层上部水头；②滤池运行周期过长，滤层内发生厌氧分解，产生气体；③空气进入滤层，滤池发生滤干；④反冲洗塔内存水用完，空气进入滤层。

相应的措施：①及时提高滤层上的水头，对于设计者来说应尽量抬高出水口的高度，若出水口高于滤层上表面，可以避免出现负水头现象；②在运行过程中滤池周期不宜过长，一般在24h左右，周期太长考虑增加滤池过滤速度来缩短过滤周期；③若发生滤池滤干情况，在进水时应考虑到排除滤料中的空气，如用清水缓慢地从下向上倒灌到滤池，以赶出滤料中的气体；④滤池反冲洗时应控制塔内的水位。

2. 滤层产生泥球

滤层中出现泥球的情况经常见到，一旦泥球形成也将会越长越大，有些水厂在滤池换砂时挖出的泥球个别的比鸡蛋还大。泥球是由细砂、矾花和泥土黏结而成，主要是由于滤池长期得不到合格的冲洗，或者冲洗强度不足。或是冲洗时间太短，以致使胶体状污泥相互粘结，尺寸越结越大，它的后果是使得滤料的级配混乱，过滤水水质容易浑浊，并因其主要成分是有机物，因此可能会腐化发臭。如果滤层中已经有泥球，多数情况下应该翻换滤料。更换滤料时应检查承托层是否层次分明，有无混杂，配水系统的孔眼有否堵塞等。如果暂时不换滤料，也可在滤池冲洗后暂时停止使用，放去存水到离砂面还有20～30cm处，然后按$1m^2$滤池面积加1kg漂白粉或0.3kg液氯，浸泡12h后再进行冲洗，这种方法主要是用氯来氧化泥球的。为了避免泥球的形成，首先应使滤池的冲洗达到规定的冲洗强度、冲洗历时和膨胀度，使得每次都能够冲洗干净。

3. 跑砂漏砂

有时滤池运行过程中的滤层发生错动，有些滤料被过滤水带走。造成漏砂的原因有：①冲洗强度过大或反冲洗配水不均匀，使得承托层松动，应降低冲洗强度，及时检修或找到配水不均的原因；②滤池由于各种原因形成气阻，对滤层造成破坏，应检查消除气阻；③滤料级配不当，应及时更换或补充合格滤料。

4. 黏泥生长（或滤料磨损）

单层滤料的滤层中会有黏泥生长，最终会堵塞滤层而不能有效过滤，必要时可停止过滤，用氯去除黏泥。将池子里灌满氯水，浸泡一定时间，再经过多次反冲洗，清除黏泥。净水厂滤池的滤料，经过长期使用，冲洗时使得滤料磨损失去了明显的棱角；此外，经过长期使用，不断冲洗，冲洗过程中细小的砂不断随着反冲洗水流失，导致滤料层的有效尺寸增大，一般要求滤池的滤料使用7年左右应考虑更换。

滤池出现各种各样问题时，首先要合理分析其原因，是由于运行不恰当还是滤池本身有问题。对于滤池滤料结块的问题，如果是由于氢氧化铝沉淀引起的，可在滤池中用含量小于20%的碱性溶液浸泡滤料，以溶解氢氧化铝沉淀。如果滤池的滤料结块不严重时，或是只限于表面冲洗装置不能到达的部位时，采用空气冲洗液可以保持滤料清洁。待滤料恢复到原来状态后，应该试验是否可用原来的反冲洗强度、采用表面辅助反冲洗或水气冲洗是否合适。如果清洗后的滤料还有滤料带出，或滤料还有结块现象，这时问题可能在于滤料或反冲洗设施，同时应该检查膨胀后的滤料表面与反冲洗排水槽的净距离是否足够。

在夏季水温高时，沉淀池中常有各种藻类生长，特别是在斜管沉淀池中，藻类可以堵塞斜管的孔眼，其他还有水生生物的幼虫或虫卵，都可能随水流带到滤池中生长繁殖，往往使得滤料层的孔隙大为减少，其后果是减少过滤面积，增加滤速，影响出水水质，并且缩短过滤周期。解决的办法是采用滤前加氯的方法，将较大的氯量加到浑水进水管中，以杀灭微生物。

5. 滤池水头损失增长过快和出水水质下降

过滤时的水头损失增长过快的原因有：滤池冲洗效果长期不好、气阻现象、滤速控制不好、配水系统孔眼阻塞、滤料过细或滤料层过厚、矾花强度过大以致不能穿透滤料深层等。

出水水质下降的原因有：滤池未能及时冲洗、气阻、滤速过高、滤层扰动、滤层中有泥球形成、滤料尺寸和滤料厚度不合适、滤料表层形成泥膜产生裂缝、因反冲洗时带走滤料而使得滤层厚度不够、或是因为混凝的矾花细小易碎等。

如果是冲洗效果不佳，可以改善冲洗效果；如果是冲洗带走滤料，调整冲洗强度，并补充滤料等。针对上述的不同原因引起的过滤的非正常运行，可采取合适的措施予以解决。

学习情境 2.4　消毒工艺的运行与管理

2.4.1　消毒工艺概述

消毒的目的主要是杀死绝大多数病源微生物，防止水致传染病的危害。氧化性消毒剂可同时氧化水中的有机物和还原性污染物，降低 COD。

给水处理过程中，水经过混凝、沉淀（澄清）和过滤，能去除大量悬浮物和粘附的细菌，但过滤出水还远远不能达到饮用水的细菌学指标。一般水质较好的河水大约含有大肠杆菌 10000CFU/L 左右，混凝沉淀可除去 50%～90%的大肠杆菌，过滤又可除去进水中 90%的大肠杆菌，出水中一般还会含有 100CFU/L 以上的大肠杆菌。我国新的饮用水卫生标准规定不得检出大肠杆菌，所以最后必须进行消毒。

给水处理中的消毒，可根据原水水质及处理工艺，采用滤前及滤后二次消毒，也可仅采用滤前（包括沉淀前）或滤后消毒。采用滤前消毒可延长氯的接触时间，有利于杀死水中微生物，防止藻类生长，清洁滤砂和降低水的色度等，但氯耗将有所增加，且当水中有机物含量高时，还将使出水的三卤甲烷增加。因此，我国大多都采用滤后消毒，也有两次消毒的。

通过消毒后，生活饮用水的细菌含量和余氯量应符合国家 GB 5749—2006《生活饮用水卫生标准》规定。

2.4.1.1　消毒方法

消毒方法有物理法和化学法两种：物理法有加热法、冷冻法、机械过滤法、紫外线法、超声波法、辐射法；化学法是利用各种化学药剂包括氯及其化合物、其他卤素、臭氧、H_2O_2、金属离子以及其他杀生剂等进行消毒。几种常用消毒方法的比较见

表 2.8。

表 2.8　几种消毒方法的比较

项目		液氯	臭氧	紫外线照射	加热	卤素（Br_2，I_2）	金属离子（银、汞、铜）
使用剂量（mg/L）		10.0	10.0	—	—	—	—
接触时间（min）		10～30	5～10	短	10～20	10～30	120
效率	对细菌	有效	有效	有效	有效	有效	有效
	对病毒	部分有效	有效	部分有效	有效	部分有效	无效
	对芽孢	无效	有效	无效	无效	无效	无效
优点		便宜、成熟、有后续消毒作用	除色、除臭、除味，效果好，现场发生，溶解氧增加，无毒	快速，无化学药剂	简单	同氯，对眼睛影响较小	有长期后续作用
缺点		对某些病毒、芽孢无效，残毒，产生臭味	比氯贵，无后续作用	无后续作用，无大规模应用，对浊度要求高	加热慢，价格贵，能耗高	慢，比氯贵	慢，贵，受氨及其污染物干扰
用途		常用方法	应用日益广泛，与氧结合使用产生高质量水	实验室及小规模应用	适用于家庭消毒	适用于游泳池	除藻及工业用水消毒

2.4.1.2　加氯消毒机理与影响因素

1. 加氯消毒机理

加氯消毒是指向水中加入含氯类杀菌药剂，杀灭水中的病毒和细菌。以液氯为例，氯在常温下是一种黄绿色的气体，为了便于运输、贮存和投加，将氯气在常温下加压至800～1000kPa可变成液态，加氯消毒中采用的是液氯。氯的消毒作用，利用的不是氯气本身，而是氯与水发生反应生成的次氯酸，反应式如下

$$Cl_2 + H_2O \longrightarrow HOCl + H^+ + Cl^-$$

次氯酸（HOCl）的相对分子质量很小，是不带电的中性分子，可以扩散到带负电荷的细菌细胞表面，并渗入细胞内，利用氯原子的氧化作用破坏细胞的酶系统，使其生理活动停止，最后导致死亡。在水中形成的HOCl是一种弱酸，因此会发生以下电离反应．

$$HOCl \longrightarrow H^+ + OCl^-$$

上式中的次氯酸根离子也具有氧化性，但出于其本身带有负电荷能靠近也带有负电荷的细菌，所以基本上无消毒作用。

2. 影响消毒效果的因素

影响氯消毒效果的因素很多，分别说明如下：

（1）加氯量。加氯量的多少和水中消耗氯的物质种类及数量有密切关系，水中的有机物和还原性物质多，加氯量也将增加。加氯量增加时，余氯量也会增加，但如过量加氯，不仅增加成本，而且自来水中有氯的味道，影响水的使用。相反，如果加氯量少则达不到水质标准，极有可能因残存的细菌和病毒导致事故。

(2) 接触时间。加氯以后，应有一定的氯和水接触时间，通常在清水池和配水系统中完成，使氯和水中杂质以及微生物起反应，达到消毒目的。加氯时接触时间不应少于30min，用氯胺消毒时的接触时间不少于2h。接触时间不足，消毒效果相对差些，接触时间过长，可能会降低剩余氯量。

(3) 温度。温度通过两个途径影响消毒效果：其一，温度过高或过低都会抑制微生物的生长活动，直接影响杀菌效率；其二，影响传质和反应速率。一般而言，较高温度对消毒有利。

(4) 微生物特性。一般而言，病毒对消毒剂的抵抗力较强；有芽孢的比无芽孢的耐力强；寄生虫卵较易杀死，原生动物中的痢疾内变形虫的苞囊却很难被杀死；单个细菌易被杀死，成团细菌（如葡萄球菌）的内部菌体难于杀死。

(5) pH值。pH值决定了氯系消毒剂的存在形态。低pH值时，HOCl或$NHCl_2$的量较大，杀菌能力强。有些微生物表面电荷特性随pH值变化，而表面电荷可能阻碍带电消毒剂的进入，从而影响消毒效果。另外pH值升高，在相同加氯量下，三卤甲烷的形成量增加。适宜的pH值为6.5～7.5。

(6) 水中杂质。水中悬浮物能掩蔽菌体，使之不受消菌剂的作用；还原性物质和有机物消耗氧化剂，并生成有害的氯代烃，氯酚等；氨与HOCl作用生成氯胺。

(7) 消毒剂与微生物的混合接触状况。加药点应高度湍流，快速完成混合。

2.4.2 加氯消毒工艺运行控制与管理

2.4.2.1 加氯系统

1. 加氯系统设备

加氯系统包括加氯机、混合设备、氯瓶和清水池等部分，如图2.11所示。

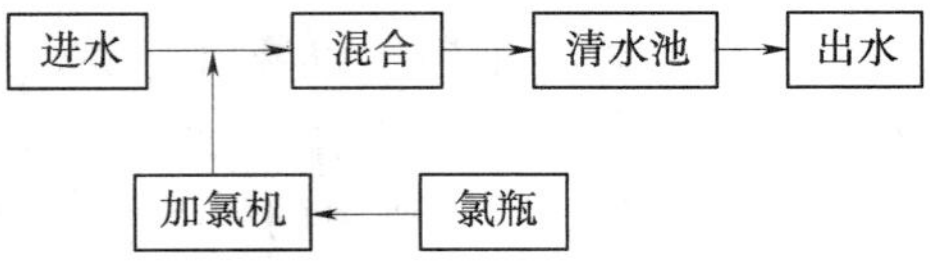

图2.11 加氯系统示意图

2. 常用加氯机

加氯机有很多种类和形式，如转子加氯机、真空加氯机和随动式加氯机等。

目前最常用的加氯机为转子加氯机，其构造、各部分功能及使用方法可查阅相关资料。将氯加入水以后，应使之尽快与水均匀混合，发挥消毒作用。常采用管道混合方式，当流速较小时，应采用静态管道混合器；当有提升泵时，可在泵前加氯，用泵混合。

清水池的作用是使氯和水有充足的接触时间，保证消毒作用的发挥。也可考虑在滤池前加药，用滤池作为接触池，但加氯量较滤池后加氯量升高。

2.4.2.2 加氯量的控制

加氯量的大小取决于消毒工艺后余氯的要求、水中的氯氨比、pH值、水温和接触时间等因素。

1. 加氯量的计算

加氯量一般按下式计算

$$Q=0.001WQ_1 \qquad (2-16)$$

式中：W为最大投氯量，mg/L；Q_1为需消毒的水量，m^3/h。

2. 加氯量满足的工艺要求

加氯量应能保证消毒时的需氯量和消毒水中的余氯量。需氯量是指用于杀死水中细菌和氧化水中有机物所消耗的氯量。余氯量是为了抑制水中残存细菌再度繁殖，管网中尚需维持少量余氯量。我国GB 5749—2006规定：出厂水自由性余氯为0.3～1.0mg/L，管网末梢为0.05～0.1mg/L。若低于0.1mg/L，则给出水受到二次污染的信号。

3. 加氯量的经验值

一般未受较重污染的地面水，滤前消毒加氯量1.0～2.0mg/L，滤后消毒或地下水消毒加氯量0.5～1.0mg/L。

4. 加氯量、余氯量和水质的关系

(1) 如水中无细菌、有机物和还原性物质等，则需氯量为零，加氯量等于余氯量。如图2.12所示的虚线①，该线与坐标轴呈45°交角。

(2) 一般天然地表水源，总会受到细菌和部分有机物污染，氧化这些有机物要消耗一定的氯量，即需氯量。加氯量必须超过需氯量，才能保证一定的剩余氯。当水中有机物较少，而且主要不是游离氨和含氮化合物时，需氯量OM满足以后就会出现余氯，如图2.12所示的实线②。这条曲线与横坐标交角小于45°。

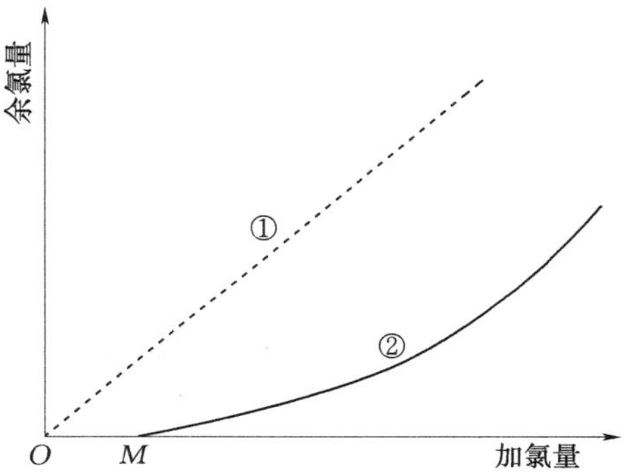

图2.12 加氯量与余氯量关系

5. 提高加氯效果的技术措施

现代给水处理厂要求全天候提供合格水，因此，现代水厂处理工艺，应能适应水质水量的变化。消毒工艺应既能保证消毒效果，又不增加三卤甲烷的生成量，工艺上可以从以下几个方面努力。

(1) 强化混凝、沉淀、过滤效果，以减少进入清水池的悬浮物和有机物量。通过选择适当的混凝剂组合，控制最佳pH值为6.5～7.5。据报道，加明矾混凝可去除95%～99%柯萨奇病毒；加三氯化铁则可去除92%～94%；在滤池进水中加聚合电解质，增加絮凝强度，出水中病毒减少。清水池进水浊度不得大于1NTU。

(2) 采用多点加氯和多种消毒方法。采用预氯化，可延长接触时间，防止藻类繁殖堵塞滤池。采用间歇适当大剂量加氯，可减少三卤甲烷形成量，因为大剂量时的氧化作用比取代作用强。采用滤后加氯可减少三卤甲烷形成量，但应保证接触时间不少于30min。加氯后的快速初始混合对消毒效果至关重要。采用氧氨消毒时，有先氯后氨或先氨后氯两种方式，一般认为前者效果稍好，但需较长的接触时间，以稳定杀菌后的剩余氯；当水中含酚时，宜先加氨，避免生成氯酚臭，第二种药剂需在前种药剂与水充分混合后再投加。

(3) 增加预处理和深度处理，主要目的是去除源水中的微量有机污染物。属化学预处理的有臭氧氧化、高锰酸钾氧化和高铁酸钾氧化等；属生物预处理的有塔滤、生物转盘、生物滤池与接触氧化等生物膜技术。采用的深度处理工艺有活性炭吸附、臭氧氧化、光氧化等。

2.4.2.3 消毒系统的运行管理与用氯安全

(1) 液氯氯瓶在运输过程中应注意的事项。应由专业人员专用车辆运输；应轻装轻卸，严禁滑动、抛滚或撞击，并严禁堆放；氯瓶不得与氢、氧、乙炔、氨及其他液化气体同车装运；遵守安全部门的其他规定。

(2) 液氯的贮存应注意的事项。贮存间应符合消防部门关于危险品库房的规定。瓶入库前应检查是否漏氯，并做必要的外观检查。检漏方法，是用10%的氨水对准可能漏氯部位数分钟。如果漏氯，会在周围形成白色烟雾（氯与氨生成的氯化铵晶体微粒）。外观检查包括瓶壁是否有裂缝或变形。有硬伤、局部片状腐蚀或密集斑点腐蚀时，应认真研究是否需要报废。氯瓶存放应按照先人先取先用的原则，防止某些氯瓶存放期过长。每班应检查库房内是否有泄漏，库房内应常备10%氨水，以备检漏使用。

(3) 氯瓶在使用时应注意的事项。氯瓶开启前，应先检查氯瓶的放置位置是否正确，然后试开氯瓶总阀。不同规格的氯瓶有不同的放置要求。氯瓶与加氯机紧密连接并投入使用后，应用10%的氨水检查连接处是否漏氯。氯瓶在使用过程中，应经常用自来水冲淋，以防止瓶壳由于降温而结霜。氯瓶使用完毕后，应保证留有0.05～0.1MPa的余压，以避免遇水受潮后腐蚀钢瓶，同时这也是氯瓶再次充氯的需要。

(4) 加氯机的形式多种多样，结构也比较复杂，使用过程中不仅要按说明书要求正确操作，更应该切记说明书所注明的安全使用事项，确保安全操作使用。

(5) 加氯间具备的安全措施。加氯间应设有完善的通风系统，并时刻保持正常通风。每小时换气量一般应在10次以上。在加氯间内氯瓶周围冬季要有适当的保温措施，以防止瓶内形成氯冰。但严禁用明火等热源为氯瓶保温。加氯应在最显著、最方便的位置放置灭火工具及防毒面具。加氯间内应设有氯气吸收安全装置。

(6) 氯气吸收安全装置的维护以及注意事项。用氯单位应该建立切实有效的安全维护制度，明确管理和操作责任，每班都实行巡检，对设备实行专人负责制；氯气吸收安全装置每月应启动二次进行测试，每次10min，以确保装置处于正常状态，吸风机、碱液泵、电动机要经常添加适量的润滑剂，使设备始终保持在良好的状态，发现问题应及时进行处理；氯吸收装置是一种对跑氯事故处理的安全设备，其本身不能控制氯瓶跑氯事故的发生，用氯单位安装该设备后，仍需加强氯瓶及加氯系统的管理和维护工作，控制源头，消除跑氯施工的隐患；正常对设备维护，对设备开关、密封、接口、管路接头、线路接点环节进行检查。

(7) 当发生急性氯中毒事故时，应注意的处理事项。设法迅速将中毒者转移至新鲜空气中，对于呼吸困难者，严禁进行人工呼吸，应让其吸氧，如有条件，也可雾化吸入5%的碳酸氢钠溶液。用2%的碳酸氢钠溶液或生理盐水为其洗眼、鼻和口，严重中毒者，立即请医务人员处理或急送医院，必要时可注射强心剂。

(8) 做好记录与分析。每日、每班应记录好氯瓶使用件号、规格、使用时间，加氯机使用台号及运行状况。每日应分析总投氯量及单位水量加氯量。每日应分析测量出水微生物指标，并做好测试记录。每日应记录氯瓶库房进瓶和出瓶的数量、瓶号和规格。

2.4.3　其他消毒方法

1. 二氧化氯消毒

二氧化氯（ClO_2）破坏酚特别有效。ClO_2 不受原水pH值的影响，亦不受水中氨的干扰。二氧化氯的消毒氧化作用表现在以下几点：

(1) 二氧化氯不与某些耗氯物质反应（如氨氮、含氮化合物等），如果二氧化氯合成时不出现自由氯，那么二氧化氯加入水中将不会产生有机氯化物。

（2）因为二氧化氯不与氨氮等化合物作用而被消耗，故具有较高的余氯，杀菌消毒作用比氯更强。当 pH 值为 6.5 时，氯的灭菌效率比二氧化氯高，随着 pH 值的提高，二氧化氯的灭菌效率很快地超过氯。据资料报道，当 pH 值为 8.5 时，要造成 99%以上埃希氏大肠菌杀灭率，只需要 0.25mg/L 二氧化氯和 15s 接触时间，而氯却需要 0.75mg/L。

（3）在较广泛的 pH 值范围内具有氧化能力，氧化能力为自由氯的 2 倍。能比氯更快地氧化锰和铁，除去氯酚、藻类等引起的臭味，具有强烈的漂白能力，可去除色度等。

二氧化氯由亚氯酸钠 $NaClO_2$ 和氯反应而成，反应式如下

$$2NaClO_2 + Cl_2 \longrightarrow 2ClO_2 + 2NaCl$$

由于亚氯酸钠较贵且二氧化氯生产出来即须应用，不能贮存，所以只有水源严重污染（如含氨氮达几毫克，或每升有大量酚存在）而氯消毒困难时，才采用 ClO_2 进行消毒。

二氧化氯的投加量与原水水质和投加用途有关，投加量约为 0.1～1.5mg/L。当仅作为消毒时，一般投加量为 0.1～1.3mg/L；当兼用作除臭时，一般投加量为 0.6～1.3mg/L；当兼用作于前处理，氧化有机物和锰、铁时，投加量约为 1～1.5mg/L。投加量必须保证管网末端能有 0.02mg/L 的剩余氯。

由于二氧化氯具有易挥发、易爆炸的特点（温度提高、暴露在光线下或与某些有机物接触摩擦，都可能引起爆炸），故不宜储存，应现用现制；同时必须设置安全防爆措施。

2. 次氯酸钠消毒

电解食盐所得的氯气与氢氧化钠作用即得次氯酸钠，反应式如下

$$2NaOH + Cl_2 \longrightarrow NaOCl + NaCl + H_2O$$

次氯酸钠也是强氧化剂和消毒剂，但消毒效果不如氯强。次氯酸钠的消毒作用仍然靠 HOCl，反应式如下

$$NaOCl + H_2O \longrightarrow HOCl + NaOH$$

由于次氯酸钠不含悬浮杂质，因此运用于滤后消毒。次氯酸钠发生器有成品出售。次氯酸钠易分解，常采用次氯酸钠发生器现场制取，就地投加，制作成本就是食盐和电耗费用；其缺点为电耗大，价格贵。因此，次氯酸钠消毒通常用于小型水厂。

3. 氯氨消毒

氨与氯的比例应通过试验确定，其范围一般为 1∶(3～6)。与普通氯化消毒法相比，本法产生的三卤甲烷明显较低；消毒后的饮水，在 Ames 试验中其致突变性亦较弱；如先加氨后加氯，则可防止氯酚臭；如先加氯，消毒后再加氨，则可使管网末梢余氯得到保证。但奉法的消毒作用较弱，故要求的接触时间较长，余氯浓度较高，费用也较高。

4. 臭氧消毒

臭氧由 3 个氧原子组成，在常温常压下，是淡蓝色的、具有强烈刺激性气味的气体。臭氧密度为空气的 1.7 倍，易溶于水，在空气或水中均易分解消失。臭氧对人体健康有影响，空气中臭氧浓度达到 1000mg/L 时有致命危险，在水处理中散发出来的臭氧尾气必须处理。

臭氧都是在现场用空气或纯氧通过臭氧发生器高压放电产生的。如以空气作气源，臭氧生产系统应包括空气净化和干燥装置以及鼓风机或空气压缩机等，所产生的臭氧化空气中臭氧含量一般在 2%～3%（重量比）；加以纯氧作为气源，臭氧生产系统应包括纯氧制

取设备，所生产的是纯氧与臭氧混合气体，其中臭氧含量约达6%（重量比）。由臭氧发生器出来的臭氧化空气（或纯氧）进入接触池与待处理水充分混合，臭氧化空气（或纯氧）应通过微孔扩散器形成微小气泡均匀分散于水中。

臭氧既是消毒剂，又是氧化能力很强的氧化剂，在水中投入臭氧进行消毒或氧化通称臭氧化。作为消毒剂，由于臭氧在水中不稳定，易消失，故在臭氧消毒后，往往仍需投加少量氯、二氧化氯或氯胺以维持水中剩余消毒剂。目前，氧作为氧化剂氧化去除水中有机污染物更为广泛。臭氧的氧化作用分直接作用和间接作用两种，臭氧直接与水中物质反应称直接作用，直接氧化作用有选择性且反应较慢；间接作用是指臭氧在水中可分解产生二级氧化剂——氢氧自由基（·OH），·OH是一种非选择性的强氧化剂（$E^{\ominus}=3.06V$），可使许多有机物彻底降解矿化，且反应速度快。不过，仅由臭氧产生的·OH量很少，除非与其他物理化学方程配合方可产生较多的·OH。臭氧消毒机理实际上仍是氧化作用，臭氧化可迅速杀灭细菌、病毒等。

臭氧作为消毒剂和氧化剂的主要优点是不会产生三卤甲烷等副产物，其杀菌和氧化能力均比氯强。但有关臭氧化的副作用也引起人们关注，有人认为，水中有机物经臭氧氧化后，可能将大分子有机物分解成分子较小的中间产物，而在这些中间产物中，可能存在毒性物质或致突变物；或者有些中间产物与氯作用后致突变反而增强。因此，目前通常把臭氧与粒状活性炭联用，可避免副产物产生，同时也改善了活性炭吸附条件。

学习情境2.5 水质分析、检测与给水厂的自动化控制

2.5.1 水质分析与检测

2.5.1.1 实验室的配备

为了保证生活饮用水质量，集中式供水单位必须建立水质检测室，配备与供水规模和水质检测要求相适应的检测人员和仪器设备，负责检测水源水、各净化构筑物出水、出厂水和管网水的水质。供水规模不同，水质检测要求就会不同。

2.5.1.2 水质分析与检测

1. 生活饮用水水质检测项目及频率

水质检测项目应根据水质状况和水质标准确定。例如，对于生活饮用水，根据GB 5749—2006或有关规定，主要测定人体健康和生活使用有影响的物质；对于工业用水，应根据不同工业用水标准，测定对产品质量和生产过程有影响的物质。在水质测定项目中，有些是直接测定某一具体物质含量，如水中铁、锰、锌、四氯化碳、三氯乙烯等；有些是测定能直接或间接反映某些水质特征的，替代参数（或综合参数），如水的浑浊度、色度、总溶解性固体等。在水处理中，替代参数应用比较广泛，它具有检测方便，能综合反映水的某些物理、化学、生物特性的优点。主要水质替代参数及主要替代对象简述如下：

（1）浑浊度。反应水中悬浮物和胶体含量（包括无机物和有机物）。

（2）色度。反应水中发色物质含量（包括无机和有机物）。

（3）臭和味。反应水中产生臭和味的物质含量。

（4）pH值。反映水的酸、碱性程度。

（5）电阻率。反应水中溶解离子的含量。

（6）电导率。反应水中溶解离子的含量，是电阻率的倒数。

（7）硬度。主要反应水中钙、镁离子的含量。

（8）碱度。主要反应水中重碳酸盐、碳酸盐和氢氧化物含量。

（9）总溶解性固体（TDS）。表明水中全部溶解性无机离子总量。

（10）耗氧量（COD_{Mn}）。反映水中可化学氧化的有机物质含量。

（11）总有机碳（TOC）。反映水中含碳有机物总量。

（12）紫外吸收值（UV_{254}）。反映水中有机物总量，与 TOC 有一定相关性。

（13）活性炭氯仿萃取物（CCE）。反映水中有机物总量。

（14）总需氧量（TOD）。反映水中需氧有机物和还原性无机物含量。

（15）总大肠菌群。反映水中病原菌存在状况。

应当指出，上述替代参数中，有些替代参数虽然反映的是同一类物质含量，但由于测定方法不同或采用的试剂不同，所得的测定值和具体物质也有所不同。例如，耗氧量（COD_{Mn}）和 UV_{254} 虽然均可反映水中有机物含量，但 UV_{254} 主要反映在紫外区有强烈吸收的有机物（如芳香烃）含量，耗氧量（COD_{Mn}）主要反映 $KMnO_4$ 可氧化的有机物质含量。

水质检测项目繁多，水质类型不同，水厂规模不同，其检测项目和检测频率也有所不同。现将生活饮用水处理所需要的推荐的水质检测项目、频率列入表 2.9，供参考。

表 2.9　　集中式供水单位水质检测项目及检测频率

水质类型	测定项目	检测频率（根据水厂日供水能力，万 m^3）		
		≥50	10～<50	<10
水源水取水口	浑浊度、色度、肉眼可见物、COD_{Mn}	每日 1 次	每日 1 次	每日 1 次
	菌落总数、总大肠菌群、耐热大肠菌群、大肠埃希氏菌	每周 1 次	每周 1 次	每月 2 次
	GB 5749—2001《生活饮用水水质卫生规范》中表 1 全部常规检测项目及表 2 非常规检测项目、及（城市供水水质标准）中可能含有的有害物质	每月 1 次	每月 1 次	每年 2 次
沉淀水	浑浊度、余氯	1～2h 1 次	1～2h 1 次	1～2h 1 次
滤后水	浑浊度、余氧	1～2h 1 次	1～2h 1 次	1～2h 1 次
清水库	浑浊度、余氯、肉眼可见物	1～2h 1 次	1～2h 1 次	1～2h 1 次
出厂水	浑浊度、余氯、肉眼可见物、游离余氯（含地下水）	每日 1～3 次	每日 1～3 次	每日 1～3 次
管网末梢水	菌落总数、COD_{Mn}、总大肠菌群、耐热大肠菌群、大肠埃希氏菌、pH 值	每日 1 次	每日 1 次	每日 1 次
	GB 5749—2001 中表 1 全部常规检测项目及表 2 非常规检测项目、及（城市供水水质标准）中可能含有的有害物质	每月 1 次	每季度 1 次	每年 2 次
	浑浊度、色度、肉眼可见物、COD_{Mn}、菌落总数、总大肠菌群、耐热大肠菌群、大肠埃希氏菌、游离余氯	每月 2 次	每月 2 次	每月 2 次
	GB 5749—2001 中表 1 全部常规检测项目及表 2 非常规检测项目、及（城市供水水质标准）中可能含有的有害物质	每月 1 次	每季度 1 次	每年 2 次

2. 生活饮用水水质检测方法

生活饮用水水质分析检测方法必须采用国家规定的生活饮用水检验法。不具备水质检测条件的自建集中式供水单位，应委托经计量认证合格的检测机构按上述要求进行检测。工业用水可选用相关行业标准检测法。水质检测方法可分为三大类，每一类又可细分成几种方法，见表2.10。

表2.10 水质检测方法分类

化学分析法	化学滴定法	沉淀滴定法
		络合滴定法
		氧化还原滴定法
		酸碱滴定法
	重量分析法	汽化法
		萃取法
		电解法
		沉淀法
仪器分析法	光学分析法	比色法
		吸收光谱法
		火焰光度法
		发射光谱法
		荧光分析法
		原子吸收光谱法
		比浊法

仪器分析法	电化学分析法	电位分析法
		电导分析法
		库仑分析法
		极谱分析法
	色谱分析法	气相色谱法
		液相色谱法
		离子色谱法
	色谱联用法	气相色谱/质谱法
		液相色谱/质谱法
		气相色谱/核磁共振法
细菌检测	大肠菌群测定	发酵法
		滤膜法

以上各种水质检测方法在水工艺中都有应用，应根据水质特点、被测物质种类、含量、检测精度要求以及使用条件等而使用不同的方法。通常情况下，一种检测方法可测定水中多种物质；同样，检测水中一种物质也可采用不同方法。此外，有的是定性检测，有的是定量检测，有的是微量或痕量检测；有的是一次检测某一种物质，有的可一次检测多种物质。应当提出的是，随着科学技术的发展，一起检测法发展迅速，有的已可与计算机联用，实现自动检测，有利于水工艺过程的自动控制。

3. 常见给水厂检测仪表

（1）电磁流量计。用于对原水、出水的流量进行指示、记录。

（2）电容式压力变送器。用于对出厂水的压力进行指示、记录。

（3）电容式液位仪。用于对清水池进行指示、记录并带有上、下限报警。

（4）浊度仪。用于对原水、沉淀水和滤后水的浊度进行指示、记录。

（5）电容式压差变送电。用于对滤池的水头损失进行指示，并带有上限报警。

（6）投入式液位仪。用于对冲洗水箱（水塔）、吸水井的水位进行指示，并带有上、下限报警。

（7）pH计。用于对原水、出水的pH值进行测定。

（8）温度计。用于对原水温度进行检测。

（9）余氯分析仪。用于对出厂水的余氯进行指示、记录。

（10）声波液位仪。用于对污泥池、药液池液位进行指示、记录。

这些检测仪表均可实现在线式连续检测，有利于实现水工艺过程自动控制。随着科学技术的发展，在线式检测仪器、仪表也会越来越多。

2.5.2　给水的自动化控制

近年来，水厂水工艺发展突飞猛进，最为显著的特点便是水厂自动化控制的日渐成熟。目前我国各地水厂自动化有了一定规模，主要是由新建水厂、扩建水厂实现水厂的自动化，但仍没有一座全自动化的水厂。一个水厂水工艺过程的控制系统一般是由控制对象、检测单元、控制单元、执行单元几部分组成。

2.5.2.1　给水厂自动化控制系统

自动化控制是水工艺系统控制现代化的一个标志。现在应用于水工艺系统的自动控制技术主要分为以下几种形式。

1. 直接数字控制系统

直接数字控制系统简称DDC（Direct Digital Control）系统。该系统由被控制对象（过程或装置）、检测仪表、执行机构（通常为阀门或泵）和计算机组成。工作时采用一台计算机对多个被控参数进行巡回检测，再将检测值与设定值进行比较，并按已定的控制模型进行计算，然后将调整指令输出到执行机构对被控制对象进行控制，使被控制参数稳定在设定值的允许误差范围内。

DDC系统的第一个特点是由计算机参与了直接控制，系统经计算机构成了闭环；第二个特点是设定值是预先设定好输入计算机内，控制过程中不变化。

DDC系统利用了计算机的数据处理能力，一台计算机可以取代多个模拟调节器，比较经济。另外采用DDC系统不必更换硬件，只要改变程序就可以实现各种复杂的控制方案（如串级、前馈、解耦、大滞后补偿等）。因此，DDC系统得到了广泛的应用。

2. 计算机监督控制系统

计算机监督控制系统简称SCC（Supervisory Computer Control）系统，又称设定值控制SPC（Set Point Control）系统。其系统的实用结构形式分为两种：一种是SCC＋模拟调节器；另一种是SCC＋DDC控制系统。

SCC系统在运行状态下，通过计算机监督系统不断检测被控制对象的参数，并根据给定的工艺参数、管理指令和控制模型计算出最优设定值，同时输出到模拟调节器或DDC计算机控制单元过程，从而使水工艺过程处于最优工作状况。

SCC系统较DDC系统更接近被控制过程变化的实际情况，它不仅可以进行设定值的控制，同时还可以进行顺序控制、最优控制与自适应控制等。与DDC系统相比，SCC系统的可靠性更好。

3. 分布式控制系统

分布式控制系统简称DCS（Distributed Control System），又称为“集散型控制系统”。DCS是20世纪70年代发展起来的大系统理论，也有人称为第三代控制理论。由于该工艺过程比较复杂，设备分布很广其中各单元过程和各设备同时运行，而且基本上是独立运行，因此控制系统比较复杂。大系统理论是把一个状态变量数目很多的大系统分解为若干个子系统以便于处理，该理论以整个大系统的优化为目标。因为整个系统的优化并不全等于各个子系统的分别优化的简单叠加。

DCS是以微型计算机为主的连接结构，主要考虑信息的存取方法、传输延迟时间、信息吞吐量、网络扩展的灵活性、可靠性与投资等因素。常见结构形式有：分级式、完全互连式、网状（部分互连式）、星状、总线式、共享存储器式、开关转换式、环形、无线电网状等。

水工艺系统DCS分级式结构一般分为三级，即整个水工艺系统生产管理（MIS级）、水工艺单元过程监督控制级（SCC）级以及单体构筑物或设备小闭环直接数字控制级（DDC级）。

DCS具有控制功能和控制位置的高度分散性，监测和控制操作的高度集性，以及系统模块化组成。设计、开发和维护简便，具有远程通信功能，系可靠性高等特点。

4. IPC+PLC控制系统

该系统是由工业计算机（IPC）和可编程序制器（PLC）组成的分布控制系统，可以实现DCS的初级功能。这是由PLC把专用的数据高速公路改成通用的网络，并逐步将PLC之间的通信规约靠拢，使PLC有条件和其他各种计算机系统和设备实现集成，组成如IPC+PLC系统。其性能已达到DCS的要求，而价格比DCS低得多且兼具开发方便、配合灵活、稳定可靠等优点，在目前国内给水处理自动化控制中应用比较广泛。

5. 数据采集和监控系统

数据采集和监控系统简称SCADA（Supervisory Control and Data Acquisition）系统，是由一个主控站（MTU）和若干个远程终端站（RTU）组成。主要用于监控整个城市供水系统的运行情况。该系统网联通信功能较强。通信方式可以采用无线、微波、同轴电缆、光缆、双绞线等，监测的点多，控制功能强。由于该系统侧重于监测和少量的控制，一般适用于被测点地域分布较广的场合，如供水管网的无线（有线）调度系统等。

目前可实现的功能有：数据的实时监测与处理功能；遥测水厂和不同站点监测数据；遥控各水厂处理单元设备运行；自动、手动巡检功能；图形处理功能；自动报表生成功能；历史档案数据存储功能；多方式的通信功能；自动超限报警功能；输出打印功能。

2.5.2.2 给水厂自动化控制模式

1. 厂部中心控制室

通过在线监控软件实时监控整个处理工艺，所有运行数据和控制分析结果都能自动传送到中心控制室。同时，从中心控制室可以发出净水操作指令。监控计算机设置故障报警功能，并设置报警铃，增强报警功能。出现故障，工作人员及时进行维修调整。

水厂各车间的水量和水质信号通过专用通道传送到中心控制室，经巡检装置采集、整理，按已定程序进入执行端。例如，根据原水水质、水量控制加药量及滤池工作池数和滤速。

中心控制室还应设置闭路电视监控系统，根据设在现场的摄像头实时掌控现场的运行状况和安全状况。

2. 取水泵站

对取水泵站，一般水厂实行远距离控制或自动控制。远距离控制过程在水厂中心控制室进行；自动控制由清水池水位来进行。控制功能包括根据原水流量控制原水阀的开度，流量可调，可画面设置。送水泵站作为水厂小型变电站，必须要采集足够的生产电量数据。

3. 加药间控制

作为水厂的关键技术环节——混凝投药控制技术与设备方面已实现国产化，并在水厂获得推广，居国际先进水平。这为今后水厂加药控制提供技术支持。目前水厂中各药物投加系统由设备厂商成套提供，PLC 完成系统内各子系统的控制；通过工业以太网网络与各子系统控制器交换数据；通过网络电缆与投加系统里的电力监测器连接以采集其数据。

4. 沉淀池、滤池控制

沉淀池及滤池系统主要控制排泥车、滤池及其反冲洗设备，主要负责排泥周期控制、协调各滤池反冲洗控制，与各格滤池就地控制柜内小型 PLC 通过现场总线进行通信。

5. 送水泵站控制

现场控制站用于送水泵房、总出水、变配电系统的工艺参数、电气参数、设备状态的采集，根据工艺过程要求对送水泵组、出口阀、配电等设备进行控制。

2.5.2.3 给水厂自动化控制的发展前景

随着水工艺理论的深入研究和广泛实践，许多水工艺系统长期积累的运行参数为水工艺系统控制理论的发展提供了依据。因此，在硬件（如网络技术、远程控制技术等）发展的同时，软件系统开发也发展很快。

1. 自动化控制系统的智能化发展

(1) 模糊控制（Fuzzy Control）。模糊控制是以模糊集合论、模糊语言变量及模糊逻辑推理为基础的一种计算机数字控制。水工艺系统模糊控制理论的应用控制程序正在发展之中，目前在控制混凝剂投加量、控制水泵的运行台数以及管网的调度控制等方面，都在进行模糊控制研究。

(2) 神经控制（Neuro Control）。神经控制也可称为神经网络控制，它基于人类的神经网络控制的原理，是能模拟人的思考方式来“思考、学习、判断”的一种控制方式。由于神经网络的智能模拟用于控制是实现控制智能化的一种重要形式，近年来获得迅速发展。

(3) 自动控制的专家系统。该系统是以专家的知识和经验为基础的系统控制方式。也可以认为，专家系统是一个具有大量专门知识与经验的控制程序系统。它的开发是应用人工智能技术，根据一个或多个专家提供的知识和经验进行推理和判断，模拟专家做决策的过程来解决那些需要专家才能决定的复杂问题。在水工艺系统中发展自动控制的专家系统，是自动控制智能化的高级阶段，尚待进一步研究和开发。此外，还有多个控制方式组合的复合控制系统等。

2. 自动控制系统的网络化发展

自动控制系统正向多元化方向发展，各种控制单元可以通过网络连接，并通过计算机进行大范围的综合管理和调度。网络技术和硬件设备的发展为实现水工艺系统控制网络化提供了条件，使远程异地控制和管理的现代化成为可能。

2.5.2.4 给水厂自动化运行管理

水厂自动化是一项严密的管理工作，如果没有一套切实可行的在自动化条件下系统正常运行的管理制度，水厂的自动化系统就成为摆设，根本发挥不了其强大的优势。在水厂建设期间负责基建的部门要协助水厂运行管理部门，结合设计水厂在自动化环境下的运行条件，建立以下运行管理制度，使水厂在投产之时，自动化系统便在完善的管理制度下运行。

(1) 自动化系统操作规程。制定科学的运行管理制度，其中应包括巡视、巡视路线、巡视记录、故障报告、检修报告、设备清洁、交接班等。

(2) 维护管理制度。应包括定期设备（电缆）清扫、电缆接头检查、回路测定、执行接口测定、仪表标定、易损件更换、风机注油、UPS电源充放电、设备防潮、软件维护等。规定并配备维护用仪表和工具，保证维护工作的正常进行。

(3) 检修管理制度。应包括设备的日常检修、中大修、设备升级、设备报废更新等。同样需要规定和装备检修仪表和工具。

(4) 水厂就地操作规程。为保证水厂不间断供水，需要建立一套就地操作规程。在水厂自动化设备退出运行时，运行人员仍可在现场对工艺设备进行操作、调试或设备检修后的单体设备控制。

学习情境2.6 给水厂运行保养、维护与检修

给水厂想取得良好的处理效果，必须使各类设施、设备以及仪器仪表经常处于良好的工作状况和保持应有的技术性能，正确操作、保养、维护和检修设施、设备以及仪器仪表是给水厂正常运转的先决条件。

给水厂的所有设施、设备、仪器仪表都有它的运行、操作、保养、维修规律，只有按照规定的工况和运转规律，正确地操作、维修和保养，才能使设施、设备等处于良好的技术状态。同时，机械设备在长期运行过程中，因摩擦、高温、潮湿和各种化学效应的作用，不可避免地造成零部件的磨损、配合失调，技术状态逐渐恶化、作业效果逐渐下降，因此还必须准确、及时、快速、高质量地拆修，以使设备恢复性能，处于良好的工作状态。总之，对给水厂来说，设施、设备等管理应注意以下几个方面：①使用好设施、设备、仪器仪表；②保养好设施、设备、仪器仪表；③检修好设施、设备、仪器仪表；④管理好设施、设备、仪器仪表。

2.6.1 供水设施的保养、维护与检修

供水设施维护检修，应建立日常保养、定期维护和大修理三级维护检修制度。日常保养由运行值班人负责，定期维护由维修人员负责；大修理由专业检修人员负责。日常保养应检查运行状况，使设备、环境卫生清洁，传动部件按规定润滑，定期维护。应定期对设施进行检查（包括巡检），对异常情况及时维修或安排计划修理，防止设施的损坏或故障。对有关设施进行全面强制性的检查和整修，宜每年列入年度计划。大修理（恢复性修理）应在设施较长时间运行后，有计划地对设施进行全面整修及对重要部件进行修复或更换，使设施恢复到良好的技术状态。

1. 取水口设施

(1) 格栅、格网、旋转滤网等，应由专人日常保养、清除垃圾，并保持场地清洁；应检查传动部件、阀门运行情况；按规定加注润滑油；调整阀门填料、并擦拭干净；检查水位计是否正常。

(2) 对格栅、格网、旋转滤网、阀门和其附属设备，应每季定期检查一次；长期开和长期关的阀门每季应开闭一次，并进行保养。

(3) 对进水口的构件、格网、格栅、旋转滤网、莲蓬头、平台、护桩、钢筋混凝土结构等，应每年检修一次，清通垃圾，修补钢筋混凝土构筑物，油漆锈蚀铁件。

（4）对进水口河床深度，应每年至少测定一次，并做好记录；对进水口河床每 1～2 年疏浚一次。

（5）进水口及其附属设备应每 3 年大修一次，对设备进行全面整修及对重要的部件进行修复或更换。土建和机械大修理质量，应符合国家有关标准的规定。

2. 投药设施

（1）应每日检查投药设施运行是否正常，储存、配制、传输设备有否堵或漏；应每日检查设备的润滑、加注和计量是否正常，并应进行清洁保养及场地清扫。

（2）配制、传输和加注计量设备，应每月检查维修，做到不渗漏、运行正常。

（3）储存、配制、传输和加注计量设备，应每年检查一次。做好清刷、修漏、防腐和附属机械设备解体修理工作，钢制栏杆、平台、管道应按色标进行油漆；储存设备应重作防腐处理。

3. 混合絮凝设备

（1）机械混合装置应每日检查电动机、变速箱、搅拌装置运行状况，加注润滑油，做好环境和设备的清洁工作。

（2）机械电气，应每月检查修理一次；混合池、絮凝池、机械、电气应每年解体修理或更换部件，隔板、网格、静态混合器应每年检查一次；金属部件应每年涂刷油漆一次。

（3）混合设施（包括机械传动设备）应 1～3 年进行修理或更换，大修后质量应分别符合机电和建筑工程有关标准的规定；机械絮凝池维护检修，参照（1）和（2）执行。

4. 沉淀（澄清）设施

（1）平流式沉淀池（机械排泥）维护。

1）每日检查进出水阀门、排泥阀、排泥机械运行状况，并加注润滑油，相应保养；检查排泥机械电源，传动部件、抽吸机械等的运行状况，并进行应保养；疏通管道和清扫地面及走道垃圾等。

2）无排泥车平流沉淀池，应人工清刷，每年不少于两次，有排泥车的，仍应每年安排人工清刷一次，包括絮凝池的清刷；排泥机械、电气每月检查修理一次；排泥机械、阀门，每年解体修理或更换部件，每年排空一次，对混凝土池底、池壁，每年检查修补一次，金属部件每年油漆一次。

3）沉淀池、排泥机械应每 3～5 年进行修理或更换。

（2）斜管（板）沉淀池维护。

1）每日检查进、出水阀门、排泥阀、排泥机械运行状况并进行保养加注润滑油；检查机械、电气装置，并进行相应保养。

2）每月对机械、电气检查修理一次，对斜管（板）冲洗清通一次；排泥机械、阀门，每年解体修理或更换部件，每年排空一次，检查斜管（板）、支托架、池底、池壁等，并进行维修、油漆等。

3）斜管（板）沉淀池 3～5 年应进行修理，支承框架，斜管（板）局部更换等。

（3）澄清池维护。日常保养、定期维护和修理项目、内容，应符合本节的相关规定。

5. 过滤设施

（1）每日检查阀门、冲洗设备（水冲、气水冲洗、表层冲洗）、电气仪表等的运行状况，并相应进行加注润滑油和清扫等的保养，保持环境卫生和设备清洁。

(2) 应每月对阀门、冲洗设备、电气仪表等检查维修一次；应每年对阀门、冲洗设备、电气仪表等解体修理一次或部分更换；铁件油漆一次。

(3) 滤池、土建构筑物、机械等，大修一次时间间隔不应超过5年。滤池大修内容应包括下列各项：

1) 翻换全部滤料。

2) 更换集水滤管、滤砖、滤板、滤头、尼龙网等（根据损坏情况决定）。

3) 控制阀门、管道、虹吸系统排水槽的恢复性修理。

4) 土建构筑的恢复性修理。

5) 行车及传动机械解体修理或部分更新。

6) 钢制排水槽刷漆调整。

6. 清水池

(1) 应定时对水位尺等进行检查，清扫场地。

(2) 每1～3年清刷一次；清刷降水井水位降至下限运行水位时，水池存水及清刷用水应排至下水道；在清刷水池恢复运行前，应进行消毒处理；对于地下水位较高的地区，地下清水池设计中未考虑排空抗浮的，清刷前必须采取降低清水池四周地下水位的措施，防止清水池清刷过程的浮起；应每月对阀门检查修理一次，每季对长期开和长期关的阀门操作一次，水位尺检修一次；草地、绿化应定期修剪，保持清洁；电传水位应根据其规定的检定周期进行检定；机械传动水位计宜每年进行校对和检修一次；1～3年对水池内壁、池底、池顶、通气孔、水位尺、伸缩缝等检查修理一次，并应解体修理阀门，油漆铁件一次。

(3) 应每5年将阀解体，更换易损部件，对池底、池顶、池壁伸缩缝进行全面检查修理；清水池大修后，必须进行满水试验，渗水量应按设计水位下浸润的池壁和池底总面积计算，钢筋混凝土清水池不得超过$2L/(m^2 \cdot d)$，砖石砌体水池不得超过$3L/(m^2 \cdot d)$。在满水试验时，地上部分应进行外观检查，发生漏水、渗水时，必须修补。

7. 消毒设施

(1) 应每日检查氯瓶（氨瓶）针形阀是否泄漏，安全部件是否完好，并保持氯、氨瓶清洁；应每日检查台秤是否准确，并保持干净；加氯机（加氨机）应随时检查、处理泄漏，并应每日检查调整密封垫片，检查弹簧膜阀、压力水、射流泵、压力表和转子流量计是否正常，并擦拭干净；应每日检查蒸发器电源、水位、循环水泵、水温传感器、安全装置等是否正常并保持清洁；输氯（氨）系统，应每日检查管道、阀门是否漏氯（氨）并维修；起重行车，应定期或在使用前检查钢丝绳、吊钩、传动装置是否正常并保养。

(2) 氯、氨瓶应符合现行的行业标准《压力容器安全技术监察规程》的规定。可委托氯气生产厂在充装前进行维护保养；加氯（氨）机应每月清洗转子流量计、平衡箱、中转玻璃罩、射流泵，检查修理过滤管、控制阀、压力表等；蒸发器应每月检查维护一次，或更换部分部件；输氯（氨）系统管道阀门，应定时清通和检修一次。

(3) 台秤应每年彻底检查维修一次，并校验、油漆；氯（氨）瓶应每年交由氧（氨）气生产厂家进行彻底检查和维修一次，并油漆；加氯（氨）机应每年更换安全阀、弹簧膜阀、针形阀、压力表，并进行标定和油漆（进口自动加氯机应根据产品说明书要求维护保养）；应每年对蒸发器内胆用热水清洁、烘干，检查是否锈蚀，并对损坏部件进行调换，检查维修电路系统（进口蒸发器应根据产品说明书要求维护）；输氯（氨）系统管道阀门，应每年检查修理一次；加氯房、氯库的墙面，应每 3 年清刷一次，门窗油漆一次，铁件应每年进行油漆防腐处理。

2.6.2　主要机电设备的保养、维护与检修

净水厂只有保证各类设备安全、正常运行，充分发挥这些设备的工作潜能，才能使整个水厂正常地运转起来。净水厂设备在运行管理和维护方面应做到以下几个方面：

(1) 熟悉所管理的设备。

(2) 确定设备运行最佳方案。

(3) 做好设备的巡回检查。

(4) 保持设备良好的润滑状态。

(5) 做好设备的日常维护与保养。

这里重点介绍水泵和电动机的保养。

1. 水泵

维护与检修应做到以下几点：

(1) 开车前应细致进行下列检查（尤其是新安装或大修后的泵）：检查集水井水位是否过低，格栅或进水口是否堵塞；电动机的转向、联轴器的同心度间隙、各部分螺钉是否松动，用手转动联轴器看是否灵活，泵内是否有响声，显示的润湿油是否足够，泵及电动机周围是否有妨碍运转的东西，进水池是否有水。

(2) 关闭出水闸门，开启进水闸门。对闸门开关总数目和转向应做到心中有数。

(3) 开车时，人离机器要保持一定的安全距离，开车后应立即开启出门，并密切注意水泵声音、振动等运转情况，发现不正常应马上停车检查。

(4) 检查各个仪表工作是否正常、稳定，特别注意电流表是否超过电动定电流，异常时应立即停车检查。

(5) 水泵流量是否正常，可以根据流量计读数、电流表电流的大小、出水流以及集水井水位的变化情况来估计，力求使水泵在其最佳工况下运行。

(6) 检查水泵密封件是否发热，滴水是否正常。

(7) 注意机组的噪声、振动情况。

(8) 注意轴承、泵壳和电动机温升，如过高应停车检查。

(9) 检查水泵、管道有否漏水，检查各种连接是否松动。

(10) 停车前先关掉出水阀门再停车，这样可以减少振动。

(11) 停车后把泵及电动机表面的水和油渍擦干净。

水泵的日常维护保养工作主要有：泵房和机组表面清洁工作，轴承的油位、油质和温度的定期检查工作，密封件检查和更换工作等。对没有马上安装或停用的水泵仔细保护，所有未上油漆的表面均要涂漆，对轴承加入适量润滑油，泵的清洗（外部，进、出水管，泵内壳和叶轮），封闭进、出水口，放在干燥、阴凉的地方，每月转动一次泵轴，并润滑轴承。

泵在长期运行过程中，因摩擦、高温、湿气和各种化学效应的作用，避免地造成零部件的磨损、配合失调、技术状态逐渐恶化、作业效果逐渐下降。因此对出现的各种故障必须准确、及时、快速地进行判断和修理，以使泵运行性能处于良好的工作状态。泵运行故

障的判断方法主要有直接分析法、间接分析法和综合分析法。直接分析法就是根据泵运行中的直接现象，通过看、听、摸、闻等来判断故障。直接观察是各种设备运行管理的基础，为故障判断准备大量和详实的第一手资料，其具体工作内容见表2.11。

表2.11 给水厂泵运行管理中“四勤”工作内容

勤看	(1) 电压表数值是否在设定范围（±10%），三相是否平衡。 (2) 电流表数值是否在额定范围。 (3) 水泵油箱和油开关油面是否符合标准，有无漏油现象，油开关操作机构及支架面是否完好。 (4) 过电流经电气有无脱扣现象。 (5) 填料有无严重漏水。 (6) 泵站底层有无大量存水以及集水井水位变化情况。 (7) 指示灯是否正常。 (8) 流量计和压力表读数是否正常。 (9) 各电气接点处有无过热而变色等现象。 (10) 高低压保险器的信号装置是否良好。 (11) 电气设备金属外壳接地是否良好。 (12) 轴封和电动机是否冒烟。 (13) 各种紧固件是否松动。 (14) 各类设备外壳和泵站清洁和防腐状态是否良好
勤听	(1) 变压器发出的声音是否正常。 (2) 电动机旋转声是否正常。 (3) 电动机及水泵轴承有无因破裂或缺油而发出异常声响，过电流经电气有无脱扣现象。 (4) 水泵内有无叶轮破碎或其他垃圾杂物的撞击声。 (5) 各种电磁吸铁、线圈有无特殊声响。 (6) 水泵连接管道振动与声音是否正常
勤嗅	(1) 各类变压器、线圈有无因过载而产生焦味。 (2) 导线是否过热而产生焦味。 (3) 水泵密封件是否过紧产生焦味
勤摸	(1) 电动机外壳是否超过额定温升。 (2) 水泵油箱外壳温升是否正常。 (3) 水泵法兰滴水温度是否正常。 (4) 各类电气设备外壳温升是否正常。 (5) 电动机及水泵轴承（包括上、下底座和中间轴承）外壳温升是否正常。 (6) 有绝缘体包扎的导线温升是否正常。 (7) 电动机和传动部分以及水泵有无过分振动及特殊变化。 (8) 电动机出风口的空气温度是否过高

在实际工作中，用人的五官对泵运行状况和异常现象进行观察，当然有直截了当的长处，但也存在一定局限，如有效性问题和人身安全问题等，如采用电子诊断器、频谱仪等先进仪器对配件质量和水泵运行状态进行监测，则必能提高工作效率和质量。

故障间接判断法就是要运用辩证的观点和水泵专业知识为基础，通过逻辑推理方法来透过现象看故障本质，综合分析法是直接分析法和间接分析法的有机结合。因为许多故障的初期往往呈现的是一种或数种间接的、隐含的现象并非“一眼”就能够准确判断，合格的操作工应该在观察泵运行现象的基础上，学会运用间接法和综合方法对泵的故障进行判断，以提高故障分析水平和科学性。

2. 电动机

(1) 电动机与附属设备外壳以及周围环境应整洁；设备铭牌以及有关标记应清楚；应保持正常油位，缺油时应及时补充同样油质润滑油，对油质定期检测发现漏油、甩油现象应及时处理，油质不符合要求时，换用新油；绕线式异步电动机的电刷磨损达到2/3时，应更换电刷。

(2) 应定期清除外壳灰尘、油垢，机壳，端盖应无裂纹、损伤；引出线接线端不得有过热、烧伤、腐蚀，线间距离应符合安全要求，绝缘子应完好无损，导线绝缘性能应保持良好；应定期测量绕组绝缘电阻和吸收比（R_{60}/R_{15}）；定期对电刷、刷架和集电环进行检查、擦拭；定期对轴承与油环和润滑脂（润滑油）进行检查、更换；应定期检查清理通风系统，进出风口应无堵塞和污物，管道应无漏损；应检查冷却水系统，压力应正常，管道应无渗漏，阀门应转动灵活，开、关位置应正确；定期清扫、检查启动装置，内外部清理干净，操作机构动作灵活可靠，零部件无损坏，各部位螺钉紧固，销子无脱落；油质变黑必须更换，箱壳漏油及时处理；开关触头有烧痕应打磨，严重时，应更换；导线连接紧固，有断股及时处理；损坏的元器件必须更换；操作的标示字样清楚；检查启动装置的对地绝缘电阻；外壳接地应良好、牢固，不得有氧化或腐蚀现象，接地电阻值不得大于4Ω；转动检查应符合下列规定：盘车轻快，转动正常，转向必须正确。

2.6.3 仪器仪表保养、维护与检修

1. 仪器仪表的维护、检修通用要求

(1) 使用前必须了解工作原理和技术性能。使用时应保持各部件完整，清洁无锈蚀，玻璃透明，表盘标尺刻度清晰，铭牌、标记、铅封完好，定期检查更换防潮剂，保证仪器、仪表电气线路元件完好无腐蚀。仪表间、表井室应清洁，无给水。

(2) 贵重精密仪器的电源应安装稳压器。仪器除有特殊要求需单设接地系统外，可装设统一接地线，但严禁与其他强电设备共地和电源零线相接。接地线电阻应小于4Ω，保证接地可靠。

(3) 大型检测分析仪器不得随意搬动。如必须搬动，除应做好记录外，搬动后必须经国家法定计量部门检定通过方可使用。

(4) 日常维护检修清洗零部件宜用酒精、丙酮、超声波、清洗器等进行清洗。塑料件清洗严禁使用丙酮，金属件严禁使用汽油、煤油等。

(5) 日常的维护检修，应由经考核合格、持有证件的计量人员与仪表工负责。在检修中未经上级计量管理部门同意不得擅自调整改变仪表系数或倍数。

(6) 仪器仪表发生故障时，应由专业修理人员修理。修理后，应按检定规程检定，合格后方能投入使用，无检定规程的，可根据说明书的要求进行检查或采用对比法进行验证。贵重引进仪器出现故障，不得自行拆卸，应与生产厂联系处理。

(7) 国家强制检定的仪器、仪表，应按期送技术监督部门检定修理，非强制检定的仪器、仪表可参照标准进行周期检定，定期送检。

(8) 自行检定的仪器、仪表，计量器具（如长度、压力、真空、天平、衡器、电磁、水质化验用仪器等）应经过本地区技术监督局的授权方可进行检定。

(9) 对国家尚未制定相关标准的引进仪器、仪表，应参照仪器、仪表的说明书，制定维护保养及使用规程。

(10) 对运行中的大口径流量计，可采用比对法进行在线检定。

(11) 应建立完整的维护、检定记录。

2. 各种流量计的维护、检定

(1) 插入式涡轮流量计的维护、检定。

1) 根据水质每季或每半年应将插入涡轮头提出，进行检查修理。

2) 涡轮头（杆）插入长度应经严格计算并符合说明书中的要求。

3) 对插入螺杆应定期除锈清理并涂耐水防锈油脂。

4) 更换涡轮头后，必须依据新涡轮头的系数重新确定仪表常数 K。

5) 变送器及二次仪表损坏时，应及时修理或更换。

(2) 超声波流量计的维护、检定。

1) 每年检查超声波流量计的探头、管道与黏接处的锈蚀情况，并重新打磨光洁，涂新硅脂，安装时测量波形信号是否正常。

2) 精确测量管壁厚度，重新输入参数并记入档案。

3) 检查清洗二次仪表，更换干燥剂。

4) 装有电热器的仪表盘，检查电热器的线路及绝缘电阻并符合规定。

5) 检查地线和传导电缆是否完好有效。

(3) 电磁流量计的维护、检定。

1) 每季度检查转换器的零点漂移情况，零点漂移时，应查明原因并修复正常。

2) 根据使用情况定期清洗电极。

3) 定期检查充电电池是否完好，自动充、断电系统是否有效。

4) 定期检查清扫转换器、计算器和传导电缆，符合使用要求。

5) 定期检查接地线，接地电阻应小于 10Ω。

3. 压力、真空表的维护、检定

(1) 在正常情况下应每年送计量部门检定一次，中间损坏或发现不准时应立即更换或送检。

(2) 检定方法应符合现行行业标准 JJG 52—1999《弹簧管式一般压力表、压力真空表及真空表检定规程》的规定。

4. 电流表、电压表、功率表、电能表（电度表）的维护检定

(1) 电流表、电压表、功率表的检定，应符合 JJG 307—1998 现行行业标准《三表检定规程》的规定。

(2) 电能表（电度表）的检定应符合现行行业标准 JJG 307—1998《交流电能表（电度表）检定规程》的规定。

(3) 仪表经检定超过允许误差时应修理，现场检定发现问题后换装备用合格仪表。

5. 水质检验仪器的维护、检定

(1) 浊度仪的维护、检定。

1) 定期对过滤器、水箱、脱泡槽彻底清洗。

2) 镜片表面有污物时，先用吸耳球将光学镜上微细毛尘清除；必要时用镜头纸或少许无水酒精轻轻擦拭。

3) 光源、亮度不足时，应更换新光源。

4）每月必须用标准液分挡标定一次。

5）经常检查零点和满度的漂移，超差时应调整或修理。

6）按说明书的要求安排仪器的工作环境。

（2）余氯检测仪的维护、检定。

1）余氯检测仪宜安装在防腐、防晒、干燥的房间。

2）按说明书的要求定期进行维护、标定。

3）余氯检测仪应使用稳压电源，日常维护应注意稳压源的稳压情况，避免检测数据记录片出现阶跃曲线。

4）可用目测检测余氯，标准余氯管在管口严格密封存放，并注意防晒、低温、干燥。

（3）分光光度仪（含红外、紫外、可见光、原子吸收、荧光等分光光度仪）的维护、检定。

1）维护仅严格限于如下范围：①外部镜片的定期擦拭，方法应符合仪器本身操作规程的规定；②易损部件的更换；③冷却循环水的定期更换；④打印机械部位的定期润滑；⑤原子吸收仪用元素灯的调整与更换；⑥电路系统中各种指示表头的维护。

2）此类仪器安装必须有接地系统，仪器室恒温恒湿装置应保持运行正常，仪器散热良好。

3）仪器附属设备应定期进行除尘、擦拭和通风等。

（4）有机分析仪器（含色谱、质谱、液相等分析仪器）的维护检定。

1）定期对传感器系统进行清洗或更换检测器。

2）定期检查加热系统、温度传感器、温度保护器，发现问题及时由专业人员修理。

3）定期检查气路系统、去氢器、气体过滤装置，定期更换过滤材料。

4）定期润滑终端显示系统中的打印机、记录仪，并检查色带或针头是否需要更换。

本项目学习小结

本学习项目根据给水厂的常规处理工艺流程设计学习情境，按照工艺流程的顺序先后讲述了混凝工艺的运行与管理，沉淀工艺的运行与管理，过滤工艺的运行与管理，消毒工艺的运行与管理，水质分析与检测，给水厂的自动化控制，给水厂运行保养、维护与检修的相关知识和技能。着重阐述常规处理工艺即混凝、沉淀、过滤、消毒工艺的运行与管理的基本知识和技能。

通过本学习项目的学习，要求学生熟练掌握给水厂处理构筑物日常运行与管理的技能，掌握给水厂水质分析与检测的基本技能，了解给水厂运行保养、维护与检修的方法和规定，了解给水厂自动化控制方法。

思考题与习题

2.1　简述混凝作用的机理和影响因素。

2.2　常见混凝工艺构筑物有哪些？分别有何优缺点？在什么情况下适用？

2.3　絮凝池末端矾花细小，水体浑浊，且沉淀池出水浊度高。试分析此现象的原因和对策。

2.4　简述沉淀类型和特点。常见沉淀池有哪些各有何特点？

2.5 试分析浊度去除率降低的原因并提出相应对策。

2.6 常见滤池有哪些？简述普通快滤池的工作过程。

2.7 反冲洗的方法有哪些？各有何特点？

2.8 简单说说滤池跑砂漏砂的主要原因和应对方法？

2.9 简述加氯消毒的机理和影响因素。

2.10 用氯安全是加氯消毒系统中很重要的一方面，简述用氯安全应注意的事项。

2.11 在给水水质检测项目中有些是直接测定某一具体物质含量，有些是能测定直接或间接反映某些水质特征的替代参数，那么水处理中主要替代参数有哪些？

2.12 给水厂自动化控制系统有哪些？各有什么特点？

学习项目3　排水管网运行与管理

学习目标：学生通过本学习项目的学习，能够了解排水管网的组成，了解常见排水管道材料、附件与附属构筑物，掌握排水管道系统的运行与管理技能。

学习情境3.1　排水工程概述

3.1.1　城市排水系统

在城市和工业企业中，应当有组织地、及时地排除上述废水和雨水，否则可能污染和破坏环境，甚至形成公害，影响生活和生产，以及威胁人民健康。排水的收集、输送、处理和排放等设施以一定方式组合成的总体，称为排水系统。排水系统通常由管道系统（或称排水管网）、污水处理系统（即污水处理厂）、排放和重复利用系统组成。

（1）排水管网系统。包括污水和废水收集与输送管渠、水量调节池、提升泵站及附属构筑物（如检查井、跌水井、水封井、雨水口等）等。

（2）污水处理系统。包括各种采用物理、化学、生物等方法的水质净化设备和构筑物。由于废水的水质差异大，采用的废水处理工艺各不相同。常用物理处理工艺有格栅、沉淀、曝气、过滤等；常用化学处理工艺有中和、氧化、还原等；常用生物处理工艺有活性污泥法、生物膜法、氧化沟等。

（3）排放和重复利用系统。包括废水受纳体（如水体、土壤等）和最终处置设施，如排放口、稀释扩散设施、隔离设施和废水回用设施等。

水系统对生活污水、工业废水和雨雪融化水的排除方式称为排水体制，排水系统的体制一般分为合流制和分流制两种类型。

1．合流制排水系统

合流制排水系统是将生活污水、工业废水和雨雪融化水混合在同一个管道内排除的系统。合流制排水系统又分为直排式合流制、截流式合流制、完全合流制三种类型。最早的下水道系统就是直排式合流制系统，它收集的各种污水、废水、雨雪水不经处理直接排入邻近的水体中。目前，新建城市或城市新开发区一般不再建设直排式合流制排水系统，而老城市或老城区的合流制排水系统也在逐步改造为截流式合流制排水系统。截流式合流制排水系统是在原系统的排水末端（一般为河岸边）横向铺设截留主干管，同时在合流干管与截留主干管相交前或相交处设置溢流井，并在截留主干管下游设置污水厂。晴天时，所有城市污水通过原系统和截流管收集并输送到该系统终端污水处理厂。雨天时，系统仅收集一部分混有雨水的污水，其余部分则通过溢流井排放到水体中。截留式合流制排水系统可将初期雨水全部截留并输送到末端或污水处理厂，保护了市区卫生，防止了沿河渠的污染，但在雨天后期，有部分混合污水未经处理从溢流井直接溢流排放，成为水体的污染源而使水体遭受污染，这是它的严重缺点。在干旱少雨且地表污染严重地区或环保要求较高地区可采用完全合流制，即将城市污水、雨水全部截留到城市污水处理厂处理，这种系统规模庞大，运行管理复杂。

2. 分流制排水系统

分流制排水系统是城市污水和雨水分别用各自独立的管道排除的系统。分流制排水系统又分为完全分流制、不完全分流制、半分流制三种类型。完全分流制排水系统是由排除生活污水和工业废水的污水管道与专门用来排除雨水的雨水管道（渠）构成的；而不完全分流制只具有污水排水系统，未建雨水排水系统，雨水沿天然地面、街道边沟、水渠等原有渠道系统排泄；半分流制排水系统是具有独立的污水排水系统和雨水排水系统，且在雨水管道上设溢流井和截留管，可将初期雨水截留到储水池（暂时储存，晴天后送往污水厂处理）或污水管道系统并同城市污水一起送到污水处理厂处理。

近年来，由于城市污水处理程度的提高，城市污水处理不仅是一种控制水污染的强有力的手段，而且处理过的水已达到再利用的资源化程度，国内外都出现了将城市污水处理后的水就近回用于工业、农业或城市杂用的水道系统，日本称之为中水道系统。这种系统对解决水源不足、合理地开发利用各种水资源、创造新的效益、减少总污染排放及控制水污染、保护水环境具有十分积极的作用。是今后促进和完善城市污水处理事业的一项很有前途的新发展。

从国内外的历史发展看，早期的排水系统大部分是合流制，后建的排水系统多为分流制。而对大城市来说，市中心区多为合流制，市郊新区多为分流制。北京、上海、天津等大城市即是这种中心区为合流、郊区为分流制的排水系统。

从水污染控制和水环境保护方面考虑，由于使用分流制排水系统排出的初期雨水水质很差，通过雨水管道百接排入水体会造成污染，经济发达的国家已开始建造储水池或储水管道。雨期集水、非雨期集中处理在我国经济发展到一定时期以后也是可以实现的，所以目前分流制排水系统在国内外得到广泛采用，是城市排水系统的发展方向。

3.1.2　工业废水的厂内治理与城市污水的集中处理

城市污水中的大部分污染物是可以在城市污水处理厂内消减的，尽管如此，许多工业污水不经任何处理直接排放至城市下水道并送入污水处理系统内，会造成污水处理厂运行维护困难，甚至瘫痪，造成巨大的损失。比如高浓度的难降解工业有机废水、含酸、碱或含毒、含重金属的工业废水直接排入城市污水处理系统中，城市污水处理厂不仅不能处理，而且这股水还可能腐蚀污水处理厂的设施、设备，杀死污水厂赖以发挥功效的微生物，导致整个污水厂运行失效。因此那些排放高浓度废水、有毒、有害废水的工业企业必须在厂内建立自己的废水处理站，污水经过预处理达到允许排入城市下水道的污水排放标准后才允许与城市污水混合进入城市集中污水处理厂处理。对于远离市区的工业企业，若污水进入市政下水道距离太远时，可在厂内独立设置完整的废水处理站，对污水彻底处理后达标排放或再利用。

3.1.3　城市污水处理的基本方法

城市污水处理就是利用各种设施设备和工艺技术，将污水中所含的污染物质从水中分离去除、回收利用，或便有害的物质转化为无害的物质，使水得到净化，并使资源得到充分利用。

现代污水处理技术按原理可分为物理处理法、化学处理法、物理化学处理法、生物处理法等。

(1) 物理处理法。利用物理作用分离污水中呈悬浮状态的固体污染物质。方法有筛滤法、沉淀法、上浮法、过滤法和反渗透法等。

(2) 化学处理法和物理化学处理法。利用化学或物理化学反应的作用，分离回收污水中处于各种形态的污染物质（包括悬浮的、溶解的、胶体的等）。主要方法有中和、混凝、电解、氧化还原、汽提、萃取、吸附、气浮、离子交换和电渗析等。化学和物理化学法多用于处理生产污水。

(3) 生物处理法。是利用微生物的代谢作用，使污水中呈溶解、胶体状态的；有机污染物转化为稳定的无害物质。主要方法可分为两大类，即利用好氧微生物作用的好氧法（好氧氧化法）和利用厌氧微生物作用的厌氧法（厌氧还原法）。前者广泛用于处理城市污水及有机性生产污水，其中有活性污泥法和生物膜法两种；后者多用于处理高浓度有机污水与污水处理过程中产生的污泥，现在也开始用于处理城市污水与低浓度有机污水。

污水中的污染物是多种多样的，往往需要采用几种方法的组合，才能处理羽，不同性质的污水，达到净化目的与排放标准。

3.1.4 城市污水处理的基本工艺

城市污水处理工艺按流程和处理程度划分，可分为预处理工艺、一级处理 工艺、二级处理工艺、三级处理工艺（深度处理工艺）和污泥处理工艺，以及最终的污泥处置。

(1) 预处理工艺。主要去除污水中较大块的悬浮物、漂浮物或可沉无机砂粒。城市污水处理厂的预处理工艺通常包括格栅处理、泵房抽升和沉砂处理。格栅处理的目的是截留大块物质以保护后续水泵、管线、设备的正常运行。泵房抛开的目的是提高水头，以保证污水可以靠重力流过后续的各个处理构筑物。沉砂处理的目的是去除污水中裹携的砂、石与大块颗粒物，以减少它们在后续构筑物中的沉降，防止造成设施淤沙，影响功效；防止造成磨损堵塞，影响管线设备的正常运行。

(2) 一级处理工艺。主要去除污水中呈悬浮状态的固体污染物质。一级处理工艺主要是初次沉淀池，一般初次沉淀池可去除50%左右的悬浮物和25%左右的BOD_5。

(3) 二级处理工艺。主要去除污水中呈胶体和溶解状态的有机污染物质（即BOD、COD物质），主要是由生物反应池和二次沉淀池构成，去除率可达90%以上，使有机污染物达到排放标准。

(4) 三级处理工艺。是在一级、二级处理后，进一步处理难降解的有机物、磷和氮等能够导致水体富营养化的可溶性无机物。主要方法有生物脱氮除磷法、混凝沉淀法、砂滤法、活性炭吸附法、离子交换法和电渗析法等。三级处理是深度处理的同义语。但两者又不完全相同，三级处理常用于二级处理之后，而深度处理则以污水回收、再用为目的，是在一级或二级处理后增加的处理工艺。污水再用的范围很广，从工业上的重复利用、水体的补给水源到成为生活用水等。随着城市社会经济的高水平发展，深度处理是未来发展的需要。

(5) 污泥处理工艺。污泥是污水处理过程中的产物。城市污水处理产生的污泥含有大量有机物，富有肥分，可以作为农肥使用，但又含有大量细菌、寄生虫卵以及从生产污水中带来的重金属离子等，需要作稳定与无害化处理。污泥处理的主要方法是减量处理（如浓缩法、脱水等）、稳定处理（如厌氧消化法、好氧消化法等）、综合利用（如消化气利用，污泥堆肥等）、最终处置（如干燥焚烧、填地投海、建筑材料等）。

对于某种污水采用哪几种处理方法组成系统，要根据污水的水质、水量，回收其中有用物质的可能性、经济性、受纳水体的具体条件，并结合调查研究与经济技术比较后决定，必要时还需进行试验。

3.1.5　几种典型工艺流程

目前国内外普遍流行的是以传统活性污泥法为核心的二级处理工艺，图 3.1 所示为城市二级污水处理厂的典型工艺流程图。

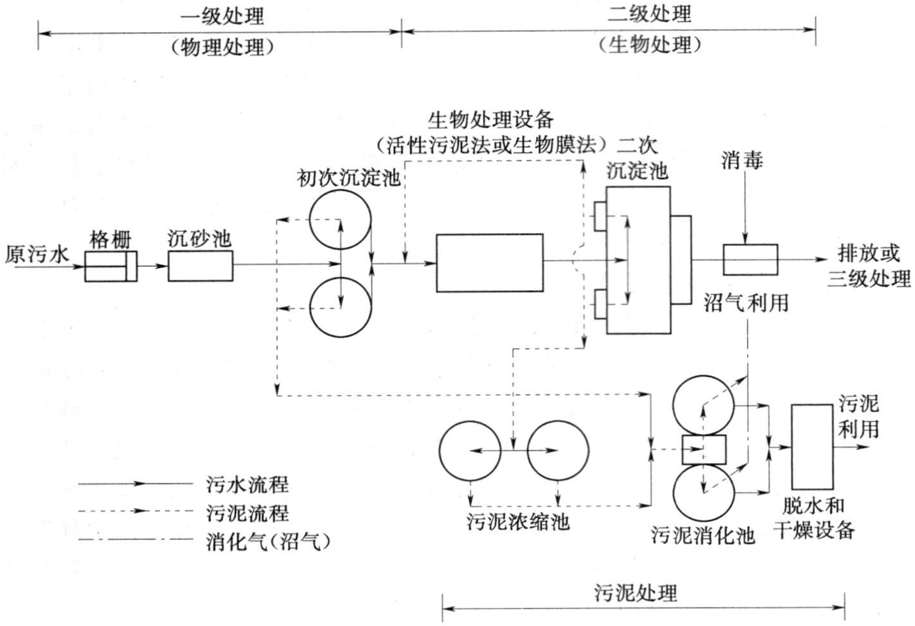

图 3.1　城市污水二级处理典型流程

最近几年国内应用较多的还有 A—O 或 A—A—O 工艺、SBR 工艺、氧化沟工艺等。

A—O 或 A—A—O 工艺也叫缺氧—好氧或厌氧—缺氧—好氧工艺，这一工艺的开发主要是为了满足脱氮除磷的需要，这是一种经济有效的生物脱氮除磷技术。

SBR 工艺也叫序批式活性污泥法工艺。这一工艺构筑物主要是一个池子既作曝气池又作二沉池，管理简单，特别适合于中小城镇的城市污水处理，对于较大水量的连续操作处理一般要几套池子组合运行。

氧化沟工艺是一种延时曝气的活性污泥法，优点是负荷率很低，耐冲击负荷强，出水水质好，污泥产量少且稳定，构筑物少，运行管理简单。氧化沟可以按脱氮设计，也可以略加改造实现脱氮除磷。

另外，城市污水处理厂还有传统活性污泥法的一些变型工艺，例如 A—B 工艺等。

学习情境 3.2　排水管网系统材料与附属构筑物

3.2.1　排水管渠的材料及接口

排水管渠造价约占排水系统总造价的 70%左右，是排水系统的主要组成部分。排水管渠系统内水流情况复杂，多为气、液、固共存的三相流，再加上排水系统大部分为重力流，所以如果维护管理不当，极易发生拥堵淤积现象，从而为居民生活带来不便。

用于排水管渠的管材必须满足以下基本条件：

（1）排水管渠应具有足够的强度，一则能够承受内部的水压和外部的荷载；二则可以保证运输和施工中不致破裂，还应具有承受污水中杂质冲刷的能力。

（2）排水管渠应具有一定的抗腐蚀能力，以免在污水或地下水的侵蚀作用下很快损坏。

（3）排水管渠必须不透水，以防止污水渗出或地下水渗入。

（4）排水管渠内壁应光滑，尽量减小水流阻力。

（5）排水管渠应就地取材，以尽量节省造价，并考虑到快速施工的可能。

基于以上考虑，室内排水系统多采用塑料管，室外排水系统多采用排水铸铁管、陶土管、缸瓦管、混凝土管，钢筋混凝土管等。

塑料管道种类很多，口径一般较小。陶土管常用于浅埋的排水管道，如雨水口连接管；缸瓦管有单面釉和双面釉两种产品，耐腐蚀性强，普遍用做生活污水管道和酸性废水管道；当管道设计断面大于 1500mm 时常用混凝土或钢筋混凝土等建造大型排水渠道。

1. 塑料管

随着我国有机化工行业的发展以及各级政府对塑料建材的重视，各种建筑用塑料管材纷纷在建筑市场登台亮相。常见的有硬聚氯乙烯（UPVC）；聚乙烯管（PE）；聚丙烯管（PP）；聚丁烯管（PB）；苯乙烯管（ABS 工程塑料）以及热固性管等。

我国目前排水系统中广泛使用的是排水用硬聚氯乙烯管，它具有重量轻，抗腐蚀能力强，质地坚硬，管内壁光滑，价廉等优点。

排水用硬聚氯乙烯塑料管的单管管长一般为 4～6m，带承插口。

塑料管的连接方式主要有焊接连接、法兰连接、黏接连接、承插连接、螺纹连接等。

2. 承插式排水铸铁管

排水铸铁管质地坚固，抗压与抗震性强。每节管子较长，接头少。但其价格较高，耐腐蚀性较差。主要用于受较高内压、较高水流速度或对抗渗漏要求高的场合，如室内排水管道，穿越铁路河流、陡坡管、竖管式跌水井的竖管等。

采用承插式铸铁管的排水管道，接口做法与给水中铸铁管道的接口做法相同。有承插式柔性接口和承插式刚性接口两大类，在这里不再评述。实践中多采用油麻石棉水泥接口和橡胶圈接口等。

3. 陶土管

陶土管是由塑性黏土经过研细、调和、制坯、烘干、焙烧等过程制成的。为了防止在焙烧过程中产生裂缝，通常按一定比例加入耐火黏土及石英砂。通常有无釉、单面釉的陶土管。

陶土管内表面光滑，摩阻小，不易淤积，管道致密，有一定抗渗性，耐腐蚀性好，便于制造。但材料质脆易碎，抗折性能差；管节短，接头多，适用于排除侵蚀性污水或管外有侵蚀性地下水的自流管及街坊内部排水与城乡排水系统的连接支管。

陶土管的接口方式与承插式铸铁管的接口方式基本类同。

4. 预制混凝土管和钢筋混凝土管及其接口

预制的混凝土管和钢筋混凝土管可分为混凝土管、轻型钢筋混凝土管、重型钢筋混凝土管三种。可以在专门的厂家预制，也可以现场浇制。管口形状有承插口、平口、圆弧口、企口等。

混凝土管道和钢筋混凝土管道便于就地取材，在排水工程中被普遍采用。其主要缺点是抵抗酸、碱侵蚀及抗渗性能较差；管段短、接头多、施工复杂。另外，大管径管道的自重大，搬运不方便。

混凝土管的管径一般小于450mm；长度多为1m，适用于管径较小的无压管。在管道埋深较大或敷设在土质条件不良地段，当管径大于400mm时通常都采用钢筋混凝土管道。

为减少对地基的压力及对管子的反力，管道应设置基础和管座，管座包角一般有90°、135°、180°三种，应视管道覆土深度及地基土的性质选用。

混凝土管道和钢筋混凝土管道的接口分刚性和柔性两类。常用的接口形式有：水泥砂浆抹带接口；钢丝网水泥砂浆抹带接口；石棉沥青卷材接口；预制套管接口等。

5. 大型排水管渠

当管道设计断面大于1500mm时常建造大型排水渠道。建造大型排水渠道常用砖、石、陶土块、混凝土块、钢筋混凝土块和钢筋混凝土等建筑材料。其断面形式有圆形、矩形、半椭圆形等。

在石料供应充足的地区，亦可采用条石或毛石砌筑渠道。

3.2.2 排水管渠系统的附属构筑物

为了排除污水，除管渠本身之外，还需在管渠系统上设置某些构筑物。这些构筑物设计的是否合理，对整个系级运行影响较大，所以如何选用、设计这些构筑物，是排水系统设计的一个重要部分。

1. 检查井

(1) 检查井的作用。

1) 便于管道养护人员对管道定期进行检查和清通。

2) 连接上下游管道系统。

(2) 检查井的设置。

1) 一般设置在管渠交汇处，集中流量接入处。

2) 管渠的尺寸、方向、坡度、高程改变处。

3) 直线管路上每隔一定距离也需设置。

(3) 检查井的组成。检查井由三部分组成：井基和井底、井身、井盖和井座。

井基采用碎石、卵石、碎砖夯实；井底一般采用低标号混凝土。井底宜设计成半圆形或弧形流槽，以使水流通过检查井时阻力较小。井底基础与相邻管道基础同时浇筑，使两者基础浇筑条件一致，避免因接茬不好而产生裂缝或引起不均匀沉降等不利影响。流槽宜与井壁同时浇筑，目的是使两者结合成一坚固的整体。流槽表面抹压光滑，与上下游管道底部平顺一致，以减少摩阻，有利水流通畅。

井身材料可采用砖、石、混凝土、钢筋混凝土。我国多采用砖砌，以水泥砂浆抹面。井身的平面形状一般为圆形，为便于养护人员出入检查井，井壁应设置爬梯。井口和井盖的直径采用0.65～0.7m。在车行道下的井盖可采用铸铁井盖，在人行道或绿化带内可用钢筋混凝土井盖。

2. 跌水井

（1）跌水井的作用。当上下游管道的高度相差较大（大于1m）时，应设置跌水井用来消除水流的能量，克服水流跌落时产生的巨大冲击力。

（2）跌水井的形式。跌水井常用的形式有竖管式、溢流堰式初阶梯式。溢流堰式初阶梯式跌水井可用于大管径的管路上，跌水部分采用溢流堰或多级阶梯逐步消能，为了防止跌水水流的冲刷，溢流堰的底板或每级阶梯的底板要坚固。

3. 水封井

当生产污水能产生引起爆炸或火灾的气体时，其管道系统中必须设置水封井。水封井位置应设在产生上述污水的排出口处及其于管上每隔适当距离处。

水封深度不应小于0.25m，井上宜设通风设施，井底应设沉泥槽。

水封井以及同一管道系统中的其他检查井，均不应设在车行道和行人众多的地段，并应适当远离产生明火的场地。

4. 雨水口

雨水口是在雨水管渠或合流管渠上收集地面雨水的构筑物。

雨水口构造包括三部分：进水蓖、井筒和连接管。进水蓖可用铸铁或钢筋混凝土制成，井筒用砖或混凝土制成。

雨水口的设置应能保证迅速有效地搜集地面雨水，通常设置在汇水点（包括集中来水点）和截水点处。

雨水口深度不宜大于1m，并根据需要设置沉泥槽。遇特殊情况需要清理时，应采取加固措施。有冻胀影响地区的雨水口深度，可根据当地经验确定。

5. 截流井

截流井宜采用槽式，也可采用堰式、槽堰综合式。管渠高程允许时，应选用槽式，当选用槽堰结合式或堰式时，堰高和堰长应进行水力计算。

截流井的位置，应根据污水截流于首位置、合流管渠位置、溢流管下游水位高程和同围环境等因素确定。

截流井溢流水位，应设计在洪水位以上，当不能满足要求时，应设置闸门等防倒灌设施。截流井内空设流量控制设施。

6. 出水口

排水管渠出水口位置、形式和出口流速，应根据受纳水体的水质要求、水体流量、水位变化、水流方向、波浪状况、稀释自净能力、地形变迁和气候特征等因素确定。

污水排水管渠的出水口一般采用淹没式，又可分为岸边式和江心分散式。

雨水排水管渠出水口一般采用非淹没式，其管底标高最好在水体最高水位以上，以免水体倒灌。

出水口应采取防冲刷、消能、加固等措施，并视需要设置标志。

7. 倒虹管

排水管道遇到河流、山涧、洼地或地下构筑物时，不能按原有的坡度埋设，而是按下凹的折线方式通试。这种管道称为倒虹吸管，倒虹吸管施工麻烦、养护困难、造价较高，应尽量避免使用。

倒虹吸管由进水井、管道和出水井等组成。

管道有两种形式：折管式和百管式。折管式倒虹吸管施工麻烦，养护困难，在河滩限宽的情况下采用；直管式施工与养护较前者简易。

通过河道的倒虹管，一般不宜少于两条；通过谷地、旱沟或小河的倒虹管可采用一条。通过障碍物的倒虹管，尚应符合与该障碍物相交的有关规定。

倒虹管在穿过航运河道时，必须与当地航运管理等部门协商，确定河道规划的有关情况，对冲刷河道还应考虑抛石等防冲措施。

为考虑倒虹管道检修时排水，倒虹管进水端宜设置事故排出口。

在倒虹管进水井前一定检查井内设置的沉泥槽，其作用是沉淀泥土、杂物，保证管道内水流通畅。

学习情境3.3　排水管网系统运行与管理

3.3.1　管理和养护的任务

排水管渠在建成通水后，为保证其正常工作，必须经常进行养护和管理。排水管渠内常见的故障有：污物淤塞管道；过重的外荷载、地基不均匀沉陷或污水的侵蚀作用，使管渠损坏、裂缝或腐蚀等。

管理养护的任务是：

（1）验收排水管渠。

（2）监督排水管渠使用规则的执行。

（3）经常检查、冲洗或清通排水管渠，以维持其通水能力。

（4）修理管渠及其构筑物，并处理意外事故等。

排水管渠系统的管理养护工作，一般由城市建设机关专设部门（如养护工程管理处）领导，按行政区划设养护管理所，下发若干养护工程队（班），分片负责。

整个城市排水系统的管理养护组织一般可分为管渠系统、排水泵站和污水厂3部分。工厂内的排水系统，一般由工厂自行负责管理和养护。

在实际工作中，管渠系统的管理养护应实行岗位责任制，分片包干。同时，可根据管渠中沉积污物可能性的大小，划分成若干养护等级。对其中水力条件较差，排入管渠的污物较多，易于淤塞的管渠段给予重点养护。实践证明。这样可大大提高养护工作的效率，是保证排水管渠系统全线正常工作的行之有效的办法。

3.3.2　排水管渠的清通

管渠系统管理养护经常性的和大量的工作是清通排水管渠。在排水管渠中，往往由于水量不足，坡度较小，污水中污物较多或施工质量不良等原因而发生沉淀、淤积。淤积过多将影响管渠的通水能力，甚至使管渠堵塞。因此，必须定期清通。

清通方法主要有水力清通方法和机械清通方法两种。

（1）水力清通方法。水力清通方法是用水对管道进行冲洗。可以利用管道内污水自冲，也可利用河水冲洗。

用管道内污水自冲时，管道本身必须具有一定的流量，同时管内淤泥不宜过多（20%

左右）。用河水冲洗时，用水车将水送到冲洗现场，一般在街坊内的污水支管，每冲洗一次需水约 2000～3000m^3。

首先用一个一端由钢丝绳系在绞车上的橡皮气塞或木桶橡皮刷堵住检查井下游管段的进口，检查井上游管段充水。待上游管中充满并在检查井中水位抬高至 1m 左右以后，突然放走气塞中部分空气，使气塞缩小，气塞便在水流的推动下往下游浮动而刮走污泥。同时水流在上游较大水压作用下，以较大的流速从气塞底部冲向下游管段。这样，沉积在管底的淤泥便在气塞和水流的冲刷作用下冲向下游检查井，管道本身则得到清洗。污泥排入下游检查井后，可用吸泥车抽吸运走。

因为污泥含水率非常高，为了回收其中的水用于下游管段的清通同时减少污泥的运输量，我国一些城市已采用泥水分离吸泥车，整个操作过程均由液压控制系统自动控制。

近年来，有些城市采用水力冲洗车进行管道的清通。目前生产中使用的水力冲洗车的水罐容量为 1.2～8.0m^3，高压胶管直径为 25～32mm；喷头喷嘴有 1.5～8mm 等多种规格，射水方向与喷头前进方向相反，喷射角为 15°、30°或 35°；消耗的喷射水量为 200～500L/min。

水力清通方法操作简便，工效较高，工作人员操作条件较好，目前已得到广泛采用。根据我国一些城市的经验，水力清通不仅能清除下游管道 250m 以内的淤泥，而且在 150m 左右上游管道中的淤泥也能得到相当程度的刷清。当检查井的水位升高到 1.20m 时，突然松塞放水，不仅可清除污泥，而且可冲刷出沉在管道中的碎砖石。但在管渠系统相通的地方，当一处的管渠被气囊堵塞后，由于上游的污水可以流向别的管段，无法在该管渠中积存，气囊也就无法向下游移动，此时只能采用水力冲洗车或从别的地方运水来冲洗，水量消耗较大。

（2）机械清通方法。当管渠淤塞严重，淤泥已黏接密实，水力清通的效果不好时，就要采用机械清通方法。

首先用竹片穿过需要清通的管段，竹片一端系上钢丝绳，钢丝绳上系住清通工具的一端。在清通管渠段两端检查井上各设一架绞车，当竹片穿过管渠段后将钢丝绳系在一架绞车上，清通工具的另一端通过钢丝绳系在另一架绞车上。然后利用绞车往复绞动钢丝绳，带动清通工具将淤泥刮至下游检查井内，使管渠得以清通。绞车的动力可以是手动，也可以是机动。

机械清通工具的种类繁多，按其作用分有耙松淤泥的骨骼形松土器；有用于刮泥的清通工具，如胶皮刷、铁簸箕、钢丝刷、铁牛等；有清除树根及破布等沉淀物的锚式清通器和弹簧刀。

清通工具的大小应与管道管径相适应，当淤泥较厚时，可先用小号清通工具，待淤泥清除到一定程度后再用与管径相适应的清通工具。清通大管道时，由于检查井井口尺寸的限制，清通工具可分成数块，在检查井内拼合后再使用。

淤泥被刮到下游检查井后，通常也可采用吸泥车吸出，如果淤泥含水率低，可采用抓泥车挖出，然后由汽车运走。

排水管渠的养护工作必须注意安全。管渠中的污水通常析出硫化氢、甲烷、二氧化碳等气体，这些气体与空气中的氧混合能形成爆炸性气体。煤气管道失修、渗漏也能导致煤气进入管渠中造成危险。如果养护人员要下井，除应有必要的劳保用具外，下井前必须先将安全灯放火井内，如有有害气体，由于缺氧，灯将熄灭，如有爆炸性气体，灯在熄灭前会发出闪光。在发现管渠中存在有害气体时，必须采取有效措施排除，例如将相邻两检查井的井盖打开一段时间。或者用抽风机吸出气体。排气后要进行复查。即使确认有害气体已被排除，养护人员下井时仍应有适当的预防措施，例如在井内不得携带有明火的灯，不得点火或抽烟，必要时可戴上附有气带的防毒面具，穿上系有绳子的防护腰带，井外留人，以备随时给予井下人员以必要的援助。

3.3.3　排水管渠的修理

系统地检查管渠的淤塞及损坏情况，有计划地安排管渠的修理，是养护工作的重要内容之一。当发现管渠系统有损坏时，应及时修理；以防损坏处扩大而造成事故。

管渠的修理也有大修与小修之分，应根据各地的实际情况来划分。修理内容包括检查井、雨水口顶盖等的修理与更换；检查井内踏步的更换，砖块脱落后的修理；局部管段损坏后的修补；由于出户管的增加需要添建的检查井及管渠；或由于管渠本身损坏严重、淤塞严重、无法清通时所需的整段开挖翻修。

当进行检查井的改建、添建或整段管渠翻修时，常常需要断绝污水的流通，应采取措施，例如安装临时水泵将污水从上游检查井抽送到下游检查井，或者临时将污水引入雨水管渠中。修理项目应尽可能在短时间内完成，如能在夜间进行更好。在需时较长时，应与有关交通部门取得联系，设置路障，夜间施工时应挂红灯。

本项目学习小结

本学习项目主要介绍了排水工程概况，排水管道系统中的管材、接口、附属构筑物，排水管网的运行与管理，着重讲述了排水管网系统的运行、维护与管理的相关知识和技能。同时配合一定量的实训和现场教学，要求学生通过本学习项目的学习，能够了解排水工程的概况；掌握排水管道系统运行、维护与管理的方法。

思考题与习题

3.1　何谓排水系统？由哪些部分组成？发展建筑中水有什么意义？

3.2　排水系统的体制一般分为哪几种类型？各有什么特点？建筑中水系统一般由哪些部分组成？

3.3　城市污水处理的基本方法有哪些？

3.4　城市污水处理的基本工艺是什么？

3.5　排水管渠的材料有哪些？各有什么特点？

3.6　排水管网系统管理养护的任务是什么？

3.7　排水管渠怎样清通？

学习项目4 污水厂运行与管理

学习目标：学生通过本学习项目的学习，能够了解污水厂常见处理构筑物的工作原理；熟悉常见污水处理工艺工作过程；熟练掌握污水厂处理构筑物日常运行与管理技能；掌握污水厂水质分析与检测的基本技能；了解污水厂运行保养、维护与检修的方法和相关规定；了解污水厂自动化控制方法。

学习情境4.1 预处理系统的运行与管理

城市污水预处理工艺一般是由格栅、调节池、污水提升泵房、沉砂池、初沉池等处理单元组成。城市污水预处理是为了去除水中呈悬浮状态的固体污染物质，以降低后续处理单元的负荷，减轻后续处理设备和管道的磨损。城市污水预处理的作用是通过格栅拦截、重力沉淀、旋流分离等去除污水中悬浮物质，该处理过程属于物理处理工艺。

城市污水预处理过程是相当重要的，西方一些发达国家曾对其城市污水处理厂进行调查，发现60%以上的污水处理厂的处理过程存在问题，从而影响了后续处理过程的运转。在这些污水处理厂中，运转中出现的问题直接与预处理过程有关的高达30%。然而在调查中发现这些处理厂的运行管理人员大都认为自己的污水预处理单元运行正常，没有什么问题。主要原因是，运行管理人员大都认为只要处理设备运行正常，池内没有积泥砂，预处理就是正常的。然而既没有有效的方法进行工艺控制，也没有认真评价处理单元的运行效果。在我国的一些污水处理厂中，在预处理单元中比较常见的问题有：格栅漏渣量较大，配水渠道和池内严重积泥砂；污泥泵经常堵塞、过度磨损，大大降低了其使用寿命。很多处理厂的运行管理人员没有考虑产生这些问题的根源所在，即预处理单元运行不正常问题，而是忙于解决堵塞问题、积砂问题、设备磨损等。

4.1.1 格栅的运行控制与管理

1. 格栅的工艺过程

格栅是由一组平行的金属条制成的框架，斜置在污水流经的渠道上，或泵站集水井的进口处，用以截阻较大的悬浮物或漂浮物，以便减轻后续处理构筑物的处理负荷，使其正常运行的预处理设施。格栅的作用就是拦截污水中的大块污物，它是对后续处理构筑物和水泵具有保护作用的重要设备，格栅一般安装在进水泵房的进口处，但近年来，污水处理厂常在泵房前后设置粗细两道格。

2. 格栅的分类

格栅按其形状可分为平面和曲面格栅两种。平面格栅是由栅条和框架组合而成，根据栅条和框架相对位置不同，又将平面格栅分为栅条布置在框架外侧的格栅和栅条布置在框架内侧的格栅两中。栅条布置在框架外侧的格栅适用于机械和人工清渣，栅条布置在框架内侧的格栅适用于人工清渣。曲面格栅又可分为固定曲面格栅与旋转鼓筒式格栅两种。

格栅按其栅条间距可分为粗格栅、中格栅和细格栅，粗格栅设置在泵站进口处，细格栅一般设置在泵房出口沉砂池前。所谓粗细格栅只是相对而言，目前，国内采用较多的粗格栅栅条间隙20mm左右，细格栅的栅条间隙为10mm左右，而中格栅介于二者中间。但随着污水处理技术的发展，细格栅的间距会更小，有些污水处理厂已用到6mm，这样将会更好地解决后续处理单元的堵塞和浮渣问题。

根据格栅的断面形状可分为圆形格栅、正方形格栅、矩形格栅；又根据清渣方式可分为手动清除格栅、机械清除格栅。

3. 格栅工艺的运行控制与管理

（1）格栅宽度及其倾角的设置。格栅的总宽度不宜小于进水管渠宽度的2倍，格栅空隙总有效面积应大于进水管渠有效面积的1.2倍。在人工清渣时，格栅倾角不应大于70°；机械清渣时，宜为70°～90°。格栅上端应设平台，格栅下端应低于进水管底部0.5m，距离池壁0.5～0.7m。

（2）格栅流速的控制。格栅流速的控制，应由水中污物的组成、含砂量以及栅条间距等具体情况而定。合理地控制格栅流速，能够使格栅最大限度地发挥阻截作用，保持最高的拦污效率。在一般情况下，格栅流速越小，拦污效率越好，但是格栅流速太小会使砂沉积在栅前的渠道中，使过水断面缩小，反而会使流速变大。格栅流速过大会导致栅渣流失量增大。在污水厂的运行中过栅流速一般控制在0.6～1.0m/s，当污水中颗粒较大时，过栅流速控制在1.2m/s左右。由于污水流速的减慢，或渠道内粗糙度的加大，格栅前后渠道内可能会积砂，应定期检查清理积砂，或修复渠道。

（3）栅渣的清除与卫生管理。经格栅截留的栅渣量大致为：格栅间隙6～25mm，栅渣量（0.05～0.10m^3栅渣）/10^3m^3污水；格栅间隙30～50mn，栅渣量（0.01～0.03m^3栅渣）10^3m^3污水；栅渣的含水率一般为80%，容重约960kg/m^3。栅渣有机成分约占85%，极易腐败，污染环境；城市污水处理厂已逐渐采用栅渣压榨，将栅渣压榨后使其含水率降至60%以下，然后作为垃圾外运。

按照栅渣的清除方式，有人工清渣和机械清渣两种。人工清渣适用于小型的污水厂；机械清渣是为了改善劳动和卫生条件且栅渣量大于0.2m^3/d时采用的一种清渣方式。及时的清除栅渣能够保证正常的过栅流速，如果清污次数太少，由于栅渣的附着，使过栅断面减小，从而造成过栅流速增大，拦污效率下降。如几台格栅中，某台格栅如果清渣不及时，由于阻力增大，会造成流量在每台格栅上分配不均匀，同样会降低拦污效率。因此，应将每一台上的栅渣都及时清除。格栅除污机每日什么时候清污，主要利用栅前液位差来控制，必要时结合时开时停方式来控制。不管采用什么方式，值班人员都应经常现场巡视，以手动开停方式积累的栅渣发生量决定于很多因素，一天、一月或一年中什么时候栅渣量大，管理人员应注意摸索总结，以利于提高操作效率。

污水在长途输运过程中极易产生的硫化氢和甲硫醇等恶臭的有毒气体，将在格栅间大量释放出来，严重危害着工作人员的身体健康和周边的环境。因此，建在室内的格栅间应采取强制通风措施，来降低格栅间的恶臭强度。为了有益工作人员的身体健康并减轻硫化氢对除污设备的腐蚀，有些污水处理厂在上游主干线内采取了一些简易的通风或曝气措施。另外，应及时运走清除的栅渣，防止腐败产生恶臭。栅渣堆放处应经常清洗栅渣压榨机排出的压榨液中恶臭物含量也很高，应及时用管道导入污水渠道中回收处理，严禁明槽流入或地面漫流。此外，要加强巡查及时发现格栅除污机故障；及时压榨、清运栅渣；做好格栅间的通气换气。

(4) 格栅除污机种类与维护。机械除渣机有多种，如链条式格栅除渣机、移动式伸缩臂格栅除渣机、圆周回转式格栅除渣机、钢丝绳牵引式格栅除渣机等。在设计污水处理工程时，应根据选用格栅的类型来选择合适的格栅除渣机。不同的格栅除渣机适用于不同的范围；链条式格栅除渣机适用于深度不大的中小型格栅，可以清除生活污水中长纤维和带状物等，优点是构造简单、占地面积小；缺点是当杂物进入链条与链轮之间时，容易被卡住，链条造价高；不耐腐蚀。移动式伸缩臂格栅除渣机适用于中等深度的粗格栅，优点是可以在水面上不停水检修，维护检修方便，设备寿命长；缺点是需要 3 套电动机和减速器，构造较复杂。圆周回转式格栅除渣机适用于深度较浅的中小型格栅，优点是构造单、制造方便，容易检修；缺点是占地面积较大。钢丝绳牵引式格栅除渣适用于中小型格栅，优点是适用范围广，维护检修方便；缺点是钢丝绳易腐蚀，维护检修需停水。

格栅除污机是污水处理厂最易发生故障的设备之一，巡检时应注意有无异常声音，栅条是否变形，应定期加油保养。

(5) 分析检测与管理。工作人员应记录每天产生的栅渣量，用体积或质量表示均可。根据栅渣量的变化，可以间接判断格栅的拦污效率。当栅渣量比历史记录变化较大时，应分析原水水质的变化或格栅的运行是否正常。通常初沉池和浓缩池的浮渣尺寸是另一个判断拦污效率的途径，这些浮渣中尺寸大于格栅间距的污物太多时，说明格栅拦污效率不高，应分析过栅流速的控制是否合理，是否应及时清渣。

4. 常见故障原因分析及对策

(1) 格栅流速太高或太低。这是由于进入各个渠道的流量分配不均匀引起的，流量大的渠道，对应的格栅流速必然高，反之，流量小的渠道，格栅流速则较低。应经常检查并调节栅前的流量调节阀门或闸阀，保证格栅流速的均匀分配。

(2) 格栅前后水位差增大。当栅渣截留量增加时，水位差增加，因此格栅前后的水位差能反映截留栅渣量的多少，定时开停的除污方式比较稳定。手动开停方式虽然工作量比较大，但只要工作人员精心操作，能保证及时清污，有些城市污水厂采用超声波测定水位差的方法控制格栅自动除渣。但是，无论采用何种清污方式，工作人员都应该到现场巡察，观察格栅运行和栅渣积累情况，及时合理地清渣，保证格栅正常高效运行。

4.1.2 沉砂池的运行控制与管理

城市污水中含有不少固体污染物，这些固体污染物质大都是相对密度较大的，易于沉淀分离的无机砂粒、砾石和少量有机性颗粒如果壳、果核、碎骨、小枝叶等。在合流制排水系统中，雨天污水中泥砂含量会更大。为了防止过度磨损管道、水泵及脱水等设备，防止堵塞微孔曝气头，或防止在沟渠、构筑物内大量沉积，减少有效容积以及增加水头损失，固体污染物必须先期去除。

这些固体污染物可以采用较为简单的物理处理一沉淀方法予以去除。污水经过沉砂池和初沉池后，不溶性固体物的去除率可高达 60%以上，BOD 的去除率可达 30%以上。污水经过沉砂和初沉后，可减轻后续处理构筑物的负荷及改善污泥处理构筑物的处理条件。沉砂池的基本构造形式有平流、曝气、多尔、旋流沉砂池。

1. 平流沉砂池的运行过程

平流沉砂池沉砂效率的高低主要取决于污水在池内的水平流速。水平流速的大小则根据沉砂粒径的大小确定。如果沉砂的组成以大砂粒为主，水平流速应大些，以便有机物的沉淀最少；反之，如果沉砂主要以细砂粒为主，则必须放慢水平流速，才能使砂粒沉淀下来，但同时，大量的有机物可能随砂粒一起沉淀，这也正是水平沉砂池的不足之处。在污水处理厂中的设计中水平流速一般为0.14～0.30m/s。但在实际运行管理中，工作人员应根据水质情况和构筑物的实际运行情况，找出适合本厂的最佳水平流速范围，其原则是在该范围内运转，能有效去除沉砂，又不致使有机物大量下沉。

2. 曝气沉砂池的运行过程

流沉砂池的缺点是沉砂中约夹杂有15%的有机物，其极易腐化，为了得到较干净的沉砂，可以采用曝气的方式来沉砂，以获得洁净沉砂可直接外排。曝气沉砂池的旋流速度为0.25～0.3m/s，水平流速为0.1m/s，曝气量与污水量的比例一般控制在1：5。曝气沉砂池一侧池壁上设有空气扩散器，水流沿池流动的同时，在空气提升作用下产生横向流动，在这两种流态的作用下形成螺旋推流流态，一方面，可以使有机物保持悬浮状态；另一方面可使砂粒旋至外圈，并在旋转摩擦力作用下清洗砂粒表面附着物成为净砂。

直接决定砂粒沉降的工艺参数是污水在沉砂池内的旋转速度和旋转圈数，这两个参数在正常运行中虽然不易测量，但了解其与砂粒沉降的关系对于指导运行管理是很有意义的。粒径越小的砂粒，要沉淀下来一般需要较大的旋转速度。但是旋转速度也不能太大，否则沉下来的砂粒将重新泛起。旋转速度与沉砂池的几何尺寸、扩散器的安装位置和曝气强度等因素有关。在运行管理中，通过调节曝气强度，可改变污水在池内的旋转速度，从而使大于某一粒径的砂粒得以沉淀下来。污水在池内应旋转的圈数决定于大于某一粒径的砂粒的去除效率，如将0.2mm以上的砂粒的95%有效去除，污水在池内应至少旋转3圈。旋转圈数与曝气强度及污水在池内的水平流速有关：曝气强度越大，旋转圈数越多，沉淀效率越高；水平流速越大，旋转圈数越少，沉淀效率越低。当进入沉砂池的污水量增大时，水平流速也将增大，此时应增大曝气强度，保证足够的旋转圈数，不使沉砂效率降低。综上所述，通过调整曝气强度，可以使曝气沉砂池适应入流污水量的变化及水中粒径的变化，保证稳定的沉砂效果，这是沉砂池的一个主要优点。

运行人员应根据入流污水中砂粒的主要粒径分布及沉砂池运行的具体情况，在实践中摸索出曝气强度与水平流速之间的关系，以方便运行调度。另外在运行管理中，宜采用单位池容的曝气量作为曝气强度指标，这个指标比较直观。以往在运行管理中常采用单位污水量的曝气量，即气水比作为曝气强度控制指标，这个指标在设计中是很有用的，但在运行管理中使用不太方便，因为在运行操作中，直接调解的是空气量，而不是气水比。在入流污水量较小、曝气沉砂池处于低负荷运行时，为保证有机物质处于悬浮状态，曝气量不能随污水量的减小而降低，而应维持恒定，此时气水比这个指标的变化就更失去意义。在入流污水量增大时，曝气量也不是按气水比成比例增大。

3. 旋流沉砂池的运行过程

旋流沉砂池的上升流速应控制在0.02～0.1m/s。操作时要注意各设备之间的工作顺序和工作时间控制。运行顺序一般为：搅拌器通电运行以后，风机通过电磁阀与搅拌器的运行相互连锁，由时间继电器延迟，时间一般在0～30min，以使砂石能沉积下来。在风机开启之前，还应首先开启自来水，之后风机开始供气，对沉砂进行提升，同时自来水进行洗砂。风机与砂水分离器交替运行，风机和砂水分离器的运行时间均可依据污水中的含砂量来调节，由时间继电器来控制。

4. 沉砂池的工艺运行控制与管理

(1) 沉砂池的设计流速应控制到只能分离去除相对密度较大的无机颗粒，在一般运行中，以去除颗粒直径大于 0.2mm 的细砂为准，水力停留时间为 0.1～1min。

(2) 如若在池前设置有细格栅，为了防止水流从栅前溢流，应及时清除栅渣，并在栅后设置水位报警器。

(3) 对于重力排砂的沉砂池，在排砂时应关闭进出水闸阀，避免沉砂与污水一同进入排砂管道中。必要时为了加快排砂速度，应稍微开启进水闸阀。

(4) 定期检查沉砂池各附属构件，避免并防止其生锈。同时应检查栅渣量，分析其含水率和有机物的含量。沉砂池操作环境很差，气体腐蚀性较强，管道设备和闸门等容易腐蚀和磨损，因此要加强检查和保养工作，如注意运动机械设备的加油和检查设备的紧固状态、温升、振动和噪声等常规项目，并定期油漆防锈。

(5) 曝气沉砂池的每一格，一般都有配水调节闸门和空气调节阀门，应经常巡查沉砂池的运行状况，及时调整入流污水量和空气量，使每一格沉砂池的工作状况（液位、水量、气量、排砂次数）相同。

(6) 排砂操作要点是根据沉砂量的多少及变化规律，合理安排排砂次数，保证及时排砂。排砂次数太多，可能会使排砂含水率太高（除抓斗提砂以外）或因不必要操作增加运行费用；排砂次数太少，就会造成积砂，增加排砂难度，甚至破坏排砂设备。应在定期排砂时，密切注意排砂量、排砂含水率、设备运行状况，以便及时调整排砂次数。无论是行车带泵排砂或链条式刮砂机，由于故障或其他原因停止排砂一段时间后，都不能直接起动。应认真检查池底积砂槽内砂量的多少，如沉砂太多，应排空沉砂池人工清砂，以免由于过载而损坏设备。

(7) 沉砂池上的浮渣应定期以机械或人工方式清除，否则会产生臭味影响环境卫生，或浮渣缠绕造成堵塞设备或管道。

(8) 沉砂池池底排出的积砂，一般含有一些有机物，容易发臭。洗砂间应及时清洗沉砂，并清运出去，还应经常清洗维护洗砂、除砂设备，保持洗砂间环境卫生良好。

(9) 做好测量与运行记录，每日测量或记录的项目除砂量、曝气量。定期测量的项目，湿砂中的含砂量、有机成分含量。可测量的项目干砂中砂粒级配，一般应按 0.10、0.15、0.20 和 0.30 四级进行筛分测试。

4.1.3 污水泵站的运行控制与管理

1. 污水泵站运行条件

对泵站内的水泵机组进行正确的运行、维护与管理是水泵输配水系统安全、经济供水的前提，因而掌握水泵机组的操作管理技术，对于泵站运行、维护与管理人员是相当重要的。一个运转良好的泵站应具有以下四个方面的特征：

(1) 设备良好。泵房内所有的设备完好，主体完整、附件齐全，不见脏、漏、松、缺；泵站内各种设备、管线、阀门、电器、仪表安装合理，横平竖直成行成线。

(2) 维护保养好。有健全的运行操作、维护保养制度并能认真执行；维修工具、安全设施、消防器具齐备完整，灵活好用，放置整齐。

(3) 室内卫生好。室内四壁、顶棚、地面、仪表盘前后清洁整齐，门窗玻璃无缺；设备见本色，轴见光、沟见底，室内物品置放有序。

(4) 资料保管好。运行记录、交接班日志、各种规章制度齐全，记录认真清晰、保管好。

2. 水泵起动前的准备工作

水泵起动前应该检查一下各处螺栓连接的完好程度，检查轴承中润滑油是否足够、干净，检查出水阀、压力表及真空表上的旋塞阀是否处于合适位置，供配电设备是否完好，然后，进一步进行盘车、灌泵等工作。

盘车就是用手转动机组的联轴器，凭经验感觉其转动的轻重是否均匀，有无异常声响。目的是为了检查水泵及电动机内有无不正常现象，例如转动零件松脱后卡住、杂物堵塞、泵内结冰、填料过紧或过松、轴承缺油及轴弯曲变形等问题。

灌泵就是在水泵起动前，向水泵及吸水管中充水，以便起动后能在水泵入口处造成抽吸液体所必需的真空值。

对于新安装的水泵或检修后首次起动的水泵有必要进行转向检查。检查时，可将两个靠背轮脱开，开动电动机，视其转向与水泵厂规定的转向是否一致，如果不一致，可以改接电源的相线，也即将三根进线中任意对换两根接线，然后接上再试。

准备工作就绪后，即可起动水泵。起动时，工作人员与机组不要靠得太近，待水泵转速稳定后，即应打开真空表与压力表上的阀，此时，压力表上读数应上升至零流量时的空转扬程，表示水泵已经上压，可逐渐打开压力闸阀，此时，真空表读数逐渐增加，压力表读数逐渐下降，配电屏上电流表读数应逐渐增大。起动工作待闸阀全开时，即告完成。

水泵在闭闸情况下，运行时间一般不应超过2～3min，如果时间太长，则泵内液体发热，可能会造成事故，应及时停车。

3. 水泵运行中应注意的问题

泵站在正常运行中，应对设备、仪表进行日常检查和记录，主要有以下几点：

(1) 检查各个仪表工作是否正常、稳定。电流表上是否超过电动机的额定电流，电流过大或过小，都应及时停车检查。引起电流过大的原因有一般由叶轮中杂物卡住、轴承损坏、密封环互磨、泵轴向力平衡失效、电网中电压降太大等。引起电流过小的原因有吸水底阀或出水闸阀打不开或开不足，水泵气蚀等原因。

(2) 检查流量计上指示数是否正常，也可看出水管水流情况来估计流量。

(3) 检查填料盒处是否发热、滴水是否正常。滴水应呈滴状连续渗出，才算符合正常要求。滴水情况一般是反映填料的压紧适当程度，运行中可调节压盖螺栓来控制滴水量。

(4) 检查泵与电动机的轴承和机壳温升。轴承升温，一般不得超过周围温度35℃，最高不超过75℃。在无温度计时也可用手摸，凭经验判断，如感到烫手时应停止检查。

(5) 注意油环，要让它自由地随同泵轴做不同步的转动，随时听机组声响是否正常。

(6) 定期记录水泵的流量、扬程、电流、电压、功率因素等有关技术数据，严格执行岗位责任制和安全技术操作规程。

(7) 当水泵需要停车时，应首先关出水闸阀，实行闭闸停车。然后关闭真空表及压力表上阀，把泵和电动机表面的水和油擦净。在无采暖设备的房中，冬季停车后，要考虑水泵不致冻裂。

4. 常见故障原因分析与对策

(1) 起动困难。大多属于底阀、吸水管泄漏，真空系统出故障或排气阀孔未打开造成吸水管及水泵灌水不满引起。

(2) 不出水或水量过少。不出水或水量过少的故障原因主要有引水不满，泵壳中存有空气；水泵转动方向不对；水泵转速太低；吸水管及填料盒漏气；吸水扬程过高发生气蚀；水泵扬程低于实际扬程；管路、叶轮等出现堵塞或漏水；水面产生旋涡，空气带入水泵；出水阀门或止回阀门未打开等。

(3) 振动或噪声太大。其故障原因主要有基础螺栓松动，振隔装置不够或损坏；泵与电动机安装不同心；吸水扬程太高发生气蚀；轴承损坏或磨损等。

(4) 水泵运行中突然出现停水。其故障原因主要有进水管路突然被杂物堵塞；叶轮被吸入杂物打坏；进水管口吸入大量空气等。

水泵运行中出现故障后一般应停止水泵运行，找出故障原因，排除故障后再行运转。防止故障首先应按照设计及设备技术书的要求安装施工，保证管路连接紧密，保证有足够的水量，保证水泵安装高度符合要求，保证管路阀件等不出现堵塞等。

4.1.4 预处理系统对后续工艺的影响

1. 初级处理的影响

如若格栅设计或运行不合理，拦截栅渣的能力降低，则会有大量的栅渣流过格栅，将使初沉池浮渣量增多，会增加清除浮渣的工作量，并且有可能挂在出水堰板上影响出水均匀程度，由于其上附着有机物易腐败，并会增加恶臭，影响水厂的工作环境；如果用机械刮泥设备，除了增加其负荷外，有时由于某些物质的存在会损坏刮泥设备，如用链条式刮泥机，丝状物将在链条上缠绕，增大运行阻力，损坏设备。

从沉砂池流走砂粒太多，砂砾有可能在配水渠道内沉积，影响配水均匀和水力条件；砂粒进入初沉池内将使污泥刮泥板过渡磨损，缩短使用寿命；进入泥斗后将会干扰正常排泥或堵塞排泥管路；进入泥泵后将使污泥泵过度磨损，使其降低使用寿命。

2. 二级处理的影响

栅渣进入曝气池会在表曝机或水下搅拌设备浆板上缠绕，增大阻力；进入二沉池将使浮渣增加，挂在出水堰板上影响出水的均匀；进入生物滤池会堵塞配水管，进入生物转盘将在转盘上缠绕。在一些不设初沉池或部分污水跨越初沉池的处理厂，砂砾将直接进入曝气池，在池底沉积，减少有效容积，有时还会堵塞微孔扩散器；进入生物转盘也会在池内沉积，减少有效容积。

3. 污泥处理的影响

极易从格栅流走的是一些破布条、塑料袋等杂物，这些杂物进入浓缩池后将在浓缩机栅条上缠绕，增加阻力，并影响浓缩效果，或在上清液出流堰上缠绕，影响出水均匀，还将堵塞排泥管路或排泥泵。这些杂物进入消化池，极易堵塞的是换热器，而堵塞以后清理又非常困难。

学习情境 4.2 初沉池的运行与管理

4.2.1 初沉池工艺概述

1. 初沉池的作用

初沉池可除去废水中的可沉物和漂浮物。废水经初沉后，约可去除可沉物、油脂和漂浮物的50%、BOD降低25%～35%。初沉池工艺的运行在经济上是最为节省的处理单元。初沉池的主要作用是：去除可沉物和漂浮物，减轻后续处理设施的负荷；使细小的固体絮凝成较大的颗粒，强化了固液分离效果；对胶体物质具有一定的吸附去除作用；由于初沉池容积较集水池、格栅井和沉砂池大得多，对成分不断有变化的污水（尤其是工业废水）起一定的调节作用，以避免对后续生化处理造成冲击。

在有些污水处理工艺中，将二沉池污泥回流至初沉池，这样可使初沉池污泥吸附更多的溶解性和胶体态有机物，以进一步提高初沉池对BOD的去除率。为了提高初沉池对悬浮物和胶体物质的去除率，还可以在初沉池进水端投加混凝剂。在生物脱氮除磷工艺中，当废水中碳源不足时，常采取超越初沉池的操作方法，以提高废水的C/N或C/P比值，改善系统的脱氮除磷效果。

初沉池运行效果不理想会对后续工艺造成影响，使二级处理会出现固体或BOD超负荷，并使二级处理产生更多的污泥，污泥中惰性成分较多。初沉池中油脂去除不好会影响二级处理的充氧及生物滤池的正常运行，还可影响到污泥泵，使之更容易损坏。

2. 初沉池的形式及适用范围

根据池内的水流方向，初沉池通常有平流式、竖流式和辐流式三种基本形式。

平流初沉池和竖流初沉池一般适用于中小处理水量的场合，其中竖流初沉池具有占地少、深度大的特点，大多应用于地质情况较好、地下水位较低的地区；大中型污水厂则广泛采用辐流式初沉池或平流初沉池。另外，根据浅层沉淀理论在初沉池内设置斜管或斜板构成斜管和斜板沉淀池，以节省占地面积和提高沉淀效率。初沉池的排泥也有重力排泥、泵吸排泥等不同的方式。有些初沉池还设有机械驱动设备（中心驱动和周边驱动）以带动池表面的刮渣板和池底的刮泥板，以加速污泥的汇集与清除。

4.2.2　初沉池工艺参数控制与管理

1. 初沉池工艺参数控制

一般处理厂入流污水量、水温及入流SS负荷，每时每刻都在变化，因而初沉池的SS去除率也在变化。应该采用一定的控制措施应付入流污水的这些变化，使初沉池的SS的去除效率基本保持稳定。可采取的工艺措施主要是改变投运池数，因为绝大部分处理厂的初沉池都有一定的余量。对于污水量的短期变化，也可以采用控制入池流量的方法，将污水在上游排水管网内进行短期储存。有的处理厂初沉池的后续处理单元允许入流SS有一定的波动，此时也可不对初沉池进行调节。在没有其他措施的情况下，向初沉池配水渠道内投加一定量的化学絮凝剂（如铁盐、铝盐或石灰）也是一种可行的选择，但前期是配水渠道内要有搅拌措施。

工艺控制措施的目的是将初沉池的工艺参数控制在要求的范围内。运行管理人员在运转实践中应摸索出本厂各个季节不同的污水特征、要达到要求SS去除率、水力表面负荷应控制的最佳范围。因为水力表面负荷如果控制得太高，SS去除率会下降，如果控制得太低，不但造成浪费，还会因停留时间太长使污水厌氧腐败。如将水力表面负荷控制在某一范围，其他工艺参数如水力停留时间、堰板溢流负荷和水平流速等也不能得以确定。运行中应核算这三个参数是否超出所要求的范围，如水力停留时间一般不能小于1.5h，堰板溢流负荷一般不应大于$10m^3/(m·h)$，水平流速不能大于冲刷流速（50mm/s）。如发现上述任何一个参数超出范围，一般都应进行工艺调节。

处理同样的水量，达到同样的处理效果，夏季投运的池数可比冬季少；反之，投运同样的池子，夏季处理量较冬季多。在初沉池的运转中，堰板溢流量会经常超负荷，应注意核算。水平流速一般不会超过或接近冲刷流速，可不必经常核算。

2. 影响初淀池运行效果的因素

（1）水质的影响因素。悬浮物颗粒的密度、大小和形状及污水的酸碱度，在通常情况下，密度、粒径大且形状较规则的颗粒，越容易沉淀去除；同时，由于酸碱度的改变可改变沉淀性能、悬浮物的种类和状态，不同的悬浮物由于其中所含物质种类和分散状态的不同而导致沉降效果不同。污水的水温过高，容易导致有机物腐败，降低沉降效果；水温过低，会增大悬浮物的黏度，会使沉淀效率降低。

（2）沉淀池的负荷。沉淀池的水力负荷较大时，水中悬浮物实际沉降速度会降低，沉淀效果变差。当池中水流流量不稳定时，会因异重流而使沉淀效果变差。沉淀池固体负荷太大，会增加水和悬浮物分离的难度，增加沉淀所需时间，降低沉淀效率。

（3）污水水量。污水水量大幅度变化，或沉淀池进、出水不均匀，会改变沉淀池水流的稳定性，降低沉淀效果，因此有必要设置调节池均衡水量，并强化进、出水的均匀性。

（4）操作管理因素。沉淀池运行不稳定，如配水设施的运行故障、刮泥或排泥机械的运行不当，都会降低沉淀效果。

3. 初沉池工艺运行控制与管理

（1）配水和出水。多个沉淀池并列运行时，应将污水水量均匀分配到各池，以充分发挥各池的能力，并保持同样的沉淀效果。如果水量分配均匀时，发现各池沉淀效果有明显差异，在无其他原因时，可适当改变各池分担的流量，提高各池和整个系统出水水质。出水时，观察出水堰堰口是否保持水平，各堰出流是否均匀，堰口是否严重堵塞，必要时应调整堰板的安装状况，或在堰口设置调节块，或堰前设置挡板均衡出流量。

（2）悬浮物的去除。悬浮物可分为颗粒状和絮体状两类。颗粒状悬浮物彼此独立以恒速沉降，在沉降中颗粒大小、形状和质量不变；絮体状悬浮物由絮凝而形成的絮体颗粒组成，主要为有机物，它在沉降时不断凝结，颗粒大小、形状和相对密度都有所变化，凝块通常较单个颗粒沉得快。在一级处理厂中，为了使更细小的悬浮物和胶体物也能沉淀可投加化学絮凝剂，絮凝剂在水中起化学反应形成较重较大的絮凝体，当絮凝体下沉时可将废水中的悬浮物和胶体颗粒吸附于表面，以提高初沉池的去除率。

（3）油脂的去除。废水所含的脂肪、蜡、游离脂肪酸、钙镁肥皂、矿物油和其他轻质、细小的物质称为油脂。在静止状态下，部分油脂可随污泥下沉，部分可浮到表面集结而形成浮渣。在初沉池出水堰处应设浮渣挡板，以防止浮渣随出水带出。设有预曝气的处理工艺，因小气泡附着于油脂颗粒上可加速他的上浮，因此在炼油厂的废水处理中采用气浮装置来去除大量细小的乳化油。

（4）刮泥与排泥操作。污泥在排出初沉池之前必须首先被收集到污泥斗，即刮泥，刮泥有两种操作方式，即连续刮泥和间歇刮泥。采用哪种操作方式，取决于初沉池的形式及刮泥设备。平流式初沉池采用行车式刮泥机时只能间歇刮泥。例如，刮泥周期为 2h，实际刮泥 1h，刮泥机从末端行至首端，然后刮泥机可停车 0.5h，也可不停，继续回车。刮泥周期长短取决于泥量和泥质，当泥量较大时，周期应缩短，当污水和污泥腐败时，也应缩短刮泥周期，将腐败的污泥尽快刮至泥斗。缩短刮泥周期，应注意不要超过刮板行走的极限速度，即一般不超过 1.2m/min，否则会扰动已沉下的污泥。平流式初沉池采用连续刮泥方式，因为即使连续刮泥，周边沉下的污泥也需很长时间才能被刮至池中心的泥斗。运行中应特别注意周边刮泥机的线速度，不能太高，一定不能超过 3m/min，否则会使周边污泥浮起，直接从堰板溢流走。

(5) 注意观察辨听刮泥、刮渣、排泥设备是否有异常声响，是否有部件松动，如有则及时维修。

(6) 排泥管路应每月冲洗一次，防止砂、油脂在管内或阀门外积塞，冬季应增加冲洗次数。

(7) 初沉池应每年排空一次，彻底清理检查水下部件的腐蚀、润滑情况；池底是否有积砂或有死区；刮板与池底是否密合；排泥斗及排泥管内是否有积砂等。

(8) 测定并判断 SS 去除率是否下降，看是否存在下列原因。入流污水水力负荷过大，短流，刮泥与排泥周期太长或排泥时间太短造成积泥并上浮。

(9) 做好分析测量与记录。每班应记录以下内容：水温和 pH 值；刮泥机及泥泵运转情况；排泥次数和排泥时间；排浮渣次数及时间或浮渣量。每日应测定并记录的内容包括 COD_{Cr}、BOD_5、TS、PH、SS 进出水平均值、去除率；排泥的含固率；排泥的挥发性固体含量。

4. 常见故障原因分析及对策

(1) 污泥上浮。有时在初沉池可出现浮渣异常增多的现象，这是由于本可下沉的污泥解体而浮至表面，因废水在进入初沉池前停留时间过长发生腐败时也会导致污泥上浮，这时应加强去除浮渣的撇渣器工作，使它及时和彻底地去除浮渣。在二沉池污泥回流至初沉池的处理系统中，有时二沉池污泥中硝酸盐含量较高，进入初沉池后缺氧时可使硝酸盐反硝化，还原成氮气附着于污泥中，使之上浮。这时可控制后面生化处理系统，使污泥的污泥龄减少。

(2) 黑色或恶臭污泥。产生原因是污水水质腐败或进入初沉池的消化池污泥及其上清液浓度过高。解决办法有：切断已发生腐败的污水管道；减少或暂时停止高浓度工业废水（牛奶加工、啤酒、制革、造纸等）的进入；对高浓度工业废水进行预曝气；改进污水管道系统的水力条件，以减少易腐败固体物的淤积；必要时可在污水管道中加氯，以减少或延迟废水的腐败，这种做法在污水管道不长或温度高时尤其有效。

(3) 受纳过浓的消化池上清液。解决办法有改进消化池的运行，以提高效率；减少受纳上清液的数量直至消化池运行改善；将上清液导入氧化塘、曝气池或污泥干化床；上清液预处理。

(4) 浮渣溢流。产生原因为浮渣去除装置位置不当或不及时。改进措施如下：加快除渣频率；更改出渣口位置，浮渣收集离出水堰更远；严格控制工业废水进入（特别是含油脂、含高浓度碳水化合物等的工业废水）。

(5) 悬浮物去除率低。原因是水力负荷过高、短流、活性污泥或消化污泥回流量过大，存在工业废水。解决方法如下：设调节堰均衡水量和水质负荷；投加絮凝剂，改善沉淀条件，提高沉淀效果；由多个初沉池的处理系统中，若仅一个池超负荷则说明因进水口堵塞或堰口不平导致污水流量分布不均匀；防止短流，工业废水或雨水流量不易产生集中流，出水堰板安装不均匀，进水流速过高等，为证实短流的存在与否，可使用染料进行示踪实验；正确控制二沉池污泥回流和消化污泥投加量；减少高浓度的油脂和碳水化合物废水的进入量。

（6）排泥故障。排泥故障分管道状况、沉淀池结构以及操作不当等情况。

1）沉淀池结构。检查初沉池结构是否合理，如排泥斗倾角是否大于 60°，泥斗表面是否平滑，排泥管是否伸到了泥斗底，刮泥板距离池底是否太高，池中是否存在刮泥设施触及不到的死角等。集渣斗、泥斗以及污泥聚集死角排不出浮渣、污泥时应采取水冲，或设置斜板引导污泥向泥斗汇集，必要时进行人工清除。

2）排泥管状况。排泥管堵塞是重力排泥场合下初沉池的常见故障之一。发生排泥管堵塞的原因有管道结构缺陷和造作失误两方面。结构缺陷如排泥管直径太大、

管道太长、弯头太多、排泥水头不足等。操作失误：如排泥间隔时间过长，沉淀池前面的细格栅管理不当，使得纱头、布屑等进入池中，造成堵塞。堵塞后的排泥管有多种清除方法，如将压缩空气管伸入排泥管中进行空气冲动，将沉淀池放空后采取水力反冲洗；堵塞特别严重时需要人工下池清掏。当斜板沉淀池中斜板上积泥太多时，可以通过降低水位使得斜板部分露出，然后使用高压水进行冲洗。

学习情境 4.3　活性污泥处理系统的运行与管理

4.3.1　活性污泥法工艺概述

4.3.1.1　活性污泥法的基本原理

活性污泥法是以活性污泥为主体的污水生物处理技术。其原理是通过充分曝气供氧，使大量繁殖的微生物群体悬浮在水中，并利用其降解污水中的有机污染物，停止曝气时，悬浮微生物絮凝体易于沉淀与水分离，并使污水得到净化、澄清。这种具有活性的絮凝体就是被称为“活性污泥”的生物污泥。活性污泥法处理系统，实质上是自然界水体自净的人工模拟，它不是简单的模拟而是经过人工强化的模拟。

活性污泥系统主要由活性污泥反应器——曝气池、曝气系统、二沉池、泥回流系统和剩余污泥排放系统组成。其基本工艺流程如图 4.1 所示。

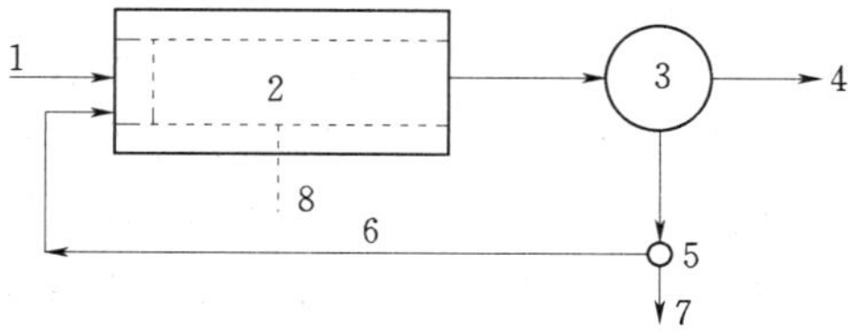

图 4.1　活性污泥法基本工艺流程

1—预处理后的污水；2—曝气池；3—二沉池；4—处理水；5—污泥井；6—回流污泥系统；7—剩余污泥；8—曝气系统

4.3.1.2　活性污泥中的微生物及作用

1. 活性污泥微生物及其在活性污泥反应中的作用

正常的处理城市污水的活性污泥在外观上呈黄褐色的絮绒颗粒状，又称之为“生物絮凝体”，其颗粒尺寸取决于微生物的组成、数量、污染物质的特征以及某些外部环境因素，如曝气池内的水温及水动力条件等，一般介于 0.02～0.2mm 之间，从整体来看，活性污泥具有较大的表面积，每毫升活性污泥的表面积大体上介于 20～100cm^2 之间。活性污泥的含水率很高，一般都在 99% 以上，其比重则因为含水率不同而异，而介于 1.002～1.006 之间。活性污泥微生物是由细菌类、真菌类、原生动物、后生动物等多种群体所组成的混合培养体。这些微生物群体在活性污泥上形成食物链和相对稳定的小小生态系统。

在活性污泥处理系统中，净化污水的第一承担者，也是主要承担者是细菌而摄食处理水中游离细菌，使得污水进一步净化的原生动物则是污水净化的第二承担者。原生动物摄取细菌，是活性污泥系统的首次捕食者；后生动物摄食原生动物，则是生态系统的第二捕食者。

2. 活性污泥微生物的增殖

微生物在曝气池内的增殖规律，是污水生物处理工程技术人员应该予以充分考虑和掌握的。

活性污泥的能含量，即有机物量（F）与微生物量（M）的比值（F/M）是活性污泥微生物增殖速度产生影响的主要因素，也是BOD去除速度、氧利用速度和活性污泥的凝聚、吸附性能的重要影响因素。

整个增长曲线可分为以下四个阶段（期）：

（1）适应期。亦称为延迟期或调整期，这是微生物培养的最初阶段，是微生物细胞各种酶系统对新培养基环境的适应过程。这个阶段对新投入处理的污水有着重要的实际意义。在本阶段初期微生物不裂殖，数量不增加，但是在质的方面却开始出现变化，如个体增大，酶系统逐渐适应新环境。本期延续时间的长短，主要取决于培养基（污水）的主要成分和微生物对它的适应性。

（2）对数增殖期。又称增殖旺盛期。本期内一项必备的条件是营养物质（有机污染物）非常充分，不成为微生物增殖的控制因素。微生物以最高速度摄取营养物质，也以最高速度增殖，微生物细胞数量按几何级数增加。

（3）减速增殖期。又称稳定期或平衡期。经过对数增殖期，微生物大量繁衍、增殖，培养液（污水）中的营养物质也被大量耗用，营养物质逐步成为微生物增殖的控制因素，微生物增殖速度减慢，增殖速度几乎和细胞衰亡速度相等，微生物活体数达到最高水平。

（4）内源呼吸（代谢）期。又称衰亡期。培养液（污水）中营养物质继续下降，并达到近乎耗尽的程度。微生物由于得不到充足的营养物质，而开始利用自身体内储存的物质或衰死菌体进行内源代谢以维持生理活动。在此期多数细菌进行自身代谢而逐步衰亡，只有少数微生物细胞继续裂殖，活菌体数大为下降，增殖曲线呈显著下降趋势。

从以上所述可见，决定污水中微生物活体数量和增殖曲线上升、下降走向的主要因素是其周围环境中营养物质的多寡。这样，通过对污水中营养物质（有机污染物即BOD）量的控制，就能够控制微生物增殖（活性污泥增长）的走向和增殖曲线各期的延续时间。

3. 活性污泥絮凝体的形成

活性污泥是活性污泥处理技术的核心。在活性污泥反应器——曝气池内形成发育良好的活性污泥絮凝体，是使活性污泥处理系统保持正常净化功能的关键。

活性污泥絮凝体，也称为生物絮凝体，其骨干部分是由千万个细菌为主体结合形成的通称为“菌胶团”的团粒。菌胶团对活性污泥的形成及其各项功能的发挥，起着十分重要的作用，在它发育正常的条件下，活性污泥絮凝体才能很好的形成，其对周围的有机污染物的吸附功能以及絮凝、沉降性能，才能够得到正常的发挥。当在曝气池内残存的有机污染物（BOD值）较低，有机物与细菌数量的比值，即F/M比处于低值，而细菌进入减衰增殖期的后段或内源呼吸期时，活性污泥才有可能得到很好的形成。这一事实说明，活性污泥絮凝体的形成与曝气池内能的含量密切相关。

当曝气池内有机营养物质充沛，能的含量高，细菌增殖处于对数增殖期，即处于“壮龄”阶段，运动性能活泼，动能大于范德华力，菌体不能结合，活性污泥絮凝体不能很好地形成。

4.3.1.3 活性污泥净化过程

在活性污泥处理系统中，有机污染物从污水中去除过程的实质就是有机污染物作为营养物质被活性污泥微生物摄取、代谢与利用的过程，也就是所谓“活性污泥反应”的过程。这一过程的结果是污水得到净化，微生物获得能力合成新的细胞，使得活性污泥得到增长。这一过程大致上是由下列几个净化阶段所组成。

1. 初期吸附去除

在活性污泥系统内，在污水开始与活性污泥接触后的较短时间（5～10min）内，污水中的有机污染物即被大量去除，出现很高的 BOD 去除率。这种初期高速去除现象是由物理吸附和生物吸附交织在一起的吸附作用所导致产生的。活性污泥具有很强的吸附能力。

活性污泥有着很大的表面积（介于 2000～10000m^2/m^3 混合液），表面上富集着大量的微生物，在其外部覆盖着多糖类的黏质层。当其与污水接触时，污水中呈悬浮和胶体状态的有机污染物即被活性污泥所凝聚和吸附从而得到去除，这一现象就是“初期吸附去除”作用。

这一过程进行较快，能够在 30min 内完成，污水 BOD 的去除率可达 70%，它的速度取决于：①微生物的活性程度；②反应器内水力扩散程度与水动力学的规律。前者决定活性污泥微生物的吸附、凝聚功能；后者则决定活性污泥絮凝体与有机污染物的接触程度。一般处于“饥饿”状态的内源呼吸期的微生物，其“活性最强”，吸附能力也强。

2. 微生物的代谢

污水中的有机污染物，首先被吸附在有大量微生物栖息的活性污泥表面，并与微生物细胞表面接触，在微生物透膜酶的催化作用下，透过细胞壁进入微生物细胞体内，小分子的有机物能够直接透过细胞壁进入微生物体内，而如淀粉、蛋白质等大分子有机物，则必须在细胞外酶——水解酶的作用下，被水解为小分子后再为微生物摄入细胞体内。

被摄入细胞体内的有机污染物，在各种胞内酶的催化作用下，微生物对其进行代谢反应。微生物对一部分有机物进行氧化分解，最终形成 CO_2 和 H_2O 等稳定的无机物质，并从中获取合成新细胞物质所需要的能量；另一部分有机污染物为微生物用于合成新细胞，即合成代谢，所需能量取自分解代谢。

无论是分解代谢还是合成代谢，都能够去除污水中的有机污染物，但是产物却有所不同，分解代谢的产物是 CO_2 和 H_2O，可直接排入环境，而合成代谢的产物则是新生的微生物细胞，并以剩余污泥的方式排出活性污泥处理系统，对其需要进行妥善处理，否则可能造成二次污染。

4.3.1.4 活性污泥净化过程的影响因素

能够影响微生物生理活动的因素较多，其中主要有营养物质、溶解氧、pH 值、温度以及有毒物质等。

1. 营养物质的平衡

参与活性污泥处理的微生物在其生命活动过程中需要不断地从其周围环境的污水中吸

取其所必需的营养物质，这些物质包括碳源、氮源、磷源以及无机盐类等。待处理的污水中必须充分地含有这些物质。

碳是构成微生物细胞的重要物质，参与活性污泥处理的微生物对碳源的需求量较大，一般如以 BOD_5 计不应低于 100mg/L。

氮是组成微生物细胞内蛋白质和核酸的重要元素，其需要量可按 BOD：N＝100：5 考虑。

磷是合成核蛋白、卵磷脂及其他磷化合物的重要元素。微生物对磷的需求量，可按 BOD：N：P＝100：5：1 考虑。

对微生物，无机盐类可分为主要的和微量的两类。主要的无机盐类首推磷、钾、镁、钙、铁、硫等，它们参与细胞结构的组成、能量的转移、控制原生质的胶态等；微量的无机盐类则有铜、锌、钴、锰、钼，它们是酶辅基的组成部分，或是酶的活化剂，需求量很少，微量元素对微生物的生理活动有着刺激的作用。

生活污水是活性污泥微生物的最佳营养源，其 BOD：N：P 的比值为 100：5：1，经过初次沉淀池或水解酸化工艺等预处理后，BOD 值有所降低，N 及 P 含量的相对值则提高，这样，进入生物处理系统的污水，其 BOD：N：P 比值可能变化为 100：20：25。

2. 溶解氧含量

参与污水活性污泥处理的是以好氧呼吸的好氧菌为主体的微生物种群。这样，在曝气池内必须有足够的溶解氧。

根据活性污泥法大量的运行经验数据，若使得曝气池内的微生物保持正常的生理活动，曝气池内的溶解氧浓度一般宜保持在不低于 2mg/L 的程度（以出口处为准）。在曝气池内的局部区域，如在进口区，有机污染物相对集中，浓度高，耗氧速率高，溶解氧浓度不易保持 2mg/L，可以有所降低，但是不宜低于 1mg/L。还应该指出，在曝气池内溶解氧也不宜过高，溶解氧过高能够导致有机污染物分解过快，从而使微生物缺乏营养，活性污泥易于老化，结构松散。此外，溶解氧过高，过量耗能，在经济上也是不适宜的。

3. pH 值

微生物的生理活动与环境的酸碱度密切相关，只有在适宜的酸碱度条件下，微生物才能进行正常的生理活动。污水生物处理的微生物，一般最佳的 pH 值范围介于 6.5～8.5 之间。

当污水（特别是工业废水）的 pH 值变化较大时，应考虑设调节池，使污水的 pH 值调节到适宜范围后再进入曝气池。

4. 水温

在影响微生物生理活动的各项因素中，温度的作用非常重要。微生物在最适温度条件下，微生物的生理活动强劲、旺盛、裂殖速度快、世代时间短。参与活性污泥处理的微生物，多属嗜温菌，一般将活性污泥处理的最高与最低的温度值分别控制在 35℃和 15℃。

5. 有毒物质

“有毒物质”是指对微生物生理活动具有抑制作用的某些无机物质及有机物质，如重金属离子、酚、氰等，对微生物产生毒害作用，改变蛋白质性质，使其变性或沉淀，从而破坏了细胞的正常代谢作用。有毒物质对微生物的毒害作用有一个量的概念，即在有毒物质在环境中达到某一浓度时，毒害与抑制作用才显露出来，这一浓度称之为有毒物质极限允许浓度。

GB 50014—2006《室外排水设计规范》，对生物处理构筑物进水的有害物质容许浓度作了具体规定。

4.3.1.5 活性污泥系统的工艺参数及活性污泥的质量

1. 系统的工艺参数

活性污泥工艺是一个复杂的工程生物系统，描述这个系统的工艺参数分为三大类：第一类是曝气池的工艺参数，主要包括曝气池水力停留时间、活性污泥浓度、活性污泥的有机负荷；第二类是关于二沉池的工艺参数，主要包括二沉池内的混合液停留时间、水力表面负荷、出水堰的堰板溢流负荷、污泥层深度、固体表面负荷；第三类是关于整个工艺系统的参数，包括入流水质水量、回流污泥量、回流比、回流污泥浓度、剩余污泥排放量和污泥龄。以上参数相互之间联系紧密，任一参数的变化都会影响到其他参数。

（1）入流水质水量。入流污水量 Q 必须充分利用所设置的计量设施准确计量，它是整个活性污泥系统运行控制的基础。Q 的计量不准确，必然导致运行控制的某些失误。入流水质也直接影响到运行控制。传统活性污泥工艺的主要目标是降低污水中的 BOD，因此，入流污水的 BOD，必须准确测定，它是工艺调控的一个基础数据。

（2）回流污泥量与回流比。回流污泥量是从二沉池补充到曝气池的污泥量，常用 Q_r，表示。Q_r 是活性污泥法系统的一个重要的控制参数，通过有效调节 Q_r 可以改变工艺运行状态，保证运行的正常。回流比是回流污泥量与入流污水量之比，常用 R 表示

$$R=\frac{Q_r}{Q} \tag{4-1}$$

保持 R 的相对恒定，是一种重要的运行方式。回流比 R 也可以根据实际运行需要加以调整。传统活性污泥工艺的及一般在 25%～100%之间。

（3）混合液悬浮固体和回流污泥悬浮固体。混合液悬浮固体是指混合液中的悬浮固体的浓度，通常用 *MLSS* 表示。*MLSS* 近似表示曝气池内活性微生物的浓度，是运行管理的一个重要控制参数。当入流污水的 BOD 增高时，一般应提高 *MLSS*，即增大曝气池内的微生物量，来处理增多了的有机污染物。实际测得的 *MLSS* 是混合液的滤过性残渣，包括活性污泥絮体内的活性微生物量、非活性的有机物和无机物，因此 *MLSS* 值实际比活性微生物的浓度值大。另一指标混合液的挥发性悬浮固体（*MLVSS*）可能较 *MLSS* 值更接近活性微生物浓度，它是 *MLSS* 中的有机部分。*MLVSS* 的测量较 *MLSS* 稍麻烦一点，传统活性污泥法的 *MLVSS* 值一般在 1200～2000mg/L 之间，*MLSS* 在 1500～2500mg/L 之间。

回流污泥悬浮固体是指回流污泥中悬浮固体的浓度，通常用 *RSS* 表示，近似表示回流污泥中的活性微生物浓度。运行管理中应尽量采用 *RVSS*，即回流污泥挥发性悬浮固体。*RSS* 则取决于回流比 R 的大小，以及活性污泥的沉降性能和二沉池的运行状况。

（4）活性污泥的有机负荷。活性污泥的有机负荷是指单位质量的活性污泥，在单位时间内要保证一定的处理效果所承担的有机污染物量，单位为 kg（BOD_5）/[kg（*MLSS*）·d]。F/M 通常表示有机负荷，F 代表食物，即有机污染物，M 代表活性微生物量，即 *MLSS*。F/M 直接影响活性污泥增长速率、有机污染物的去除率、氧的利用率以及污泥的沉降性能。传统活性污泥的 F/M 值一般在 0.2～0.4kgBOD_5/[kg(*MLSS*)·d]

之间，属于中负荷范围。F/M 值较大时，活性污泥中的微生物增长速率较快，有机污染物被去除的速率也较快，但此时活性污泥的沉降性能可能较差。反之，F/M 值较小时，微生物增长速率较慢或基本不增长，此时有机物被去除的速率也必然较慢，但这时活性污泥沉降性能往往较好。运行管理中应选择合适的 F/M 值，在有机物去除速率满足要求的前提下，污泥的沉降性能最佳。有机负荷可用式（4-2）计算

$$F/M = QBOD_I/MLSSV_a \tag{4-2}$$

式中：Q 为入流污水量，m^3/d；BOD_I 为入流污水的 BOD_5，mg/L；V_a 为曝气池的有效容积，m^3；$MLSS$ 为曝气池内活性污泥浓度，mg/L。

（5）混合液溶解氧浓度。传统活性污泥工艺主要采用好氧过程，混合液内必须维持一定的溶解氧 DO 浓度。DO 是通过单纯扩散方式进入微生物细胞内的，因而混合液须有足够高的 DO 值，以保持强大的扩散动力，将微生物好氧分解所需的氧强制“注入”微生物细胞体内。传统活性污泥法一般控制曝气池出口处 DO 大于 2.0mg/L。

（6）剩余污泥排放量和污泥龄。剩余活性污泥的排放量用 Q_0 表示。如从曝气池排放剩余活性污泥，则其浓度为混合液的污泥浓度 $MLVSS$；如果从回流污泥系统内排放剩余活性污泥，则其浓度为 RSS。绝大部分处理厂都从回流污泥系统排泥，只有当二沉池入流固体量严重超负荷时，才考虑从曝气池直接排放。剩余污泥排放是活性污泥系统运行控制中一项最重要的操作，Q_0 的大小，直接决定污泥龄的长短。

污泥龄是指活性污泥在整个系统内的平均停留时间，用 SRT 表示。控制污泥龄是选择活性污泥系统中微生物种类的一种方法。若某种微生物的世代时间比活性污泥系统的泥龄长，则该种微生物在繁殖下一代微生物之前，就被以剩余污泥的方式排走，该类微生物永远不会在系统内繁殖起来。反之，则能够在系统内存活下来。分解有机污染物的绝大部分微生物，其世代时间都小于 3d，因此只有控制污泥龄大于 3d，这些微生物才能在活性污泥系统中生存下来并得以繁殖，用于处理污水。硝化杆菌的世代时间一般为 5d，因此要在系统内培养出硝化杆菌，将 NH_3—N 硝化成 NO_3^-—N，则必须控制 SRT 大于 5d。

另外，SRT 直接决定着活性污泥系统中微生物的年龄大小。SRT 较大时，年长的微生物也能在系统中存在；而 SRT 较小时，只有年轻的微生物存在，它们的“父辈或祖辈”早已被作为剩余污泥排走。通过调节 SRT，可以选择合适的微生物年龄，使活性污泥既有较强的分解代谢能力，又有良好的沉降性能。传统活性污泥工艺一般控制 SRT 在 3～5d。活性污泥泥龄准确地应按式（4-3）计算

$$SRT = \frac{\text{活性污泥系统内的总活性污泥量}}{\text{每天排出的活性污泥量}} = \frac{M_a + M_c + M_r}{M_w + M_e} \tag{4-3}$$

式中：M_a 为曝气池内活性污泥量；M_c 为二沉池内的污泥量；M_r 为回流系统的污泥量；M_w 为每天排放剩余污泥量；M_e 为二沉池出水每天带走的污泥量。

（7）曝气池和二沉池的水力停留时间。污水在曝气池和二沉池内的水力停留时间一般用 T_a 或 T_c 表示，计算方法有以下两种

$$T_a \text{ 或 } T_c = \frac{V}{Q + Q_r} \tag{4-4}$$

$$T_a \text{ 或 } T_c = \frac{V}{Q} \tag{4-5}$$

式中：V 为曝气池或二沉池容积；Q_r 为回流污泥量。

第一种是求污水在曝气池或二沉池内的实际停留时间；第二种称为名义停留时间。当其相对恒定或较小时，可采用第二种，计算简单；当其较大时，应注意用第一种方法核算污水实际接受曝气时间是否充足。对二沉池，T_c 要足够大，以保证足够时间进行泥水分离以及污泥浓缩。传统活性污泥工艺的曝气池名义水力停留时间一般为 6～9h，二沉池名义停留时间一般在 2～3h，而实际停留时间取决于回流比。

（8）二沉池的水力表面负荷、固体表面负荷和出水堰溢流负荷。二沉池的水力表面负荷 q_h 是指单位面积单位时间内所能沉降、分离的混合液流量，单位为 $m^3/(m^2 \cdot h)$，是衡量二沉池固液分离能力的一个指标。q_h 取决于出水水质和污泥的沉降性能，水质要求越高，q_h 越小；沉降性能恶化，必须降低 q_h，q_h 计算式如下

$$q_h = \frac{Q}{A} \tag{4-6}$$

传统活性污泥工艺 q_h 一般不超过 $1.2m^3/(m^2 \cdot h)$。

二沉池的固体表面负荷 q_s 是指单位面积在单位时间内所能浓缩的混合液悬浮固体，单位为 $kg/(m^2 \cdot h)$，是衡量二沉池污泥浓缩能力的一个指标。q_s 越小，污泥在二沉池中浓缩效果越好，即排泥浓度越高；若污泥浓缩性能较差，则必须降低二沉池的 q_s。传统活性污泥工艺的二沉池最大 q_s 不宜超过 150kg（$MLSS$）$/(m^2 \cdot h)$，计算式如下

$$q_s = \frac{(Q+Q_r)MLSS}{A}$$

出水堰溢流负荷是指单位长度的出水堰单位时间内溢流的污水量，单位为 $m^3/(m \cdot h)$。出水堰溢流负荷太大，可导致出流不均匀、短流，影响沉淀效果，还可导致污泥絮体从出水中带出。传统活性污泥工艺的出水堰溢流负荷一般控制在 $5 \sim 10m^3/(m \cdot h)$。

（9）二沉池的泥位和污泥层厚度。二沉池的泥位是指泥水界面的水下深度，一般用 L_s 表示。若泥位太高，即 L_s 太小，增大了出水溢流漂泥的可能性，运行管理中一般控制恒定的泥位。污泥层厚度一般用 H_s 表示，L_s 和 H_s 之和等于二沉池的水深。一般控制 H_s 不超过 L_s 的 1/3。

2. 活性污泥的质量

在活性污泥系统中，要完成对入流污水中有机污染物较好的去除，必须要在系统内维持足够量的活性污泥，还必须考虑活性污泥的质量。高质量的活性污泥体现在四个方面：具有较高的生物活性，良好的吸附性能，良好的沉降性能以及良好的浓缩性能。几个方面是相互矛盾冲突的，实际运行时应该综合平衡。

（1）颜色和气味。正常的活性污泥外观为黄褐色，可闻到土腥味。土腥味是微生物代谢过程中分泌的土臭素和异冰片所致。微生物分解能力越强，即生物活性越高，土腥味越浓。这里应该强调的是，黄褐色和土腥味只是活性污泥正常的指标之一。不是黄褐色或不是土腥味的活性污泥一定不正常，应分析产生的原因，但有土腥味、是黄褐色的活性污泥不一定正常，如发生膨胀的活性污泥一般也是黄褐色，也有土腥味。

（2）活性污泥的耗氧速率。活性污泥的耗氧速率又称呼吸速率或消化速率，指单位质量的活性污泥在单位时间内所能消耗的溶解氧量，用 $SOUR$ 表示，单位常采用 $mg(O_2)/[g(MLVSS) \cdot h]$。若 F/M 较高，或 SRT 较小，则活性污泥的活性较高，其 $SOUR$ 值较大。一般说污水中难降解物质多或活性污泥中毒，$SOUR$ 值会急剧降低，应立即分析原因

并采取措施。传统活性污泥工艺的 $SOUR$ 一般为 8～20mg(O_2)/[g($MLVSS$)·h] 之间。注意保持测定时活性污泥的温度，温度对 SOUR 值影响很大。

(3) 污泥沉降比。污泥沉降比是指曝气池的混合液在 100mL 的量筒中，静置 30min 后，沉降污泥与混合液的体积之比，一般用 SV_{30} 表示。SV_{30} 是衡量活性污泥沉降性能和浓缩性能的一个指标。正常的活性污泥，其 $MLSS$ 浓度在 1500～2500mg/L 之间时，SV_{30} 一般在 15%～30%的范围内。有的处理厂采用 5min 沉降比作为污泥沉降性能指标，因为 SV_5 值相差很大，因此认为 SV_5 是活性污泥的一个沉降性能指标，而 SV_{30} 主要是一个浓缩性能指标。

(4) 污泥的体积指数和密度指数。污泥的体积指数是指曝气池混合液在 1000mL 的量筒中静置 30min 以后，1g 活性污泥悬浮固体所占的体积，常用 SVI_{30} 表示，单位为 mL/g。有的处理厂常采用污泥的密度指数，是指曝气池混合液在的 1000mL 量筒中静置 30min 后，含于 100mL 沉降污泥中的活性污泥悬浮固体的量，常用 SDI_{30} 表示，单位为 g/100mL。SVI_{30}、SDI_{30} 和 SVI_{30} 存在以下关系

$$SVI_{30}=1000\times SV_{30}/MLSS \tag{4-7}$$

$$SDI_{30}=MLSS/100\times SV_{30}=100/SVI_{30} \tag{4-8}$$

SVI 是衡量污泥沉降性能和污泥吸附性能的指标，SVI 值越大，沉降性能越差，但吸附性能越好。传统活性污泥工艺中，SVI 值在 100 左右，综合效果最好，太大或太小都不利于出水质量的提高。

(5) 活性污泥的生物相。以上介绍的是活性污泥宏观质量指标。用普通光学显微镜可以观察污泥的微观生物指标，即污泥的生物相。生物相包括两个部分：一部分是观察原生动物和后生动物等指示生物的数量及种类变化，通过对指示生物的观察，可以间接评价活性污泥质量；另一部分是观察活性污泥中丝状菌的数量，通过对丝状菌数量的测量，也可间接反映活性污泥的质量。活性污泥中丝状菌的测量包括两种方法：一种是长度测量；另一种是丰度测量。

丰度测量是将混合液放在显微镜下直接观察丝状菌的多少。按照丝状菌在污泥絮体上的丰富程度，将丰度分为：第 0 级，没有，所有絮体上都未见到丝状菌；第 a 级，很少，在个别絮体上发现丝状菌；第 b 级，一些，不是所有絮体上都有丝状菌；第 c 级，一般，所有絮体上都有菌丝，但密度较低，每个絮体上有 1～5 根菌丝；第 d 级，较多，所有絮体上都有菌丝，中等密度，每个絮体上有 5～20 根菌丝；第 e 级，丰富，所有絮体上都有菌丝，密度很高，每个絮体上菌丝超过 20 根；第 f 级，大量，大量菌丝形成丝网。

4.3.2　活性污泥工艺种类

1. 传统活性污泥法

传统活性污泥法又称普通活性污泥法，是早期开始使用并一直沿用至今的运行方式。传统活性污泥法工艺运行方式具体为：原污水从曝气池首端进入池内，二沉池的回流污泥也同步注入，污水与回流污泥形成混合液在池内呈推流式流动至池子末端，再流出池外进入二沉池，在二沉池里处理水与污泥分离，部分污泥回流至曝气池，另一部分污泥则作为剩余污泥排出系统。

传统活性污泥法 η_{BOD} 高，不小于 95%，出水水质好。存在的问题：①曝气池首端有机污染物负荷高，耗氧速率也高，为了避免由于缺氧形成厌氧状态，进水有机物负荷不宜

过高，因此曝气池容积大，占用土地较多，基建费用高；②耗氧速率沿曝气池池长是变化的，而供氧速率难于与其相吻合、适应，在池前段可能出现耗氧速率高于供氧速率的现象，池后段又可能出现溶解氧过剩的现象；③对进水水质、水量变化的适应性较低。

2. 渐减曝气活性污泥法

该工艺针对传统活性污泥法中沿曝气池池长均匀供氧，池末端供氧与需氧速率之间差距较大而严重浪费能源的问题，而提出的一种能使供氧量和混合液需氧速率相适应的运行方式，即供氧速率沿着池长逐步递减，使其接近需氧速率。

3. 阶段曝气活性污泥法（多点进水法）

阶段曝气活性污泥法又称分段进水活性污泥法或多段进水活性污泥法。阶段曝气活性污泥法是针对传统活性污泥法存在的问题，在工艺上作了某些改革的活性污泥处理系统。本工艺与传统活性污泥法主要不同点是污水沿着曝气池的长度分散地、均衡地进入。其工艺特点如下：

（1）曝气池内有机污染物负荷及需氧率得到均衡，一定程度地缩小了耗氧速率与充氧速率之间的差距。活性污泥微生物的降解功能也得以正常发挥。

（2）污水分散、均衡注入，提高了曝气池对水质、水量冲击负荷的适应能力。

（3）混合液中的活性污泥浓度沿着池长逐步降低，出流混合液的污泥浓度较低，减轻了二次沉淀池的负荷，有利于提高二次沉淀池固、液分离效果。

该工艺池容积小，氧的利用合理，但是出水效果较普通活性污泥法差。

4. 吸附一再生活性污泥法

吸附一再生活性污泥法又名生物吸附活性污泥法或接触稳定法。本工艺的主要特点是将活性污泥对有机污染物降解的两个过程——吸附与代谢稳定，分别在不同池中完成。再生池，让充分吸附有机物的污泥，充分进行氧化分解和合成代谢；吸附池，利用再生好的活性很强的活性污泥，充分吸附水中的有机物。该工艺负荷较高；抗冲击能力强，吸附池内污泥遭冲击，可由再生池补救；进水 BOD 低时，可不设初沉池。但是其出水效果较传统活性污泥差，$\eta_{BOD}=85\%\sim90\%$；对溶解性有机物高的废水处理效果差（适于胶体废水）。

5. 完全混合活性污泥法

污泥、污水进入曝气池后与原混合液充分混合，池内混合液是已处理而未泥水分离的处理水。工艺特点如下：

（1）迅速混合、稀释，适应流量水质变化，适合处理工业废水、高浓度有机废水。

（2）池内各点水质相同，F/M 比值相等；微生物组成、数量一致，在有机物降解、微生物增殖曲线上处一个点，所以可将整个工况控制在最佳条件。净化功能充分发挥，在处理效果相同时负荷率大于推流式。

（3）可改变 F/M 比值，控制工况，得到希望水质。

（4）池内需氧速度均衡，动力消耗低于推流式。

（5）工艺的适应性强，但是污泥易膨胀，因为各点有机物浓度相同，微生物对有机物的降解动力下降，出水效果较推流式差。

6. 延时曝气活性污泥法

延时曝气活性污泥法又称完全氧化活性污泥法。延时曝气活性污泥法工艺在生长曲线的内源呼吸期运行，此时需要相对较小的有机负荷和较长的曝气时间，通常用于小型污水处理厂。该工艺被广泛用于处理来自公寓、单独的机构、小型社区和学校等的污水。延时曝气活性污泥法一般都采用完全混合式的曝气池。应当说明，从理论上来讲，延时曝气活性污泥法系统是不产生污泥的，但是在实际上仍有剩余污泥产生，污泥主要是一些难生物降解的微生物内源代谢的残留物，如细胞膜和细胞壁等。运行经验表明，在许多不提供废弃污泥处理设施的处理厂发生了问题。废弃污泥通常接好氧消化池和脱水设施，省略了初沉池以简化污泥处理与处置。工艺流程同完全混合法，其特点为：负荷低，*HRT* 长，多在24h以上，污泥长期处于内源呼吸期，剩余污泥量少而且稳定，无需再进行厌氧消化处理；对水质、水量变化适应性强，无需设初沉池，出水水质好；但曝气时间长，池容积大，基建和运行费用高，占地面积大。

7. *高负荷活性污泥法*

高负荷活性污泥法，又称短时曝气活性污泥法或不完全处理活性污泥法。本工艺主要特点：BOD—SS负荷高、曝气时间短；处理效果较低，一般BOD的去除率不过70%～75%，故称之不完全处理活性污泥法。与此相对，BOD的去除率在90%以上，处理水的BOD，值在20mg/L以下的工艺则称为完全处理活性污泥法。工艺构造方面与传统活性污泥法相同。

8. *多级活性污泥法*

当原污水含有高浓度的有机污染物时，可以考虑采用二级或三级活性污泥法处理系统。每级都是独立的处理系统，都有自己的二沉池和污泥回流系统，剩余污泥则可每级分别排放，也可集中于最后一级排放。

运行经验证实，当原污水BODu在300mg/L以上时，首级活性污泥法系统以采用完全混合曝气池为宜，因为完全混合曝气池对水质、水量的冲击负荷有较强的承受能力；当原污水BODu在300mg/L以下时，首级曝气池可以考虑采用推流式曝气池，对此建议采用阶段曝气活性污泥法系统；当原污水BODu在150mg/L以下时，无需考虑采用多级活性污泥处理系统。采用多级活性污泥法系统，可以得到高质量的处理水，但建设费及运行费都较高，只有在非常必要时才考虑采用。

9. *深水活性污泥法*

该系统的主要特征是采用深度在7m以上的深水曝气池，其特点是：由于水压大，加快了氧的传递速率，提高了混合液的饱和溶解氧浓度，有利于活性污泥微生物的增殖和对有机物的降解；曝气池向竖向深度发展，降低了占用的土地面积。

该工艺有下列两种形式的曝气池：

（1）深水中层曝气池，水深10m左右，空气扩散装置设在深4m左右处，仍可使用风压为5m的风机，为了在池内形成环流和减少底部的死角，在池内设导流板或导流筒。

（2）深水底层曝气池，水深仍10m左右，空气扩散装置设在池底部，需使用高风压风机，但无须设导流装置，在池内自然形成环流。

10. *深井活性污泥法*

深井活性污泥法又名超水深曝气活性污泥法。深井曝气池（曝气井）直径介于1～6m之间，深度可达50～100m；井中间设隔墙将井一分为二或在井中心设内井筒，将井分为内、外两部分。在前者的一侧，后者的外环部设空气提升装置，使混合液上升；而在前者的另一侧，后者的内井筒内产生降流。这样在井隔墙两侧或井中心筒内外，形成由下而上的流动。由于水深度大，氧的利用率高，有机物降解速度快，效果显著。其特点是：充氧能力强，可达到常规方法的 10 倍；动力效率高；占地少；处理功能不受气候条件影响，适用于各种气候条件；可考虑不设初沉池，效益显著等。适用于处理高浓度有机废水。

11. 浅层曝气活性污泥法

浅层曝气活性污泥法又名殷卡曝气法（Inka aeration），是瑞典某公司所开创。这项工艺是以下列论点作为基础的，即气泡只有在其形成与破碎的一瞬间，有着最高的氧转移率，而与其在液体中的移动高度无关。浅层曝气池的空气扩散装置多设置在曝气池的一侧，距水面约 0.6～0.8m 的深度。为了在池内形成环流，在池中心处设导流板。浅层曝气池可使用低压鼓风机，有利于节省电耗，充氧能力可达 1.8～2.6kg/(kW·h)。

12. 纯氧曝气活性污泥法

纯氧曝气活性污泥法又名富氧曝气活性污泥法，空气中的氧的含量仅为 21%，而纯氧中氧的含量为 90%～95%，氧分压纯氧比空气高 4.4～4.7 倍，用纯氧进行曝气能够提高氧向混合液中的传递能力。其特点是：氧的利用率可达 80%～90%，而鼓风曝气系统仅为 10%左右；曝气池内混合液的 *MLSS* 值可达 4000～7000mg/L，能够提高曝气池的容积负荷；曝气池混合液的 *SVI* 值较低，一般都低于 100，污泥膨胀发生较少；产生的剩余污泥少。纯氧曝气池目前多为有盖密闭式，以防氧气外溢和可燃性气体进入；池内分成若干小室，各室串联，每室流态均为完全混合；池内气压应该略高于池外以防池外空气渗入，同时池内产生的废气如 CO_2 等得以排出。

4.3.3　活性污泥系统工艺运行控制与管理

在活性污泥工艺系统中，工艺控制的主要目标就是活性污泥本身及其数量和质量。如果采取控制措施，将系统内的活性污泥保持在稳定而合理的数量以及稳定而高效的质量，则必然得到稳定而高效的处理效果。

活性污泥的数量指标有混合液污泥浓度 *MLVSS* 和有机负荷 *F*/*M*，通过 *F*/*M* 可确定需要多少 *MLVSS*。质量指标有反映污泥老化程度的污泥龄 *SRT*，反映沉降性能的 *SVI*、*SV* 等，以及反映生物活性的耗氧速率 *SOUR*，*F*/*M* 也是一个重要的污泥质量指标。影响以上数量和质量指标的因素很多，主要包括进水水质水量的变化、温度等外界因素变化。工艺控制的主要任务就是采取控制措施，克服这些因素对活性污泥的影响，持续稳定地发挥处理作用。常用的控制措施从三个方面来实施，即曝气系统的控制，污泥回流系统的控制，剩余污泥排放系统的控制。

4.3.3.1　活性污泥系统的运行调度

在运行管理中，经常要进行运行调度，对一定水质水量的污水，确定投运几座曝气池、几座二沉池、几台鼓风机，以及多大的回流能力，每天要排放多少污泥。运行调度方案可按以下程序编制：

（1）确定水量和水质，即准确测定污水流量 *Q*，入流污水的 BOD_5 及有机污染物的大体组成。

（2）确定有机负荷 *F*/*M*。应结合本厂的运行实践，借助一些试验手段，选择最佳的 *F*/*M* 值。传统活性污泥法的 *F*/*M* 一般在 0.2～0.4kg(BOD_5)/[kg(*MLSS*)·d] 范围内。

（3）确定混合液污泥浓度 *MLVSS*。*MLVSS* 值取决于曝气系统的供氧能力以及二沉池的泥水分离能力。从降解污染物质的角度来看，*MLVSS* 应尽量高一些，因此，应根据处理厂的实际情况，确定一个最大 *MLVSS* 值，以其作为运行调度的基础。传统活性污泥工艺的 *MLVSS* 值一般在 1200～2000mg/L 之间，而 *MLSS* 值一般在 1500～2500mg/L 之间，当 *MLVSS* 或 *MLSS* 超过以上范围时，处理厂必须有充足的供氧能力和泥水分离能力。

（4）确定曝气池投运的数量。可用式（4-9）计算

$$n=\frac{Q\cdot BOD_I}{(F/M)\cdot MLVSS\cdot V_a} \qquad (4-9)$$

式中：V_a 为每座曝气池的有效容积。

从式（4-9）中可看出，有机负荷 F/M 值或 *MLVSS* 越低，投运曝气池的数量就越多。

（5）核算曝气时间 T_a，即污水在曝气池内的名义停留时间。T_s 不能太短，否则，难以保证处理效果。对于一定水质、水量的污水，当控制 F/M 在一定值时，采用较高的 *MLVSS* 运行，往往会出现 T_a 太短的现象。运行中应该核算 T_a 值，使其大于允许的最小值。传统活性污泥工艺一般控制在 6～9h 之间，最低不能小于 5h。计算式如下

$$T_a=\frac{V_a n}{Q} \qquad (4-10)$$

当 T_a 太小时，可以降低 *MLVSS* 值，增加投运池数。

（6）确定鼓风机投运台数，计算式如下

$$N=\frac{f_0\cdot Q\cdot BOD_I}{300E_a\cdot Q_a} \qquad (4-11)$$

式中：Q_a 为单台鼓风机的日供风量；E_a 为扩散效率；f_0 为耗氧系数。

（7）确定二沉池的水力表面负荷 q_h。q_h 越小，泥水分离效果越好，一般控制不大于 $1.5m^3/(m^2\cdot h)$。

（8）确定二沉池投运数量。计算式如下

$$M=\frac{Q}{q_h A_c} \qquad (4-12)$$

（9）确定回流比 R。回流比 R 是运行过程中的一个调节参数，但 R 的最大值受二沉池泥水分离能力的限制，在运行调度中，应确定一个最大回流比 R，以此作为调度的基础。传统活性污泥工艺的最大回流比可按 100%考虑。

（10）核算二沉池的固体表面负荷 q_s。计算式如下

$$q_s=\frac{(1+R)Q\cdot MLSS}{M\cdot A_c} \qquad (4-13)$$

在运行中，传统活性污泥工艺一般控制 q_s 不大于 $150kg/(m^2\cdot d)$，否则应降低回流比 R，或降低 *MLSS*，也可增加投运的二沉池数量。

（11）核算二沉池出水堰板溢流负荷 q_w。计算式如下

$$q_w=\frac{Q}{L_w M} \qquad (4-14)$$

式中：L_w 为堰板的总长度。

当传统活性污泥工艺的沉池采用三角堰出水时，一般 q_w 控制不大于 $1.7L/(s\cdot m^2)$。

否则，应增加沉池投运数量。

4.3.3.2　排泥与污泥回流工艺的运行控制与管理

1. 活性污泥系统排泥及污泥回流控制周期

处理厂入流污水的水质水量及环境因素时时刻刻都处于动态变化之中，要使出水水质保持稳定，就必须对活性污泥系统进行调控，在实际运行中按一定时间间隔就应对工艺进行调整。

回流的作用是补充曝气池流出的活性污泥，当入流水质水量变化时，也希望能随时调整回流比。但污水在活性污泥系统中一般停留 8h 以上，对回流比进行某种调节之后，其效果可能要几小时之后才能发挥出来。一般情况下，每月之内可保持恒定的回流比。在运行管理中，回流比作为应对突发情况的一种暂时手段是很有用的。例如，当发现二沉池泥水界面突然升至很高时，可迅速增大回流比，将泥水界面降下来，保证不造成污泥流失，然后再分析原因，寻找其他措施，待问题解决之后，再将回流比调回原值。回流比虽可长期保持恒定，但必须每天检查其是否合理，如不合理，可随时做调整。排泥操作对活性污泥系统的功能及处理功效影响很大，但这种影响很慢。例如，通过调节排泥量控制活性污泥中丝状菌微生物的过度繁殖，其效果一般要经过 2～3 倍的污泥龄之后才能看出来。如当污泥龄为 5d 时，要经过 10～15d 才能观察到调节排泥量所带来的控制效果。但排泥量的多少，应利用 F/M 或 SRT 值每天进行核算。

综上所述：正常运行时曝气系统应实时控制；回流比可在较长的时段内维持恒定，但应每天检查核算；排泥量亦可在较长的时段内维持恒定，但应每天核算；当进入污水流量发生变化或水质突变时，应随时采取控制对策，或重新进行运行调度。

2. 回流污泥系统的控制

（1）回流系统控制方式。回流系统的控制有三种方式：保持回流量 Q_r 恒定；保持回流比及恒定；定期或随时调节回流量 Q_r 及回流比只，使系统状态处于最佳。

目前，有相当多的处理厂运行中保持回流量 Q_r 不变，但应认识这只适应于入流污水量 Q 相当恒定或波动不大的情况。如 Q 变化较大，会出现一系列的问题，因为 Q 变化会导致活性污泥量在曝气池和二沉池内的重新分配。当 Q 增大时，部分曝气池的活性污泥会转移到二沉池，使曝气池内 $MLSS$ 降低，而实际此时曝气池内需要更多的 $MLSS$ 去处理增加了的污水，$MLSS$ 的不足会严重影响处理效果。二沉池内污泥量增加会导致泥位上升，造成污泥流失，同时，Q 增加导致二沉池水力负荷增加，进一步增大了污泥流失的可能性。Q 减小时，部分活性污泥会从二沉池转移到曝气池，使曝气池 $MLSS$ 升高，但此时曝气池实际上并不需要太多的 $MLSS$，因为入流污水量减少，进入曝气池的有机物也减少了。

保持回流量 Q_r 恒定，能允许入流污水量在多大范围内变化，取决于很多实际因素，如入流 BOD_5、二沉池与曝气池容积之比及污泥的沉降性能。运行人员应摸索出本厂允许的入流污水量的波动幅度，在允许范围内尽量不调节回流量。如果保持回流比恒定，在剩余污泥排放量基本不变的情况下，可保持 $MLSS$、F/M 以及二沉池泥位上，基本恒定，不随入流污水量 Q 的变化而变化，从而保证相对稳定的处理效果。

最后一种方式是定期或随时调节回流比和回流量，保持系统始终处于最佳状态。这种方式是活性污泥稳定运行最理想的控制方式，但操作量较大，一些处理厂实施较困难。

不管哪种控制方式，都需要确定合适的回流量或回流比。回流量及回流比的确定或调节有以下几种方法：

1）按照二沉池的泥位调节回流比。应根据具体情况选择一个合适的泥位 L_s 和污泥层厚度 H_s。泥层厚度一般应控制在 0.3～0.9m 之间，且不超过泥位 L_s 的 1/3。然后调节回流污泥量，使泥位 L_s 稳定在所选定的合理值。增大回流量 Q_r，可降低泥位，减少泥层厚度；反之，降低回流量可增大泥层厚度。应注意调节幅度每次不要太大，如调节回流比，每次不要超过 5%。具体每次调多少，多长时间以后调节下一次，应根据本厂实际情况决定。

一般情况下，入流污水量一天之内总在变化，泥位也在波动，为稳妥起见，应在每天的流量高峰，即泥位最高时，测量泥位，并以此作为调节回流比的依据。

2）按照沉降比调节回流量或回流比。假设沉降试验基本上与二沉池沉降一致，则由测得的 SV_{30} 值可以计算回流比，用于指导回流比的调节。回流比与沉降比之间存在以下关系

$$R=\frac{SV_{30}}{100-SV_{30}} \tag{4-15}$$

为使 SV_{30} 充分逼近二沉池内的实际状态，式中的 SV_{30} 尽量采用 SSV_{30}，即搅拌状态下的沉降比，提高回流比控制的准确性。

3）按照回流污泥及混合液的浓度调节回流比。可用回流污泥浓度 RSS 和混合液污泥浓度 $MLSS$ 指导回流比 R 的调节。R 与 RSS 及 $MLSS$ 的关系如下

$$R=\frac{MLSS}{RSS-MLSS} \tag{4-16}$$

该法只适用于低负荷工艺，即入流 SS 不高的情况下，否则会造成误差。

4）依据污泥沉降曲线调节回流比。易沉污泥达到最大浓度所需时间短，反之沉降性能差的污泥需要较长的时间。回流比的大小直接决定二沉池内的沉降浓缩时间。对于某种污泥，如果调节回流比使污泥在二沉池内的停留时间恰好等于该种污泥通过沉降达到最大浓度所需的时间，则此时回流污泥浓度最高。沉降曲线的拐点处对应的沉降比，即为该种污泥的最小沉降比。

上述各种方法各有优缺点。根据泥位调节回流比，不易造成泥位升高而使污泥流失，出水 SS 较稳定，但回流污泥浓度 RSS 不稳定。按照 SV_{30} 调节回流比，操作非常方便，但当污泥沉降性能不佳时，不易得到高浓度的 RSS，使回流比及比实际需要值偏大。按照 RSS 和 $MLSS$ 调节回流比，由于要分析 RSS 和 $MLSS$，比较麻烦，可作为回流比的一种校核方法。用沉降曲线调节回流比简单易行，可获得高的 RSS，同时使污泥在二沉池内停留时间最短。该法尤其适于硝化工艺及除磷工艺。

在运行管理中，上述几种方法可以联合使用。例如按照沉降曲线确定回流比，并经常用 $MLSS$ 和 RSS 校验，另外还应经常观测泥位，防止泥位太高，造成污泥流失。

（2）污泥回流的控制原理。污泥回流控制的主要目标是保证活性污泥过程的稳定性。对过程的任何不利扰动有可能使二沉池的固液分离效率下降，直接导致出水水质下降。二沉池分离效率反过来又影响回流污泥的形态和密度。对过程的扰动还会影响微生物的生长速率，从而影响废弃污泥浓缩池的固体的数量。

如前述控制方法有多种，各有优缺点。在此以根据泥位调节回流比为例介绍控制原理。若通过二沉池污泥总量进行污泥回流控制，则主要内容是测量污泥层的高度或厚度，并通过污泥回流来维持适当的污泥层高度或厚度，可使用安装在二沉池内不同深度的若干气升泵或重力流量管，或光电污泥层测量仪来测量污泥层厚度。污泥层的厚度一般应控制在 0.3～0.9m 之间，且不超过泥位 L_s 的 1/3。若污泥层厚度增加，其原因可能是曝气池内活性污泥浓度过高，或二沉池沉淀效率下降，或污泥废弃系统堵塞。为了改善污泥的沉降性能或去除处理系统的过量污泥，需进行较长时间的调整。

对污泥层高度的测量应在每天的同一时间进行或连续进行，最好是在每天的最大流量期间。在每天对污泥层测量恒定后，才考虑是否要调整污泥回流比。只要活性污泥过程工作正常，污泥回流速率的调整只需要偶尔进行。

污泥回流控制系统所需仪器有：MLSS 测定仪；回流污泥电磁流量计；回流污泥 SS 光学测定仪；二沉池底流电磁或超声测定仪；污泥层高度光学、超声或气升测定仪；TOC 测定仪；回流污泥湿井开关；变速泵；阀门；开关控制器；PID 流量控制器；污泥层高度控制器和报警器。

3. 剩余污泥的控制

（1）剩余污泥的控制方式。活性污泥系统每天都要产生一部分活性污泥，使系统内总的污泥量增多。要使总的污泥量基本保持平衡，就必须定期排放一部分剩余活性污泥。事实上，排泥是活性污泥工艺控制中最重要的一项操作。通过排泥量的调节，可以改变活性污泥中微生物种类和增长速度、需氧量和污的沉降性能，因而可以改变系统的功能。

当入流水质水量及环境因素发生波动，活性污泥的工艺状态也将随之变化，因而处理效果不稳定。通过排泥量调节，可以克服以上的波动或变化，保持处理效果的稳定。有以下几种控制排泥方法：

1）用 $MLSS$ 控制排泥。用 $MLSS$ 控制排泥系统指在维持曝气池混合液污泥浓度恒定的情况下，确定排泥量。首先根据实际工艺状况确定一个最佳的 $MLSS$ 值。传统活性污泥工艺的 $MLSS$ 一般在 1500～3000mg/L 之间。当实际 $MLSS$ 比要控制的 $MLSS$ 值高时，应通过排泥降低 $MLSS$ 值。排泥量可用下式计算

$$V_m=\frac{(MLSS-MLSS_0)V_a}{RSS} \tag{4-17}$$

一般来说，活性污泥工艺是一个渐进过程，在控制总的排泥量前提下，每次尽量少排勤排，如有可能，应连续排泥。这种排泥方法比较直观，易于理解，实际上很多处理厂都用这种方法，但该法仅适于进水水质水量变化不大的情况。有时这种方法容易导致误操作。例如，当人流 BOD，增加 30%时，$MLSS$ 必然上升，此时如果仍通过排泥保持恒定的 $MLSS$ 值，则实际上使污泥负荷增加了一倍，会导致出水质量严重下降。

2）用 F/M 控制排泥。F/M 中的 F 一般无法人为控制，只能控制曝气池中的微生物量 M。如果不改变曝气池投运数量，则问题就变成控制曝气池中的污泥浓度。但该方法不是单纯将污泥浓度保持恒定，而是通过改变污泥浓度，使 F/M 基本保持恒定。排泥量计算式如下

$$V_m=\frac{MLSS\cdot V_a-BOD_I\cdot Q/(F/M)}{RSS} \tag{4-18}$$

式中：V_a 为曝气池容积；BOD_I 为流污水的 BOD_5；RSS 为回流污泥浓度。

当入流污水水质波动较大时，应尽量采用这种排泥方法。使用这种方法的关键是根据本厂的特点，确定合适的 F/M 值。F/M 值可根据污水的温度做适当调整，当水温高时，F/M 值可高些。当入流工业废水中难降解物质较多时，F/M 应低一些。实际运行控制中，一般是控制在一段时间内，可根据情况做些小的调整。

计算 F/M 时，要用到入流的 BOD_5，采用该法排泥时，应能快速测得入流污水的有机负荷。另外，计算 F/M 时，必须有 $MLVSS$ 值，该值测定较麻烦，可以利用 $MLSS$ 和 $MLVSS$ 之间的相关关系，用 $MLSS$ 来估算 $MLVSS$ 值。

3）用 SRT 控制排泥。用 SRT 控制排泥，是一种最可靠准确的排泥方法。这种方法的关键是正确选择 SRT 和准确地计算系统内的污泥总量 M_T。应根据处理要求、环境因素和运行实践综合比较分析，选择合适的泥龄 SRT 作为控制排泥的目标。一般来说，保证处理效果前提下，温度较高时，SRT 可小一些；当污泥的可沉性能较差时，有可能是由于泥龄太小。SRT 越大，利用呼吸试验测得的耗氧速率 $SOUR$ 越小。通过生物相观察，会发现不同的 SRT 对应着不同的优势指示生物。

严格讲，系统中的污泥总量包括曝气池的污泥量、二沉池的污泥量和回流污泥系统的污泥量。一般情况下，计算 M_T 时均可忽略回流系统中的污泥量。实际上，很多处理厂在用 SRT 控制排泥时，仅考虑曝气池内的污泥量，即 $M_T=M_a$，此时有

$$SRT=\frac{M_a}{M_w+M_e} \tag{4-19}$$

式中：M_w 为每天排放的干污泥量，若从回流系统中排泥，则 $M_w=RSS\cdot Q_w$（Q_w 为排放的污泥体积流量；RSS 为回流污泥浓度）；M_e 为二沉池出水每天带走的干污泥量，$M_e=SS_e\cdot Q$。

综合以上各式，每天的污泥排放量应为

$$Q_w=\frac{MLSS\cdot V_a}{RSS\cdot SRT}-\frac{SS_e}{RSS}Q \tag{4-20}$$

一些处理厂经常不考虑二沉池出水带走的污泥量 M_e，实际上，这部分污泥量占排泥量的比例不容忽视。

上述方法计算简单，使用方便，但仅适用于入流污水量波动不大的情况。当入流污水量波动时，如果回流比保持恒定，则污泥量将在曝气池和二沉池中随污水量的波动处于动态分配，此时 M_T 计算考虑二沉池的污泥量，即 $M_T=M_a+M_e$。

SRT 的计算式为

$$SRT=\frac{M_a+M_c}{M_w+M_e} \tag{4-21}$$

M_e 的计算式为

$$M_e=\frac{MLSS+RSS}{2}A_cH_s \tag{4-22}$$

由此可得每天的污泥排放量为

$$Q_w=\frac{MLSS\cdot V_a}{RSS\cdot SRT}+\frac{MLSS+RSS}{2RSS}\cdot\frac{H_s\cdot A_c}{SRT}-\frac{SS_e}{RSS}Q \tag{4-23}$$

用 SRT 控制排泥的实际操作中，可以采用一周或一个月内 SRT 的平均值。保持一周

或一月内 SRT 的平均值基本等于在要控制的 SRT 值的前提下，可在一周或一月内作些微调。例如，要使一周的 SRT 平均值控制在 8d，可以在周一至周五多排泥，周六和周日可以少排泥。当通过排泥改变 SRT 时，应逐渐缓慢地进行，一般每次不要超过总调节量的 10%。否则不但达不到调控目标，还有可能使得系统紊乱失衡，甚至整个活性污泥系统被破坏。

4）用 SV_{30} 控制排泥。SV_{30} 既反映污泥的沉降浓缩性能，又反映污泥浓度的大小。当沉降性能较好时，SV_{30} 较小；当污泥浓度较高时，SV_{30} 较大，反之则较小。当测得污泥 SV_{30} 较高时，可能是污泥浓度增大，也可能是沉降性能恶化，不管是哪种原因，都应及时排泥，降低 SV_{30} 值。采用该法排泥时，也应逐渐缓慢进行，一次排泥不能太多。如通过排泥要将 SV_{30} 由 50%降至 30%时，可利用一周的时间逐渐实现，每天少排一部分泥，将 SV_{30} 逐渐逼近 30%。

上述几种常用的排泥方法都各有利弊，都有其特殊的适用条件。实际运行中，可根据本厂的实际情况选择以一种方法为主，但不排除兼用其他方法。例如，采用 SRT 控制排泥时，也应经常核算 F/M 值，经常测定 SV 值。当采用 F/M 控制排泥时，也应经常核算 SRT 值。

（2）剩余污泥控制的原理。不同形式的活性污泥过程都会产生一部分过量的污泥，必须被废弃。废弃污泥的出口可以设在某二沉池的底流，或污泥回流泵井，或单独废弃污泥井，有时可直接从一个或若干个曝气池废弃。在实际生产中，污泥的废弃通常是从回流污泥中排出一部分来实现的，被排出的污泥被送至浓缩设施，然后送往消化池。

活性污泥过程负荷变化对污泥废弃的影响与对污泥回流的影响相同。当微生物细胞的合成受到影响，为了保持处理过程的稳定时，需要调整剩余污泥排出速率。负荷变化对污泥废弃速率控制的影响，要小于对污泥回流控制的影响，因为污泥停留时间是以天计，而液体的停留时间是以小时计。剩余污泥的单位一般是每日的污泥排放量。

剩余污泥的排出可以是间歇式，也可以是连续式。以 $MLVSS$ 控制剩余污泥排出为例，所需仪器有：电磁或超声剩余污泥流量计；光学剩余污泥悬浮固体测定仪；光学、超声或气升污泥层高度仪；出水 SS 测量仪；TOC 测量仪；变速泵；阀门；泵转速控制器；剩余污泥流量计算器；报警器。

4.3.3.3　曝气系统的运行控制与管理

1. 曝气系统

曝气有两个目的：第一，为微生物代谢和污染物氧化提供所需的氧气；第二，起到搅拌混合作用，使污泥维持悬浮状态并均匀分布。供氧可以通过鼓风曝气和机械曝气来完成。鼓风曝气中，压缩空气通过淹没式的曝气头以上升气泡的形式进入混合液；机械曝气中，混合器剧烈地搅动水面，使得氧气通过气液传质进入水中。

鼓风曝气系统的压缩空气一般通过多孔曝气头、穿孔曝气装置、水射器或静态混合器进入曝气池。多孔曝气头和穿孔管曝气适用于推流式的曝气池，这种曝气池有较长的廊道和较小的过流断面。一般曝气头被安放在曝气池一侧的底部，这样不断上升的气泡可以使池内的水形成环流，使悬浮固体维持悬浮状态。曝气池池深一般为 4.5～7.5m，宽深比对于曝气池的混合效果也非常重要。如果宽深比不合适，可能在池中形成死区，造成污泥沉淀。宽深比一般在 1.0：1～2.2：1 之间，其中 1.5：1 最常见。静态混合器和水射器更适用于完全混合系统。

机械曝气机一般分为四种类型，即低速射流式、高速轴流式、水平旋流式和吸入式。通常活性污泥法中使用低速射流式曝气方法。它有一个大的涡轮，通常旋转速度为20～100r/min。低速射流式曝气器有较好的传氧速率、混合能力和可靠度。通常对方形和环形的曝气池有较好的效果，每池只需一个曝气器即可。在大规模的池子中，也可同时用多个曝气器，这种情况下池子的长宽比是单池的倍数，每个曝气器服务一个方形区域。

2. 曝气系统的控制

传统活性污泥工艺采用的是好氧过程，因而必须供给活性污泥充足的溶解氧。根据活性污泥运行调度情况，对曝气系统可以进行所谓的实时控制，使曝气池混合液的 *DO* 值时时刻刻维持在所要求的数值。很多处理厂一般都设有 *DO* 自动控制系统，一旦 *DO* 偏离设定值通过调节曝气量，可在几分钟或十几分钟之内使 *DO* 恢复到设定值。

（1）鼓风曝气系统的控制。鼓风曝气系统的控制参数是曝气池污泥混合液的溶解氧 *DO* 值，控制变量是鼓入曝气池内的空气量 Q_a。曝气量越多，混合液的 *DO* 值也越高。传统活性污泥工艺的 *DO* 值一般控制在 2mg/L 左右。*DO* 控制在多少，与污泥浓度 *MLVSS* 以及 F/M 有关。一般说，F/M 较小时，*MLVSS* 较高，*DO* 值也应适当提高。一些处理厂控制曝气池出口混合液的 *DO* 值大于 3mg/L，以防止污泥在二沉池内厌氧上浮。当维持 *DO* 值不变时，曝气量 Q_a 的变化主要取决于入流污水的 BOD_I，BOD_I 越高，Q_a 越大。大型污水处理厂一般都采用计算机控制系统自动调节 Q_a，保持 *DO* 恒定在某一值。Q_a 的调节可通过改变鼓风机的投运台数以及调节单台鼓风机的风量来实现，小型处理厂则一般人工调节。目前，供氧量与曝气量在各种工艺条件下的计算已有成熟的方法，但较复杂。在运行控制中，可用式（4－24）估算

$$Q_a=\frac{f_0(BOD_I-BOD_e)Q}{300E_a} \tag{4-24}$$

式中：BOD_e 为出水中 BOD_5；f_0 为好氧系数；E_a 为曝气效率（对微孔扩散系统，E_a 一般在7%～15%之间）。

有时虽然 *DO* 值维持不变，但曝气量不能满足混合需要，造成污泥沉淀。为满足混合要求，使活性污泥保持悬浮状态，每平方米曝气池面积曝气量一般应大于 $2.2m^3/h$，实际运行中应注意核算。

（2）表面曝气系统的控制。表面曝气系统是通过调节转速和叶轮淹没深度调节曝气池混合液的 *DO* 值。具体调节规律因设备而异。同鼓风机系统相比，表面曝气系统的曝气效率受人流水质、温度等因素的影响较小。为满足混合要求，控制输入每平方米混合液中的搅拌功率大于10W，否则极易造成污泥沉积。

（3）溶解氧 *DO* 和风机控制原理。*DO* 的自动控制包括鼓风压力和氧的溶解两个独立的控制回路。将曝气池 *DO* 浓度作为第一受控变量、以空气流量作为第二受控变量的独立的多级控制系统可有效地用于 *DO* 控制。一个缓慢作用控制器将测量获得的 *DO* 浓度与设定浓度进行比较，发出加大或减小风量的指令。风机的风量通常由流量控制器控制，该控制器的设定值则周期性地由缓慢反应溶解氧控制器来调节。

控制系统所需仪器为：*DO* 探头；曝气空气流量传感器；曝气头压力传感器；风机流量传感器；曝气头温度传感器；蝶阀；*PID* 控制器（*DO*、空气流量、压力控制）；顺序

逻辑控制器；风机报警器和 DO 浓度报警器。

3. 曝气系统运行维护与管理

（1）空气扩散器的维护和管理。污水处理厂采用的曝气设备多种多样，但绝大多数处理厂，尤其新建厂经常采用主要有三类，即陶瓷微孔扩散器、橡胶膜微孔扩散器和曝气转刷。前两类为鼓风曝气设备，也称为曝气头，也是活性污泥工艺最常用的曝气装置。曝气转刷为表曝设备，主要用于氧化沟。

1）微孔扩散器的堵塞问题及判断。扩散器的堵塞是指一些颗粒物质干扰气体穿过扩散器而造成的氧转移性能的下降。美国提出一个衡量堵塞程度的指标，叫做堵塞系数，用 F 表示。F 是指扩散器运行一年后实际氧转移效率与运行初始的氧转移效率之比。无堵塞的扩散器的 F 值应为 1.0，堵塞的扩散器的 $F<1.0$，但经过有效清洗后，F 值可恢复到 1.0。若陶瓷扩散器的 $F<0.7$，即运行一年之后扩散器充氧性能指标降为原来的 70%，则视为较为严重堵塞；F 值在 0.7～0.9 之间则为中等程度堵塞；$F>0.9$ 为轻度堵塞。按照堵塞原因，堵塞又可分为两类，即内堵和外堵。内堵也称为气相堵塞，堵塞物主要来源于过滤空气中遗留的砂尘、鼓风机泄漏的油污、空气干管的锈蚀物、池内空气支管破裂后进入的固体物质。外堵也称为液相堵塞，堵塞物主要来源于污水中悬浮固体在扩散器上沉积，微生物附着在扩散器表面生长，形成生物垢，以及微生物生长过程中包埋的一些无机物质。

大多数堵塞是日积月累形成的，因此应经常观察，观察与判断堵塞的方法如下：

a. 定期核算能耗并测量混合液的 DO 值。若设有 DO 控制系统，在 DO 恒定的条件下，能耗升高，则说明扩散器已堵塞。若没有 DO 控制系统，在曝气量不变的条件下，DO 降低，说明扩散器已堵塞。

b. 定期观测曝气池表面逸出的气泡的大小。如果发现逸出气泡尺寸增大或气泡结群，说明扩散器已经堵塞。

c. 在曝气池最易发生扩散器堵塞的位置设置可移动式扩散器，使其工况与正常扩散器完全一致，定期取出检查测试是否堵塞。

d. 在现场最易堵塞的扩散器上设压力计，在线测试扩散器本身的压力损失，也称之为湿式压力 DWP。DWP 增大，说明扩散器已经堵塞。

2）微孔扩散器的清洗方法。扩散器堵塞以后，应及时安排清洗计划，根据堵塞程度确定清洗方法。清洗方法有三类：

a. 在清洗车间进行清洗，包括回炉火化、磷硅酸盐冲洗、酸洗、洗涤剂冲洗、高压水冲洗等方法。

b. 停止运行，在池内清洗，包括酸洗、碱洗、水冲、气冲、氯冲、汽油冲、超声波清洗等方法。

c. 不拆扩散器，也不停止运行，在工作状态下清洗，包括向供气管道内注入酸气或酸液、增压冲吹等方法，后者是最常用的方法。

美国常采用标准清洗方法，首先将曝气池停水并泄空，用 415kPa 以上的水压喷射冲洗，然后用 10%～22%的盐酸在扩散器上均匀喷洒酸雾，0.5h 后再用水冲洗。国外有的处理厂采用超声波清洗，将曝气池放空，注入清水，深度至淹没扩散器即可，并向清水中加入洗涤剂，再用25kHz的超声波器激励，以便充分洗涤污染物。

解决内堵主要采用向空气管内注入酸液或酸气的方法。可采用盐酸，也可采用羧酸类甲酸或乙酸。能有效去除外$Fe(OH)_3$、$CaCO_3$、$MgCO_3$等气相堵塞物，但对灰尘的去除效果不大。解决灰尘堵塞的根本方法是对空气进行有效的过滤。

（2）空气管道的维护和管理。压缩空气管道的常见故障有以下两类：

1）管道系统漏气。产生漏气的原因往往是选用材料质量或安装质量不好，或管路破裂等。

2）管道堵塞。管道堵塞表现在送气压力、风量不足，压降太大，引起原因一般是管道内的杂质或填料脱落，阀门损坏，管内有水冻结。

排除办法是：修补或更换损坏管段及管件，清除管内杂质，检修阀门，排除管道内积水。在运行中应特别注意及时排水，空气管路系统内的积水主要是鼓风机送出的热空气遇到冷形成的凝水，因此不同季节形成的冷凝水量是不同的。冬季的水量较多，应增加排放次数。排除的冷凝水应是清洁的，如发现有油花，应立即检查鼓风机是否漏油；如发现有污浊，应立即检查池内管线是否破裂导致混合液进入管路系统。

（3）鼓风机的运行维护。鼓风机运行时，定期检查鼓风机进、排气的压力与温度，冷却用水或油的液位、压力与温度，空气过滤器的压差等，定期清洗检查空气过滤器。做好日常读表记录，进行分析对比。注意进气温度对鼓风机（离心式）运行工况的影响，如排气容积流量、运行负荷与功率、喘振的可能性等，及时调整进口导叶或蝶阀的节流装置，克服进气温度变化对容积流量与运行负荷的影响，使鼓风机安全稳定运行。经常注意并定期测听机组运行的声音和轴承的振动。严禁离心鼓风机组在喘振区运行。鼓风机运行中发生下列情况之一，应立即停车检查和维护：

1）机组突然发生强烈震动或机壳内有刮磨声。

2）任一轴承处冒出烟雾。

3）轴承温度忽然升高超过允许值，采取各种措施仍不能降低。

4.3.4　活性污泥的培养驯化

污水处理厂建成以后，要进行单机试车和清水联动试车，如无问题，就应进行活性污泥培养，使处理厂尽早发挥污水处理功能。另外曝气池泄空检修完毕再运行，也有一个活性污泥培养问题。城市污水处理厂的污泥培养问题一般较简单，但当工业废水含量非常高时，应视具体情况进行专门的污泥驯化。

1. 培养方式

活性污泥从无到有，从不正常到正常的培养过程，有很多途径可以实现，培养方法有很多种。

（1）间歇培养。将曝气池注满污水，然后停止进水，开始曝气。闷曝2～3d后，停止曝气，静沉1h，然后进入部分新鲜污水，这部分污水约占池容的1/5即可。以后循环进行闷曝、静沉和进水三个过程，但每次进水量应比上一次有所增加，每次闷曝时间应比上次缩短。当污水的温度为15～20℃时，采用该法经过15d左右即可使得曝气池中$MLSS$超过1000mg/L。此时可停止闷曝，连续进水连续曝气，并开始污泥回流。最初的回流比不要太大，可取回流比25%，随着$MLSS$的升高，逐渐将回流比增至设计值。

（2）低负荷连续培养。将曝气池注满污水，停止进水，闷曝1d。然后连续进水连续曝气，进水量控制在设计水量的 1/2 或更低。待污泥絮体出现时，开始回流，取回流比 25%，至 *MLSS* 超过 1000mg/L 时，开始按设计流量进水，*MLSS* 至设计值时，开始以设计回流比回流，并开始排放剩余污泥。

（3）满负荷连续培养。将曝气池注满污水，停止进水，闷曝 1d。而后按设计流量连续进水，连续曝气，待污泥絮体形成后，开始回流，*MLSS* 至设计值时，开始排放剩余污泥。

（4）接种培养。将曝气池注满污水，然后投入大量其他处理厂的正常污泥，开始满负荷连续培养。该种方法能大大缩短污泥培养时间，但受实际情况例如其他处理厂离该厂的距离、运输工具等的制约。该法一般仅适用于小处理厂。若在同一处理厂内，当一个系列或一座池子的污泥培养正常以后，可以大量为其他系列接种，从而缩短全厂总的污泥培养时间。

2. 活性污泥培养驯化

（1）生活污水或以生活污水为主的城市污水。对于城市污水或生活污水，菌种和营养物质都具备，因此可直接进行培养。方法如上节中所述。活性污泥培养持续到混合液 30min 沉降比达到 15%～20%时为止。在一般的污水浓度和水温在 15℃以上的情况下，经过 7～10d 便可大致达到上述状态。成熟的活性污泥，具有良好的凝聚、沉降性能，污泥内含有大量的菌胶团和纤毛虫原生动物，如钟虫、等枝虫、盖纤虫等，并可使 BOD 的去除率达到 90%左右。当进入的污水浓度很低时，为使培养期不致过长，可将初沉池的污泥引入曝气池或不经过初沉池将污水直接引入曝气池。

（2）工业废水或以工业废水为主的城市污水。对于性质与生活污水类似的工业废水，也可按照上述方法培养，不过在开始培养时，宜投入一部分粪便污水作为菌种。对于工业废水或以工业废水为主的城市污水，由于其中缺乏专性菌种和足够的营养，因此在投产时除用一般菌种和所需营养培养足量的活性污泥外，还应对所培养的活性污泥进行驯化，使活性污泥微生物群体逐渐形成具有代谢特定工业废水的酶系统，具有某种专性。

在工业废水处理站，先可用粪便污水或生活污水培养活性污泥。当缺乏这类污水时，可用化粪池和排泥沟的污泥、初沉池或消化池的污泥等。采用粪便污水培养时，先将浓粪便污水过滤后投入曝气池，再用自来水稀释，使得 BOD 浓度控制在 500mg/L 左右，进行静态（闷曝）培养。同样经过 1～2d 后，为补充营养和排除代谢产物，需及时换水。对于生产性曝气池，由于培养液量大，收集比较困难，一般均采用间歇换水方式。而间歇换水又以静态操作为宜，即当第一次加料曝气并出现模糊的絮凝体后，就可停止曝气，使混合液静沉，经 1～1.5h 沉淀后排除上清液（其体积约占总体积的 50%～70%），然后再往曝气池内投加新的粪便污水和稀释水。粪便污水的投加量应根据曝气池内已有的污泥量在适当的值范围内进行调节（即随污泥量的增加而相应增加粪便水量）。在每次换水时，从停止曝气、沉淀到重新曝气，总时间以不超过 2h 为宜。开始宜每天换水一次，以后可增加到两次，以便及时补充营养。

当活性污泥培养成熟，即可在进水中加入并逐渐增加工业废水的比重，使微生物在逐渐适应新的生活条件下得到驯化。开始时，工业废水可按设计流量的 10%～20%加入，达到较好的处理效果后，再继续增加其比重。每次增加的百分比以设计流量的 10%～20%为宜，并待微生物适应、巩固后再继续增加，直至满负荷为止。在驯化过程中，能分解工业废水的微生物得到发展繁殖，不能适应的微生物则被逐渐淘汰，从而使得驯化过的活性污泥具有处理该种工业废水的能力。

为了缩短培养和驯化时间，也可以把培养和驯化这两个阶段合并进行，即在培养开始就加入少量工业废水，并在培养过程中逐渐增加比重，使得活性污泥在增长过程中，逐渐适应工业废水并具有处理它的能力，这种做法的缺点是，在缺乏经验的情况下不够稳妥可靠，出现问题时不易确定是培养的问题还是驯化的问题。工业废水中，如缺乏氮、磷等养料，在驯化过程中则应把这些物质投加入曝气池中。

3. 活性污泥培养驯化其他问题

(1) 为提高培养速度，缩短培养时间，应在进水中增加营养。小型处理厂可投入足量的粪便，大型处理厂可让污水跨过初沉池，直接进入曝气池。

(2) 温度对培养速度影响很大。温度越高，培养越快。因此，污水处理厂一般应避免在冬季培养污泥，但实际中也应视具体情况。

(3) 污泥培养初期，由于污泥尚未大量形成，产生的污泥也处于离散状态，因而曝气量一定不能太大，一般控制在设计正常曝气量的1/2即可，否则，污泥絮体不易形成。

(4) 培养过程中应随时观察生物相，并测量*SV*、*MLSS*等指标，以便根据情况对培养过程作随时调整。

(5) 并不是培养出了污泥或*MLSS*达到设计值，就完成了培养工作，而应该是出水水质达到设计要求，排泥量、回流量、泥龄等指标全部在要求的范围内。

4.3.5 活性污泥工艺的常见故障原因分析与对策

由于工艺控制不当，进水水质变化以及环境因素变化等原因会导致活性污泥出现质量问题。问题可归纳为：生物相异常、污泥膨胀、污泥上浮、生物泡沫及污泥分散生长和针状污泥几大类。出现这些问题以后，如不立即解决，最终都会导致出水质量的降低。

1. 生物相异常及控制

实际运行管理中，一般生物相指用普通光学显微镜在400倍以下观察的原生动物、后生动物及丝状菌的种类和数量的变化。对于某一特定的污水厂，当活性污泥系统运行正常时，其生物相也基本保持稳定，如果出现变化则指示活性污泥出现了质量问题，应进一步进行镜检观察并采取处理措施。

(1) 活性污泥的一般生物相。微生物的种类繁多，其分类和命名方法也非常复杂。运行人员一般应熟练掌握活性污泥法中最常见及普遍存在的微型指示生物及其变化规律，即一般生物相。正常的活性污泥中，一般都存在以下几种微型指示生物：变形虫、鞭毛虫、草履虫、钟虫、轮虫、线虫。这些微生物中的某一种或几种是否占优势以及比例的多少，取决于工艺运行状态。

在开始培养活性污泥的初期，活性污泥很少或基本没有，此时镜检会发现存在大量的变形虫。另外，当入流污水量增大对系统造成冲击负荷时，或入流中工业废水比例增大或污泥处理区的上清液、滤液大量回流对系统造成污染冲击负荷时，变形虫也会大量出现。当变形虫占优势时，对污水很少或基本没有处理效果。

在超负荷的活性污泥系统中，鞭毛虫将占优势，出水质量很差。但在活性污泥的培养过程中，鞭毛虫出现并占据优势，则说明活性污泥已经出现，并向良性方向发展。在一般高负荷活性污泥系统中，草履虫将占优势，此时的处理效果也不好。在活性污泥培养过程中随着污泥的增多，继鞭毛虫之后草履虫将成为优势种类。在中负荷的活性污泥系统中，钟虫将占优势，此时活性污泥发育正常，沉降性能及生物活性良好，出水水质较高，处理效果好。在活性污泥培养过程中出现钟虫并占优势，说明活性污泥已培养正常。在低负荷延时曝气活性污泥系统中，轮虫和线虫将占优势，此时出水中可能挟带大量的针状絮体。对于延时曝气工艺来说，钟虫和线虫的大量出现表明活性污泥正常；而对于传统活性污泥工艺来说，则指示应及时排泥。

（2）异常生物相。在工艺控制不当或入流水质水量突变时，会造成生物相异常。在正常运行的传统活性污泥工艺系统中，存在的微型动物绝大部分为钟虫，目前，在活性污泥中已发现近 30 种钟虫，但最常见的为沟钟虫、小口钟虫、长钟虫、领钟虫和弯钟虫。认真观察钟虫数量及生物特征的变化，可以有效地预测活性污泥的状态及发展趋势。

在 *DO* 为 1～3mg/L 时，钟虫能正常发育。如果 *DO* 过高或过低，钟虫头部端会突出一个空泡，俗称“头顶气泡”，此时应立即检测 *DO* 值并予以调整。当 *DO* 太低时，钟虫将大量死亡，数量锐减。当进水中含有大量难降解物质或有毒物质时，钟虫体内将积累一些未消化的颗粒，俗称“生物泡”，此时应立即测量 *SOUR* 值，检查微生物活性是否正常，并检测进水中是否存在有毒物质，并采取必要措施。当进水的 pH 值发生突变，超过正常范围，可观察到钟虫呈不活跃状态，纤毛停止摆动，此时应立即检测进水 pH 值，并采取必要措施。若钟虫发育正常，但数量锐减，则预示活性污泥将处于膨胀状态，则采取污泥膨胀控制措施。

在正常运行的活性污泥中，还存在一定量的轮虫。其生理特征及数量的变化也具有一定的指示作用。例如，当轮虫缩入甲被内时，则指示进水 pH 值发生突变；当轮虫数量剧增时，则指示污泥老化，结构松散并解体。也有的处理厂发现，轮虫增多，往往是污泥膨胀的预兆。在活性污泥系统运行时，如果草履虫等游动纤毛虫增多，则预示处理效果恶化。当变形虫、鞭毛虫大量出现时，则指示处理极度恶化，出水水质极差。

最后需要强调的是，生物相观察只是一种定性方法，缺乏严密性，运行中只能作为理化方法的一种补充手段，而且不可作为主要的工艺监测方式。

2. 污泥膨胀及控制

污泥膨胀是指活性污泥由于某种因素的改变，产生沉降性能的恶化，不能在二沉池内进行正常的泥水分离，污泥随出水流失。发生污泥膨胀以后，流失的污泥会使出水 *SS* 超标，如不立即采取措施，污泥继续流失会使曝气池的微生物量锐减，不能满足分解污染物的需要，从而最终导致出水 BOD_5 也超标。活性污泥的 *SVI* 值在 100 左右时，其沉降性能最佳，当 *SVI* 值超过 150 时，预示活性污泥即将或已经处于膨胀状态，应立即予以重视。在活性污泥镜检中，如发现丝状菌的丰度逐渐增大，至（d）级时，应予以重视，至（e）级时，污泥处于膨胀状态，应予以采取控制措施。丝状菌丰度至（f）级，说明污泥处于严重膨胀状态。

污泥膨胀总体上分为两大类：丝状菌膨胀和非丝状菌膨胀。前者系活性污泥絮体中的丝状菌过度繁殖，导致的膨胀；后者系菌胶团细菌本身生理活动异常产生的膨胀。

（1）丝状菌膨胀的存在条件及成因。正常的活性污泥中都含有一定量的丝状菌，是形成活性污泥絮体的骨架材料。活性污泥中丝状菌数量太少或没有，则形不成大的絮体，沉降性能不好；丝状菌过度繁殖，则形成丝状菌污泥膨胀。首先比较一下菌胶团细菌和丝状菌的生理特征。在合适的环境中，菌胶团的生长速率大于丝状菌，不会出现丝状菌过度繁殖；在恶劣的环境中，丝状菌由于其表面积较大，抵抗“恶劣”环境的能力比菌胶团细菌强，其数量会超过菌胶团细菌，从而过度繁殖导致丝状菌

污泥膨胀，这里的“恶劣”环境是指：进水中的有机物质不合适，导致微生物食料不足；进水中氮、磷营养物质不足；痕量元素不足；pH值太低，不利于微生物生长；曝气池内 F/M 太低，微生物食料不足；混合液内溶解氧 DO 太低，不能满足需要；进水水质或水量波动太大，对微生物造成冲击；反应器混合液流态的影响。

出现以上情况之一，均可为丝状菌过度繁殖提供必要条件，导致丝状菌污泥膨胀。另外，丝状菌大量繁殖的适应温度一般在25～30℃，因而夏季易发生丝状菌污泥膨胀。以上所述的丝状菌指球衣菌，当入流污水“腐化”、产生出较多的 H_2S（超过1～2mg/L）时，还会导致丝状硫黄细菌（丝硫菌）的过量繁殖，导致丝硫菌污泥膨胀。

（2）非丝状菌膨胀的存在条件及成因。非丝状菌膨胀系由于菌胶团细菌生理活动异常，导致活性污泥沉降性能的恶化。这类污泥膨胀又可分为以下几种：

1）进水中含有大量的溶解性有机物，使 F/M 太高，而进水中又缺乏足够的氮、磷等营养物质，或溶解氧不足，细菌大量吸入有机物，不能进行正常的分解代谢。此时，细菌会向体外分泌出过量的多聚糖类物质。这些物质中含有很多氢氧基而具有较强的亲水性，使活性污泥的结合水高达400%（正常污泥结合水为100%左右），呈黏性的凝胶状，使活性污泥在二沉池内无法进行有效的泥水分离及浓缩（又称为黏性膨胀）。

2）进水中含有过多脂肪和石油类化合物引起的膨胀。

3）采用选择池控制丝状菌污泥膨胀造成。

4）生物除磷系统中不动杆菌过量繁殖产生过多的聚合物。

5）进水中含有较多的毒性物质，导致活性污泥中毒，使细菌不能分泌出足够量的黏性物质，形不成絮体，从而也无法在二沉池内进行泥水分离。这种污泥膨胀称为低黏性膨胀或污泥的离散增长。

（3）污泥膨胀的控制措施。污泥膨胀控制措施大致可分为三大类：第一类是临时控制措施；第二类是工艺调节控制措施；第三类是永久性控制措施。

临时控制措施主要用于控制由于临时原因造成的污泥膨胀。临时控制措施包括污泥助沉法和灭菌法两类。污泥助沉法系指向发生膨胀的污泥中加入助凝剂，增大活性污泥的比重，使之在二沉池内易于分离。常用的助凝剂有聚合氯化铁、硫酸铁、硫酸铝和聚丙烯酰胺等有机高分子絮凝剂。有的小处理厂还投加黏土或硅藻土作为助凝剂。助凝剂投加量不可太多，如 $FeCl_3$，投加量为5～10mg/L，否则易破坏细菌的生物活性，降低处理效果。灭菌法系指向发生膨胀的污泥中投加化学药剂，杀灭或抑制丝状菌，从而达到控制丝状菌污泥膨胀的。

目的。常用的灭菌剂有 Cl_2、ClO_2、H_2O 等种类。由于大部分处理厂都设有出水加氯消毒系统，因而加氯控制丝状菌污泥膨胀成为最普遍的一种方法。

最后强调，灭菌法只适用于丝状菌污泥膨胀，而助沉法一般用于非丝状菌污泥膨胀。

工艺运行调节控制措施用于运行控制不当产生的污泥膨胀。例如，由于 DO 太低导致的污泥膨胀，可以增加供氧来解决；由于pH值太低导致的污泥膨胀可以调节进水水质或加强上游工业废水排放的管理；由于污水“腐化”产生的污泥膨胀，可以通过增加预曝气

来解决；由于氮磷等营养物质的缺乏导致的污泥膨胀，可以投加营养物质；由于低负荷导致的污泥膨胀，可以在不降低处理功能的前提下，适当提高 F/M。另外，对混合液进行适当的搅拌，也有利于丝状菌污泥膨胀的控制。

永久性控制措施系指对现有处理措施进行改造，或设计新厂时予以充分考虑，使污泥膨胀不发生，以防为主。常用的永久性措施是在曝气池前设生物选择器。加选择器是解决高 F/M 引起的污泥膨胀的有效技术措施。通过选择器对微生物进行选择性培养，即在系统内只允许菌胶团细菌的增长繁殖，不允许丝状菌大量繁殖。选择器有三种：好氧选择器、缺氧选择器和厌氧选择器。这些所谓的选择器一般只是在曝气池前端划出一格进行搅拌，使污泥与污水充分混合接触，污水在选择器中的水力停留时间一般为 5～30min，常采用 20min 左右。将现有传统活性污泥系统稍加改造成一些变型工艺，也能有效地防止污泥膨胀的发生，如吸附再生工艺、逐点进水工艺等形式。另外，近年来出现的一些新工艺，如 A^2—O、SBR 等工艺也能有效地防止污泥膨胀。

在实际运行中，以上三类方法是相辅相成的。当污泥膨胀发生以后，应立即采取加药等临时控制措施，防止出水超标，以免污泥大量流失导致系统的彻底失败。同时，还应认真分析污泥膨胀产生的原因，从根源入手，采取工艺运行调节手段，控制膨胀的发生。对于污泥膨胀发生次数较多，程度较严重的处理厂，应采取永久性措施，进行改造。

（4）污泥膨胀的诊断及治理。污泥膨胀发生以后，首先应通过现象观察，借助理化分析手段，判明膨胀的种类及发生的原因，对症下药，采取有效的控制措施。如果诊断失误，治理措施不当，非但不能控制膨胀，还会产生副作用。

实例一：二沉池内产生云浪状污泥上浮，并陆续蔓延至全池。沉降试验发现，污泥沉速极慢，不密实。镜检发现，很少或没有丝状菌，丰度在 d 级以下。测试发现 SVI 值突增，SDI 值突降。诊断程序如下：

1）首先测活性污泥的耗氧速率 $SOUR$。如果发现 $SOUR$ 与平时相比降低很多如低于 $5mgO_2/[g(MLVSS) \cdot h]$ 则即可判明该污泥膨胀系由污泥中毒所致。应对进水化验分析，判明毒物的种类和来源。该种污泥膨胀的控制方法是向二沉池投加助沉剂，但根本方法是加强上游污染源管理，禁止有毒物质超标排入污水处理厂。如果发现 $SOUR$ 没有降低，与平时基本一致，则应进行下述步骤。

2）再者检查 $MLVSS$ 是否降低，SRT 是否缩短，入流 BOD 是否增加，DO 是否降低。这些情况之千存在，即可认为该种膨胀系高黏性非丝状菌膨胀。控制措施是减少排泥，增大 $MLVSS$，降低污泥负荷 F/M。如果 DO 太低，则应增加曝气量。临时措施可采用助沉法，膨胀不严重时，可采用增大回流量的方法。

实例二：二沉池内产生云浪状污泥上浮，并陆续蔓延至全池。沉降试验发现，沉速很慢或基本不下沉，上清液很浅，但非常清澈。镜检发现有大量丝状菌，丰度超过 d 级。

诊断程序如下：

1）检查进水中是否缺乏氮磷等营养物质。正常情况下碳氮磷的比例应为 $BOD : TN : TP = 100 : 5 : 1$。如果上述比例偏大，则即可初步判明属于营养缺乏型丝状菌污泥膨胀。如果缺氮，可向污水中投加氨水、尿素等有机氮素；如果缺磷，可投入加磷酸钠或磷酸氢钠等无机磷素，直至将营养比调至 100：5：1 为止。如果原污水营养比例适当，则应进行下述步骤。

2）检查混合液中的 DO 是否太低。如果太低，则可初步认定为溶解氧不足导致的污泥膨胀。首先采取临时控制措施，然后增大曝气，提高混合液中的 DO 值。有时系统总曝气量充足，但由于曝气分配不均匀，导致局部 DO 值偏低，此时应检查是否局部扩散器堵塞，或空气调节不合适。如果混合液 DO 值合适，应进行下述步骤。

3）检查曝气池混合液出流的 pH 值是否降低。如果 pH 值小于 6.5，则该种膨胀为低 pH 值所致，检验丝状菌可发现主要为丝状真菌。可首先采取临时控制措施，然后寻找 pH 值降低的根源。如果 pH 值本身没有问题，则进行下述步骤。

4）检查入流污水是否已腐化，H：S 浓度是否大于 2mg/L。如果该膨胀系由污水腐化引起，则丝状菌主要为丝硫菌。首先可采取临时控制措施，然后寻找腐化的原因。控制污水腐化的根本手段是增加预曝气。如果膨胀非腐化所致，则进行下述步骤。

5）检查泥区的回流液中是否有丝状菌存在。消化池或浓缩池运行不正常，也易滋生出丝状菌。此时可向进入水区的泥区回流液中曝气，控制丝状菌蔓延。如果非回流液原因，则进行下述步骤。

6）检查曝气池内有机负荷 F/M 是否突然降低。由于低 F/M 导致的污泥膨胀，首先采取临时控制措施，然后寻找导致 F/M 降低的原因。如果由于进水 BOD 短时间降低所致，可增大排泥，提高 F/M；如果进水 BOD 长期较低，则应考虑增设生物选择器。

在上述诊断过程中有条件的情况下，可以镜检丝状菌的种类，以助于准确判断膨胀引起的原因。

3. 生物泡沫及控制

泡沫是活性污泥处理厂中常见的运行现象。泡沫可分为两种：一种是化学泡沫，另一种是生物泡沫。化学泡沫是由于污水中的洗涤剂以及一些工业用表面活性物质在曝气的搅拌和吹脱下形成的。化学泡沫处理较容易，可以用水冲消泡沫，也可加消泡剂。较难处理的是生物泡沫，它是由称作诺卡氏菌的一类丝状菌形成的。化学泡沫呈乳白色，而生物泡沫呈褐色，可在曝气池上堆积很高，并进入二沉池随水流走，产生一系列卫生问题。如果采用表面曝气设备，生物泡沫还能阻止正常的曝气充氧，使混合液 DO 降低。生物泡沫还能随排泥进入泥区，干扰浓缩池及消化池的运行。生物泡沫控制的根本措施是从根源入手，以防为主。

引起问题的微生物通常属于诺卡氏菌（Nocardia）和 Microthrix 两类（Pitt and Jenkins，1990）。诺氏菌为树枝状丝体，其细胞中蜡质的类脂化合物含量可高达 11%，细胞质和细胞壁中都含有大量脂类物质，具有极强的疏水性，密度较小。在曝气作用下，菌丝体能伸出液面，形成泡沫。诺氏菌在温度较高（大于 20℃）、富油脂类物质的环境中易大量繁殖。因此，入流污水中含油及脂类物质较多的处理厂或初沉池浮渣去除不彻底的处理厂易产生生物泡沫。在上述处理厂中，夏季又比冬季易产生生物泡沫。虽然诺氏菌世代时间有长有短，但绝大部分在 9d 以上，因而超低负荷的活性污泥系统中更易产生生物泡沫。

与污泥膨胀一样，当出现泡沫时，应认真观察分析，确认泡沫种类及产生原因，对症下药，否则起不到控制泡沫的作用。

例一：某曝气池表面产生白色的、黏性的空气泡沫，有时出现较大的浪花。如果在污泥培养过程中出现这种现象，则系正常情况，不必注意。随着污泥的增多，泡沫会自然消失。如出现在正常运行的活性污泥中，应首先检查 $MLVSS$ 是否降低了。如由于二沉池出水造成污泥流失，导致 MLVSS 降低，则应分析流失原因并予以处理。如由天排泥过量导致 MLVSS 降低，则应减少排泥。如 MLVSS 未降低，检查污泥的耗氧速率 SOUR。如 SOUR 降低了，则说明污泥中毒，应分析中毒原因并采取措施。如某曝气池中有泡沫，而其余池子没有，则应检查各池子之间的配水是否均匀，进入各池子的回流污泥分配是否均匀。如某一曝气池进入的污水多，而分配进去的回流污泥少，则该池易出泡沫。

例二：在曝气池表面形成细微褐色泡沫。应检查系统的负荷是否太低，泥龄是否太长，排泥是否不足。该种泡沫一般系由污泥过氧化所致，一般不会发展到特别严重的程度，只要适当增大排泥，泡沫即可消失。

若出现脂状，暗褐色泡沫异常强烈，并随混合液进入二沉池。检查混合液中是否存在丝状菌，如存在，即可认为系诺氏菌导致的生物泡沫。此时可以对产生的泡沫进行简单清理，但主要精力应放在根源上。首先对上游油脂类废水的排放加强管理，其次还应加强前处理（沉砂池和初沉池）的除油功能，利于油水分离。虽然许多引起泡沫和浮渣的原因还不清楚，但一般都会与污泥停留时间过长和废水温度过高有关。

4. 污泥上浮及控制

污泥上浮在运行管理中，专指由于污泥在二沉池内发生酸化或反硝化导致的污泥上浮。发生污泥上浮的污泥，本身不存在质量问题，其生物活性和沉降性能都很正常。当这些正常的污泥在二沉池内停留时间太长时，由于缺乏溶解氧会发生酸化，产生 H_2S 气体，附在污泥絮体上，使其密度减小，造成污泥上浮。当系统的 SRT 较长，发生硝化以后，进入二沉池的混合液中会含有大量的硝酸盐，在二沉池内由于缺乏溶解氧而发生反硝化，产生大量的氮气。这些氮气附在污泥絮体上，也使之上浮。发生污泥上浮以后，如不及时处理，同样会造成污泥大量流失，导致运行彻底失败。

污泥上浮的控制措施：一是保持及时排泥，不使污泥在二沉池内停留太长；二是在曝气池末端增加供氧，使进入二沉池的混合液内有足够的溶解氧，保持污泥不处于厌氧状态。对于反硝化造成的污泥上浮，控制硝化，还可以增大剩余污泥的排放，降低 SRT，从系统中去除生长缓慢的硝化细菌，以达到控制反硝化的目的；如不形成硝酸盐，就不会产生反硝化作用和氮气。消除反消化作用的第二种方法是在系统中加设反硝化池，进入二沉池前硝酸盐已经被去除，反硝化作用就不会发生在沉淀池中。消除反硝化作用的第三种方法是改进沉淀池的设计，基本思路是不让污泥在污泥层中“停留”太长时间，带有真空吸泥装置的圆形沉淀池就能起到这种作用。如果方形沉淀池的刮泥机能够快速地将污泥去除，在水流缓慢的角落没有污泥聚集，也会取得较好的效果。

5. 污泥分散生长、针状污泥及控制

分散生长、针状污泥导致污泥沉淀困难，这种问题是由于微生物不能形成足够大的污泥颗粒引起的。分散生长主要发生在活性污泥系统的启动阶段，此外污泥停留时间过短也无法形成沉降性能好的污泥絮体。通过镜检观察，可以发现许多微生物都存在分散生长的现象，或者是呈单个菌体、或者呈一小群生长。在这些分散生长的微生物周围缺少胞外多聚物，因此无法很好地絮凝在一起。另外，在启动或低停留时间的情况下，微生物的活性很大，能抵抗彼此之间形成易沉淀絮体的静电作用。在工艺启动阶段，微生物是多样化的，既有形成絮体也有不形成絮体的微生物。不形成絮体的微生物会在沉淀池中随出水排出，无法回流曝气池中，这样就会选择出能形成良好污泥絮体的微生物。

针状污泥是另外一种导致沉降性能不好的现象，这与污泥停留时间过长有关，如在延时曝气系统中。“老”的絮体很容易被真核生物捕食，从而造成污泥絮体破坏，并产生许多无活性的生物残骸。在这个过程中，许多小颗粒针状污泥形成并进入出水。

许多污泥分散问题迫使污水厂的运行者去寻找快速解决的办法。一种办法是加入有机聚合物，在混合液中加入阳离子高分子物质可以加强絮凝、沉降和压实作用，一般加在曝气池和沉淀池之间，加入量通过试验和经验确定，通常要和厂家合作确定。这种方法可以解决或缓解污泥膨胀引起的污泥层上升、分散生长和针状污泥问题。作为一种紧急措施，这种方法非常有效，但不易经常使用。

学习情境4.4 生物膜法处理系统的运行与管理

4.4.1 生物膜法工艺概述

生物膜法从19世纪中叶开始，在一代又一代专家的继续努力下，不断发展、改进、创新、开发，迄今已拥有多种处理工艺技术，有效而广泛地应用于生活污水、城市污水及各种有机性工业废水的处理。

属于生物膜法的处理工艺有：

(1) 以碎石、炉渣或人工成型材料为滤料筑成一定厚度的滤层，废水从池面以滴状流下，借助自然通风充氧的生物滤池。

(2) 在池内充满废水，并连续流入流出，池上安设串联起来且部分深入废水的圆形转盘，不断缓速旋转，使空气与废水交替接触的生物转盘。

(3) 在曝气池内充填各种类型贯通状的填料，废水充满池内并连续流入流出的生物接触氧化工艺。

(4) 在池内部分地充填细小颗粒的填料，利用废水的水流动力和从底部鼓入的空气，使填料处于流态化状态的生物流化床。

其中最常用的是前三种生物膜法处理工艺。

生物膜法废水处理工艺有一个共同特点，就是无论是生物滤池和曝气生物滤池的滤料、还是生物转盘、生物接触氧化工艺和生物流化床内的填料，都为一层污泥所覆盖，在其表面和一定深度内生息着千千万万个细菌、原生动物、后生动物等微型动物的生物污泥，因其呈薄膜状，所以称之为“生物膜”。废水流经生物膜时，废水中的溶解性有机污染物为微生物所摄取、利用，从而废水到净化。生息在生物膜上的微生物都是好氧的，因此，对各种类型的生物膜法废水处理工艺，都必须采取相应的技术措施，提供充足的氧。

4.4.2 生物膜的培养驯化

生物膜的培养常称为挂膜。挂膜菌种大多数采用生活粪便污水或活性污泥混合液。由于生物膜中微生物固着生长，适宜特殊菌种的生存，所以，挂膜有时也可采用纯培养的特异菌种菌液。特异菌种可单独使用，也可以同活性污泥混合使用，由于所用的特异菌种比一般自然筛选的微生物更适宜于废水环境，因此，在与活性污泥混合使用时，仍可保持特异菌种在生物相中的优势。

挂膜过程必须使微生物吸附在固体支撑物上，同时，还应不断供给营养物，使附着的微生物能在载体上繁殖，不被水流冲走。单纯的菌液或活性污泥混合液接种，即使固相支撑物上吸附有微生物，但还是不牢固，因此，在挂膜时应将菌液和营养液同时投加。

挂膜方法一般有以下两种：

（1）闭路循环法，即将菌液和营养液从设备的一端流入，从另一端流出，将流出液收集在水槽内，槽内不断曝气，使菌与污泥处于悬浮状态，曝气一段时间后，进入分离池进行沉淀（0.5～1.0h），去掉上清液，适当添加营养液或菌液，再回流入生物膜反应设备，如此形成一个闭路系统，直到发现载体上长有黏状泥，即开始连续进入废水。这种挂膜方法需要菌种及污泥数量大，而且由于营养物缺乏，代谢产物积累，因而成膜时间较长，一般需要 10d。

（2）连续法，即菌液和污泥循环 1～2 次后即连续进水，并使进水量逐步增大。这种挂膜法由于营养物供应良好，只要控制挂膜液的流速（在转盘中控制转速），以保证微生物的吸附。在塔式滤池中挂膜时的水力负荷可采用 $4\sim7m^3/(m^2\cdot d)$，约为正常运行的 50%～70%待挂膜后再逐步提高水力负荷至满负荷。

在各种形式的生物膜处理设施中，生物接触氧化池和塔式生物滤池由于具有曝气系统，而且填料量和填料空隙均较大，可以使用连续挂膜法，而普通生物滤池和生物转盘等设施适于使用闭路循环法。挂膜过程中回流沉淀池出水和池底污泥，可促进挂膜的早日完成。

对于生活污水、城市污水或混有较大比例生活污水的工业废水可以采用连续法。对于不易生物降解的工业废水，尤其使用普通生物滤池和生物转盘等设施处理时，为了保证挂膜的顺利进行，可以通过预先培养和驯化相应的活性污泥，然后再投加到生物膜处理系统中进行挂膜，也就是分步挂膜。通常的做法是先将生活污水或其与工业废水的混合污水培养出活性污泥，然后将该污泥与工业废水一起放入一个循环池内，再用泵投入生物膜反应器中，出水和沉淀污泥均回流到循环池。循环运行形成生物膜后，通水运行，并加入要处理的工业废水。可先投配 20%的工业废水，经分析进出水的水质，生物膜具有一定处理效果后，再逐步加大工业废水的比例，直到全部都是工业废水为止。也可以用掺有少量（20%）工业废水的生活污水直接培养生物膜，挂膜成功后再逐步加大工业废水的比例，直到全部都是工业废水为止。

为了能尽量缩短挂膜时间，应保证挂膜营养液及污泥量具有适宜细菌生长的 pH 值、温度、营养比等，尤其是氮磷等营养元素的数量必须充足（可按进水 COD_{Cr}：N：P＝100：5：1 估算）。

在挂膜过程中，应经常采样进行显微镜检验，观察生物相的变化。

挂膜驯化后，系统即可进入试运转，测定生物膜反应设备的最佳工作运行条件，并在最佳条件下转入正常运行。

在生物膜培养挂膜期间，由于刚长成的生物膜适应能力较差，往往会出现膜状污泥大量脱落的现象，这可以说是正常的，尤其是采用工业废水进行驯化时，脱落现象会更严重。

在正常运行阶段，膜大量脱落是不正常的。产生大量脱膜的主要原因是进水水质发生了变化，如抑制性或有毒污染物的含量突然升高或 pH 值发生突变等，解决办法是改善进水水质。

4.4.3　生物滤池工艺的运行控制与管理

4.4.3.1　生物滤池的工艺特点

生物滤池是生物膜法处理技术中最早开创的废水生物处理构筑物，它是以土壤自净原理为基础而发展起来的。

进入生物滤池的废水，应经过预处理，去除废水中悬浮物等能够堵塞滤料的污染物，并使水质均化。废水通过滤池时，滤料截流了废水中的悬浮物质使微生物很快繁殖起来，微生物又进一步吸附了废水中的溶解性有机物，逐渐增长并形成生物膜。生物滤池就是依靠滤料表面的生物膜对废水中的有机物进行吸附氧化作用，使废水得到净化的。

滤料上的生物膜不断脱落、更新，脱落的生物膜随处理水流出，因此，在生物滤池后应设沉淀池予以截留。

1. 普通生物滤池

普通生物滤池也叫滴滤池，为第一代生物滤池。在平面上呈方形或矩形，采用粒径20～30mm的块状滤料，如碎石、卵石、焦炭及炉渣等，滤层高为1～2m。

废水通过固定喷嘴式的布水系统，从滤池顶部喷洒下来，为了保证空气在布水的间隙中进入滤料，采用间歇喷洒固定喷嘴式布水系统。这种系统由投配池、布水管道及喷嘴三部分组成，废水注入投配池内，在达到一定高度后，虹吸装置开始作用，废水泄入布水管道，并以水花形式从喷嘴喷出，当投配池水位降到一定位置后，虹吸被破坏，喷水停止。向投配池供水是连续的，但投配池向布水系统供水是间歇的。

普通生物滤池采用的水力负荷为1～4m^3/[m^2（滤料）·d]和BOD负荷为0.1～0.4kg/[m^3（滤料）·d]。废水通过固定喷嘴式的布水系统（采用间歇式布水），从滤池顶部喷洒下来，流经滤料的水，通过滤池下方的渗水装置、集水沟及排水渠最后进入沉池。这种滤池对废水的处理效果好，但占地面积大，负荷率低，且极容易堵塞，在使用上受到一定限制。

2. 高负荷生物滤池

高负荷生物滤池属于第二代，是在普通生物滤池的基础上为克服普通生物滤池在构造、运行等方面存在的一些问题而发展起来的。其相对于普通生物滤池而言具有以下特征：

（1）在构造方面。采用粒径较大的粒状滤料，一般在40～65mm，滤层深一般介于1～4m，有的可达6m。由于采用旋转布水装置，因此，滤池表面多呈圆形。

（2）在运行方面。将单位滤池表面的水力负荷提高近10倍，达10～30m^3废水/[m^2（滤料）·d]，加大水流强度形成较强的水力冲刷能力，防止生物膜堵塞滤料孔隙，使生物膜及时脱落，能够经常保持活性；*BOD*负荷提高到0.5～1.0kg(*BOD*)/[m^3（滤料）·d]，为了适应提高水量负荷降低进水*BOD*值的要求，多采用处理水回流措施，并将进水*BOD*值限制在200mg/L以下，来缩小布水间隔时间。

多采用旋转布水器，废水从滤池上方慢速旋转的布水横管中流出，布水管高度离滤池表面约0.46m，太高水流受风影响，太低水流对生物膜不能起到冲刷作用。沿布水管道从里向外喷嘴越来越密，以保证均匀布水。

由于滤池构造和运行管理方面的这些特征，使高负荷生物滤池提高了能够承受的处理水量，在净化功能和处理程度方面增强了灵活性。但是，虽然占地大，宜堵塞问题得到某些改善，但仍未得到彻底解决。与其他生物处理构筑物（例如曝气池）相比较，占地仍嫌过大。

3. 塔式生物滤池

塔式生物滤池属于第三代生物滤池，简称滤塔。塔式生物滤池在废水净化工艺方面与高负荷生物滤池完全相同。但是，塔式生物滤池也具有如下独特的特征。

（1）构造方面特征。

1）塔式生物滤池在平面多呈圆形或方形，外观呈塔形。一般高 8～24m，直径为 0.5～3.5m，直径与高度之比为 1：6～1：8，沿高度分层建设，每层高度则视所采用的滤料而定，一般介于 2～4m。在分层处设格栅，以使滤料的荷重分层负担，每层都应设检修孔，以便采样、更换滤料等。池体可用砖砌，也可以现场浇筑钢筋混凝土或采用预制板材或钢框和塑料板面的混合结构。

2）滤料的种类、强度、耐腐蚀等的要求与普通生物滤池基本相同。由于构造上具有的特点，对滤塔更应采用轻质高强、比表面积大、空隙率高的人工塑料成型滤料。如纸蜂窝滤料、塑料波纹板滤料、焦炭、炉渣及陶粒滤料等。

3）滤塔的布水器、通风和排水系统与普通生物滤池和高负荷生物滤池基本相同。一般采用自然通风，如果自然通风供氧不足，就必须采用机械通风，机械通风的风量一般可按气水比（100～150）：1 来选择风机，或用需氧量来计算，氧的利用率不大于 8%。

（2）运行与工艺方面特征。

1）污水自上而下滴流，空气自下而上流动。塔形构造，这种构造形式给滤塔带来了如下的效应：其一是在池内形成强大拔风状态，通风良好，加强了氧的转移效果；其二，由于池的高度增大，再加上水力负荷和有机物负荷的提高，塔内水流紊动剧烈，废水、空气、生物膜三相接触充分，传质效果良好。高额的负荷使生物膜的增长与脱落的速度提高，加快了生物膜的更新，使生物膜的活性增强，在滤池不同的高度存活着不同的微生物，这种情况非常有利于有机物的降解。

2）塔式生物滤池水力负荷比高负荷生物滤池高 2～10 倍，达 30～200$m^3/(m^2 \cdot d)$，*BOD* 负荷高达 2000～3000$g/(m^2 \cdot d)$，是高负荷生物滤池 2～3 倍，故称为“超高负荷生物滤池”。进水 *BOD* 浓度也可提高到 500mg/L，可用于较高浓度的工业废水处理。尤其适用于处理含有较高浓度有毒有机污染物的石油化工、化纤等工业废水，如含酚含氰污水、丙烯腈污水等，如果用活性污泥法处理这些污水，会出现污泥膨胀现象。

3）生物相在塔内沿高度方向产生明显的分层、分级，扩大了净化功能的范围（如硝化作用等）。塔式生物滤池可以采用一处（塔顶）进水，也可以从沿塔身高度上若干点进水。

4）塔式生物滤池常用于有机污水的预处理，以保证二级生物处理装置有稳定的处理效果，也可用做二级生物处理设施。

5）塔式生物滤池的优点是水力负荷较大，占地面积小，剩余污泥量少，日常运行费用较低；而且因为通风良好、氧气供应充足，产泥量明显低于普通活性污泥法，一般 *BOD* 每去除 1kg，产泥只有 0.03～0.1kg。由于污水在塔内停留时间很短（一般只有几分钟），塔式生物滤池对有机物的处理往往不是很完全，BOD_5 去除率较低，一般只有 60%～85%。

6）塔式生物滤池也适用于处理温度较高的工业废水，比如有的炼油和化纤工业排放的污水在夏季温度可高达40～50℃，根本不可能采用活性污泥法。而塔式生物滤池的结构类似冷却塔，污水在塔内自上而下流动过程中，温度会逐渐降低，不同高度生长着适应不同温度的微生物，即使在接触高温的顶部填料上，也生存着相当活跃的高温细菌。多种细菌在同一生物处理装置内出现，无疑会提高处理效果。

4. 曝气生物滤池

曝气生物滤池（Biological Aerated Filter），简称BAF。是20世纪80年代初在普通生物滤池的基础上，并借鉴给水滤池工艺而开发的污水处理新工艺，最初用于污水的三级处理，以后发展直接用于二级处理。曝气生物滤池在欧美和日本等发达国家广为流行。该技术不仅可用于水体富营养化处理，而且被广泛的用于城市污水、食品加工废水、酿造和造纸等高浓度废水的处理。

随着研究的深入，曝气生物滤池从单一工艺逐渐发展成系列综合工艺，具有去除SS、COD、BOD、硝化、脱氮除磷、除去AOX（有害物质）的作用，其最大特点是集生物氧化和过滤于一体，节省了后继二次沉淀池，在保证处理效果的前提下使处理工艺简化。此外，曝气生物滤池工艺的有机物容积负荷高、水力负荷大、水力停留时间短、所需基建投资省、能耗和运行成本低、出水水质高。

（1）构造方面特征。曝气生物滤池的构造与给水处理的快滤池相类似，只是滤料不同，一般采用活性炭、页岩、陶粒、沸石等，其中应用最多的是粒状有机滤料（粒径为3～5mm的聚氨酯泡沫或聚苯乙烯塑料球），与无机滤料相比有机滤料的抗反冲洗磨损性能更好。

曝气生物滤池有两种运行方式：一种是上进水，水流与空气流逆向运行，称为逆向流或向下流；另一种是池底进水，水流与空气流同向运行，即同向流或向上流。同向流负荷高，出水水质较差，需设二沉池；而逆向流流速较小时，可不设二沉池。

曝气生物滤池的主体可分为布水系统，布气系统，承托层、生物填料层、反冲系统等五个部分。被处理的原污水从池上部（或下部）进入池体，并通过填料层，在填料表面形成由微生物栖息而形成的生物膜，在污水滤过滤层的同时，由池下部通过空气管向滤层进行曝气，空气由填料的间隙上升，与污水接触，空气中的氧转移到污水中，向生物膜上的微生物提供充足的氧和丰富的有机物。在微生物的新陈代谢作用下，有机污染物被降解，污水得到处理。利用气水反冲洗技术，来强化反冲洗效果。一般采用压缩空气作为气源，充氧和冲洗共用同一气源的做法尽管能够减少部分投资，但会影响滤池的稳定运行。反冲洗用水通常是处理出水，必要时应设置中间储水池，也可避开进水高峰期，在夜间进行反冲洗，以减缓冲洗污水对处理系统的冲击影响。反冲洗对保证曝池正常运行十分重要，否则会产生如下不良后果：

1）冲洗不均匀，使得滤池冲洗周期缩短，降低了滤池产水能力，增加了能耗。

2）局部冲洗强度过高会破坏承托层结构，导致滤料与承托层混合，甚至引起滤料流失。

（2）工艺特点。

1）较小的池容和占地面积。曝气生物滤池的BOD_5容积负荷可达到5～6kg(BOD_5)/(m^3·d)，是常规活性污泥法或接触氧化法的6～12倍，所以它的池容和占地面积只有活性污泥法或接触氧化法的 1/10 左右，大大节省占地面积和大量的土建费用。

2）填料的颗粒细小，比表面积大，微生物附着力强，池内能够保持较高的物量，再由于截留作用，污水处理效果良好。

3）简化处理流程。由于滤池对 SS 的生物截留作用，使出水中的活性污泥很少，故无需设置二沉池和污泥回流泵房，处理流程简化，占地面积进一步减少，尤其适合于用地紧张的场合。

4）气液相在滤料间隙充分接触。由于气液固三相接触，从而提高了氧的利用率和处理效果，降低了能源的消耗，在处理水质相同的状态下，填料的容积负荷高，还可使生物膜处于对数增长期。

5）无需污泥回流，也无污泥膨胀之虑，如反冲洗全部自动化，则维修管理方便。

6）具有多种净化功能，除了用于有机物的去除以外，还能够去除 NH_3—N 等。通过沿滤层高度上充氧强度的灵活调整达到下层缺氧区和上层好氧区的相互配合，易实现在同一装置中快速脱氮除磷功能。

4.4.3.2 生物滤池的运行管理及异常对策

1. 影响生物滤池处理效果的因素

（1）生物膜的生长。生物膜中的微生物利用废水中的有机物及营养物质，通过同化作用，合成新的细胞，使膜不断生长。对缺乏营养的工业废水系统，为了使生物膜生长良好，需外加营养，其投加量与活性污泥系统相类似。厚度薄的生物膜，耗氧速率高，活性强。生长过厚的膜，大部分处于厌氧环境下，有机物分解速率慢，分解代谢产物仍为有机酸、醇等低分子有机化合物，同时还有臭气；脱落后仍可能造成局部堵塞，影响通气及处理效果。

（2）负荷率。负荷率是集中反映生物滤池工作性能的重要参数。通常分为有机负荷率［单位：kg(BOD_5)/m^3（滤料）］和水力负荷［单位：$m^3/(m^2 \cdot d)$］两种。为了达到处理目的，有机负荷不能超过生物膜的分解能力。据日本城市污水实验结果表明：BOD_5 负荷极限值为 1.2kg/($m^3 \cdot d$)，提高有机负荷率，出水水质将有所下降。水力负荷用来表征滤池的基础时间和水流的冲刷能力。水力负荷太大，接触时间短，净化效果差。而太小，滤料不能完全利用，冲刷作用小。一般普通生物滤池的水力负荷为 1～4$m^3/(m^2 \cdot d)$，高负荷生物滤池为 5～28$m^3/(m^2 \cdot d)$。有机负荷 N、水力负荷 q_v，和净化效率是全面衡量生物滤池工作性能的三个重要指标，它们的关系是

$$N=\frac{Q}{V}S_0=\frac{q_v S_e}{H(1-\eta)} \tag{4-25}$$

由式（4－25）可见：①当进水浓度 S_0 和净化效率 η 一定时，出水浓度 S_e 也一定，则 q_v 与 N 成正比；②当 S_e 和 q_v 一定时，η 越高意味着 N 也越高；③当水力负荷 q_v 和出水浓度 S_e 一定时，η 随滤池深度 H 的增加而提高。由于不同深度处的废水组成不同，膜中微生物种类和数量也不同，因而实际的有机物去除速率是不同的。一般沿水流方向，有机物去除速率递减。当滤池深度超过某一数值后，处理效率的提高不大。

（3）废水的性质。由于废水同生物膜的接触时间极短，生物滤池一般是用于处理分子量较小的或极易生物降解的有机废水，对难降解的有机废水，可增加滤池级数或在工艺中采取出水回流等措施。

（4）供氧。生物滤池中，微生物所需的氧一般直接来自大气，靠自然通风供给。影响滤池通风的主要因素是滤池内外的气温差、滤池的高度、有机物的浓度等。为了提高滤池的效果，需注意改进滤料的形状，在具有一定强度的同时，又具有尽可能大的空隙率。进水 COD 小于 400mg/L，当入流浓度高于此值时，采用回流稀释或机械通风等措施。

（5）温度。同活性污泥系统相似，生物滤池生化反应速率也受温度影响。在微生物适宜的温度范围内，温度降低，生物的活性和耗氧速率也降低。由于滤池采用自然通风供氧，受气温的影响较大，温度系数 θ 为 1.02～1.14，故冬季处理效果较差。

（6）pH 值和毒物。滤池中生物的生长繁殖与 pH 值有密切关系，废水 pH 值的合适范围为 5.5～9.0，以 6.5～8.5 较佳。而废水中有毒物质超过一定浓度就会抑制和杀害微生物。因此 pH 值的急剧变化与毒物的冲击都可使生物膜大片死亡、脱落，引起滤池阻塞和处理效果急剧下降。

2. 生物滤池的运行控制及管理

（1）滤料。滤料粒径的选择应综合考虑有机负荷和水力负荷等因素。当有机物浓度高时，应采用较大的粒径。应有足够的机械强度，卵石滤料大小应均一，筛除小的石块可增加空隙率，及时清除滤池表面的落叶等杂物，以免堵塞和影响通风，并可使布水均匀。

生物滤池过去常用碎石、卵石、炉渣、焦炭等做滤料。近年来多采用塑料滤料，它的比表面积大，空隙高，质轻，有利于膜的脱落和通风，耐腐蚀性好，为提高滤池的负荷和采用塔式滤池创造了有利条件。缺点是价格昂贵。

（2）布水系统。布水系统的喷嘴需定期检查，清除喷口的污物，防止堵塞。冬天停水时，不可使水积存在布水管中以防管道冻裂。旋转式布水器的轴承需定期加油。

（3）排水系统。排水系统应定期检查，防止堵塞，堵塞处应冲洗。当滤料石块随水流冲下时，要将其冲净，不要排入二沉池，否则会引起管道堵塞或减少池子有效容积。

（4）运行方式。根据废水的水质水量及不同处理要求，可以采用以下不同的运行方式和工艺流程：

1）回流。回流就是利用滤池出水稀释进水的做法。当进入滤池的废水量不大，而有机物浓度较高时，容易造成滤料空隙被生物膜堵塞的现象，严重时甚至会使生物滤池的工作不能正常进行，这时要采用回流的运行方式。其作用有：①增大水力负荷促进生物膜的脱落，避免生物膜过厚；②降低进水有机物负荷，防止浓度冲击；③防止滤池孳生蚊蝇和减少恶臭；④回流液中挟带的微生物使滤池中有用的微生物的浓度增加，促进生物膜的生长。

回流方式及回流量：①连续回流；②水量很小，无法维持水力负荷在最小经验值以上时；③原水流量小时回流至初沉池，防止原水在初沉池中因停留时间过长而发生腐败。

回流水量大小的选定应预先经过试验，根据动力消耗及处理深度的需要作出抉择。

2）二级滤池。在出水水质要求高时，可采用两个滤池串联起来运行，这样 *BOD* 去除率往往可达 90%以上，出水净化程度较高常能达到硝化阶段。此外二级滤池的运行也较灵活，如若废水水量增加，也可将两个滤池并联运行，但出水水质会相应下降，为了防止一级滤池膜过厚，也可将串联的两个滤池交替地用作第一级滤池或第二级滤池。

（5）滤池蝇问题。滤池蝇是一种小形昆虫，幼虫在滤池的生物膜上孳生，成体蝇在滤池周围飞行，可飞越普通的窗纱，进入人体的眼、耳、口、鼻等处。滤池蝇的生长周期随气温上升而缩短，从 15℃的 22d 到 29℃的 7d 不等。在环境湿交替条件下发生最频繁。滤池蝇的害处主要是影响环境卫生。

防止方法：①连续地向滤池投配水；②按照与减少积水相类似方法减少过量的生物膜；③每周或每两周用废水淹没滤池24h；④冲洗滤池内部暴露的池墙表面，如可延长布水横管，使废水能洒布于壁上，若池壁保持潮湿，则滤池蝇不能生存；⑤在进水中加氯，维持0.5～1.0mg/L的余氯量；加药周期为1～2周，以避免滤池蝇完成生命周期；⑥隔4～6周投加一次杀虫剂，以杀死欲进入滤池的成蝇。

(6) 臭味问题。滤池是好氧的，一般不会有严重臭味，若有臭皮蛋味表明有厌氧条件存在。

防止办法：①维持所有的设备（包括沉淀池和废水废气系统）都保持在好氧状态；②降低污泥和生物膜的累积量；③在滤池进水且流量小时短期加氯；④采用滤池出水回流；⑤保持整个污水厂的清洁；⑥清洗出现堵塞的排水系统；⑦清洗所有通气口；⑧在排水系统中鼓风，以增加流通性；⑨降低特别大的有机负荷，以免引起污泥的积累；⑩在滤池上加盖并对排放气体除臭。

(7) 滤池积水。在滤池表面形成一个个由污泥堆积成的坑，里面积水。泥坑的产生会影响布水的均匀程度，并因此而影响处理效果。产生原因：①石质或其他滤料的粒径太小或不均匀；②由于温度的骤然变化使石质滤料破碎，引起堵塞孔隙；③一级处理设备运行不正常，导致进水中的悬浮物量过高；④生物膜的过度剥落堵塞了滤料的孔隙。

预防和补救方法：①耙松滤池表面的石质滤料；②用高压水流冲洗滤料表面；③停止在积水面积上布水器的运行，让连续的废水将滤料上的生物膜冲走；④在进水中投配游离氯（5mg/L），历时数小时，隔几周投配，最好在晚间流量小时投配以减少用氯量，1mg/L的氯即能抑制真菌的生长；⑤使滤池停止运行1至数天，以便让积水滤干；⑥对于有水封墙和可以封住排水渠道的滤池用废水至少淹没24h以上；⑦若以上措施仍然无效时，就要考虑更换滤料了，这样做可能比清洗旧滤料更经济些。

(8) 滤池表面结冻。冬天不仅处理效率低，有时还可使滤池完全失效。

预防和解决办法：①减少出水回流次数，可以停止回流直到气候温和为止；②在滤池的上风向处设挡风装置；③调节喷嘴和反射板使滤池布水均匀；④及时清除滤池表面出现的冰块。

(9) 布水管及喷嘴堵塞。布水管及喷嘴的堵塞使废水在滤料上分配不均匀，水与滤料的接触面积减少，降低了效率，严重时大部分喷嘴堵塞，会使布水器内压力增高而爆裂。

防治方法：①清洗所有喷嘴及布水器孔口；②提高初沉池对油脂和悬浮物的去除效果；③维持适当的水力负荷；④按规定定期对布水器进行加油。

(10) 防止孳生蜗牛、苔藓和蟑螂。防治办法：①在进水中加氯10mg/L，使滤池出水中的余氯量为0.5～1.0mg/L，并维持数小时；②用最大的回流量来冲洗滤池。

(11) 生物膜的异常脱落。这一问题通常易于在高负荷滤池或滤塔进水中断再恢复时出现，因此，应当保持进水的连续运行。

4.4.4　生物转盘工艺的运行控制与管理

1. 生物转盘的工艺特点

生物转盘又称为浸没式生物滤池。生物转盘去除废水中有机污染物的机理与生物滤池基本相同，但构造形式与生物滤池完全不同。它由许多平行排列的盘片、接触反应槽、转轴及驱动装置所组成。转盘面积的40%左右浸没在反应槽内的污水中，盘片上生长着生物膜，盘片在与之垂直的水平转轴的带动下缓慢转动，浸入废水中部分盘片上的生物膜便吸附废水中的有机物，当转出水面时，生物膜又从大气中吸收所需的氧气，使附着在膜上的有机物被微生物所分解。随着盘片的不断转动，最终使槽内废水得以净化。随着盘片上的生物膜不断增厚，老化的生物膜在污水水流与盘面之间产生的剪切力的作用下而剥落下来，这样就防止了相邻盘片之间空隙的堵塞，剥落下来的生物膜在二次沉淀池内截留，并进一步去除，不需回流。

同活性污泥法及生物滤池相比，生物转盘具有很多特有的优越性，除有效地去除有机污染物外，如运行得当，生物转盘系统能够具有硝化、脱氮与除磷功能。

作为污水生物处理技术，生物转盘之所以能够被认为是一种效果好、效率高、便于维护、运行费用低的工艺，是因为它在工艺和维护运行方面具有如下特点：

(1) 微生物浓度高，特别是最初几级的生物转盘。

(2) 生物相分级，每级转盘生长着适应于流入该级污水性质的生物相，这种现象对微生物的生长繁育，有机污染物的降解非常有利。

(3) 污泥龄长，在转盘上能够增殖世代时间长的微生物，如硝化菌等，因此，生物转盘具有硝化，反硝化的功能。由于无需污泥回流，可向最后几级接触反应槽或直接向二沉池投加混凝剂去除水中的磷。

(4) 耐冲击负荷能力强，对 *BOD* 值达 10000mg/L 以上的超高浓度有机污水到 10mg/L 以下的超低浓度污水，都可以采用生物转盘进行处理，并能够得到较好的处理效果。

(5) 微生物的食物链较长，因此，产生的污泥量较少，约为活性污泥法的1/2左右。

(6) 接触反应槽不需要曝气，污泥不需回流，因此，动力消耗低，这是本法的最突出的特征之一。

(7) 生物转盘工艺不产生污泥膨胀，不需要经常调节生物污泥量，设备简单便于维护管理。

(8) 设计合理，运行正常的生物转盘，不产生滤池蝇，不出现泡沫也不产生噪声，不存在发生二次污染的现象。

(9) 生物转盘的流态属于完全混合—推流型，去除有机物的效果好。但是由于国内塑料价格较贵，所以基建投资相对较高，占地面积较大。往往在废水量小的工程中采用生物转盘法来处理。

目前仍有新的生物转盘推出，如空气驱动式生物转盘，可依靠设在反应槽中的充气管驱动转盘又可以为生物供氧；利用藻菌共生体系来处理废水的藻类转盘；在曝气池内组装生物转盘的活性污泥式生物转盘；此外还有硝化转盘及厌氧反硝化脱氮转盘，以进行废水的深度净化。

2. 生物转盘的运行控制及管理

(1) 预处理。生物转盘作为二级处理设备，其设计负荷的选定必须有充分的根据，在设计上还应当考虑在使处理水质达到预期指标的基础上，尽量减少所需的转盘体面积。为此预处理工艺占有重要的位置，起着主要的作用。进行预处理或以初沉池去除悬浮物、砂粒、大的有机物颗粒等，若不去除，它们可沉积在反应槽底部，减少了槽的有效面积，沉积的固体将变成厌氧状态，腐败后会产生臭气，使水中溶解性 BOD 值上升。初沉池去除率不足、反应槽底部固体物积累过多。其造成的后果是：沉淀池表面释放气泡；废水通过初沉池后 pH 值下降。

（2）转盘分级。将转盘分为多级串联运行，能够提高处理水水质和污水中的溶解氧含量。而且在污水净化程度逐级提高过程中，每级可以培养出相应的微生物，以适应不同浓度和不同处理程度的要求。但是级数一般不超过四级，级数过多，不仅要增加设备加大投资，而且容易造成前几级实际负荷过多，严重缺氧，处理效果反而不好的现象。根据圆盘数量及平面位置，可以采用单轴多级或多轴多级形式。

（3）转盘罩盖。转盘应予以覆盖，其原因为：①保护转盘体表面上生长的微生物不受雨雪的侵袭而影响生物膜的正常生长，可建于室内；②由于转盘受气温影响大，在冬季低温时可防止热量的散失；③无论是室内或室外，罩盖以暗为宜，防止藻类生长。

（4）转盘体浸没率。在一般条件下，中心轴不接触水面，转盘体的废水浸没率约为 40%，但是，对原水浓度高的废水，降低浸没率是适宜的。

（5）转盘的转速。盘体的旋转速度是影响废水处理效果的一个重要因素，如微生物与废水的接触，向盘片上的生物膜供氧，过剩生物膜的脱落，废水的搅拌曝气，废水在反应槽内的混合等作用的效果都与转盘的转速有关。实验结果证实，转速相对增大，上述各项作用的效果亦增强。在一般情况下，处理城市污水的转盘，圆周速度约为 18m/min，工业废水处理的转盘。其周速应有所提高，当超负荷时第一段的转速宜于加大。转速及所需动力与转盘形状有关，应按速度的 2 次方或 2.5 次方的比例或考虑经济效果来加以均衡。

（6）水质、水量的变动。生物转盘对水量、水质的变动有较强的适应性，但长时间的超负荷运行可使多级转盘系统中的第一级超负荷，造成生物膜过厚、厌氧发黑、BOD 去除率下降，且脱落的生物膜沉降性能差，给后续处理带来困难，从安全考虑，水量负荷的变动可以达日平均水量的 1 倍，BOD 负荷则可达 2 倍，废水在槽内的反应时间越长、段数越多对水量水质变动的适应性也越强。

通过日常监测，要严格控制污水的 pH 值、温度、营养成分等指标，尽量不要发生剧烈变化。

（7）进水方向。在一般情况下，盘体的转动方向应与水流方向一致，但是，当反应槽底是平的时，转盘的转动方向应与水流方向相反为宜，以防止短路。

（8）溶解氧 *DO*。反应槽中混合液的溶解氧值，在不同级上有所变化，用来去除 *BOD* 的转盘，第一级 *DO* 为 0.5～1.0mg/L，后几级可增高至 1.0～3.0mg/L，常为 2.0～3.0mg/L，最后一级达 4.0～8.0mg/L。此外，混合液 *DO* 值随水质浓度和水力负荷而发生相应变化。

（9）生物相的观察。生物转盘与生物滤池都属于生物膜法处理系统，因此，盘片上生物膜的特点，与生物滤池上的生物膜完全相同，生物呈分级分布现象。第一级生物膜往往以菌胶团细菌为主，膜最厚；随着有机物浓度的下降，以下的数级分别出现丝状菌、原生动物及后生动物，生物的种类不断增多，但生物量即膜的厚度减少，依废水水质的不同，每级都有其特征的生物类群。当水质浓度或转盘负荷有所变化时，特征型生物层次随之前移或后移。

正常的生物膜较薄，厚度约为 1.5mm 左右，外观粗糙、黏性，呈现灰褐色。盘片上过剩的生物膜不时脱落，这是正常的更替，随后就被新膜覆盖。用于硝化的转盘，其生物膜薄得多，外观较光滑，呈金黄色。

(10) 二沉池。从盘片上脱落下来的生物膜呈大块絮状，它们在氧化槽中受旋转盘片的带动而悬浮，部分随出水带出，故必须处理，处理方法与传统二沉池相同，由于二沉池中污泥不回流，应定期排除二沉池中的污泥，通常每隔4h排一次，使之不发生腐化。排泥频率过多，泥太稀，会加重后处置工艺的压力。

(11) 设备维修。为了保证生物转盘正常运行，应对所有设备定期进行检查维修，如转轴的轴承，电动机是否发热，有无不正常的杂音，传动带或链条的松紧程度，减速器、轴承、链条的润滑情况、盘片的变形情况等，及时更换损坏的零部件。在生物转盘运行过程中，经常遇到检修或停电等原因需停止运行1天以上时，为防止因转盘上半部和下半部的生物膜干湿程度不同而破坏转盘的重量平衡时，要把反应槽中的污水全部放空或用人工营养液循环，保持膜的活性。

(12) 反应槽内pH值。pH值必须保持在6.5～8.5范围内，进水pH值一般要求调整在6～9范围内，经长期驯化后范围可略扩大，超过这一范围处理效率将明显下降。硝化转盘对pH值和碱度的要求比较严格，硝化时pH值应尽可能控制在8.4左右，进水碱度至少应为进水NH_3—N浓度的7.1倍，以使反应完全进行而不影响微生物的活性。

(13) 反应槽中固体物质的积累。沉砂池或初沉池中固体物质去除不佳，会使悬浮固体在反应槽内积累并堵塞进水通道，产生腐败，发出臭气，影响系统的运行，应用泵将它们抽出，并检验固体物的类型，针对产生的原因加以解决。

学习情境4.5 污泥处理与处置系统的运行与管理

各种污水处理过程中都会产生很多沉淀物和漂浮物合称为污泥；污泥中污染物浓度很高，从城市污水处理厂中排出的污泥和沉渣中含有大量的污染物和病原微生物及寄生虫卵且性质很不稳定、容易腐败并产生臭气，一些工业废水处理工程中产生的污泥含有大量“三致”性有机物和重金属，如不妥善处置将对环境构成很大的潜在污染。我国每天排放的污泥量多达几百万吨，随着污水厂建设的蓬勃发展，近年来我国污泥量将成倍的增长。

污泥的处理处置费用十分昂贵。对于一个活性污泥法污水处理厂，虽然其产生的各种污泥仅占整个污水量的0.3%～0.5%，但污泥处理和处置费用却可能与污水处理费用相当；污泥中含有的高浓度污染物可以直接或经过适当处理作为有用资源进行综合利用。仅将污泥当作“废物”进行处理处置的做法，不仅在经济上难以接受，而且不符合可持续发展的原则。

含水率很高几乎是一切污泥的共性，城市污水厂的初沉污泥含水率一般为95%～97%以上，而二沉池污泥含水率则高达99%以上。污泥含水率很高导致体积庞大，不但给输送、处理与处置带来很大的负担，而且对回收利用也不利。另外，含有大量微生物的有机性污泥在高含水率条件下特别容易腐败变质。总而言之，降低含水率是污泥处理处置的第一道工序，是所有污泥处理厂的重中之重。降低污泥含水率的方法主要有浓缩、机械脱水与干化。

经过脱水处理后的污泥其体积大大减少，易于开展综合利用。从各种生化途径产生的有机性污泥（包括食品及发酵行业排出的有机性污渣以及城市污水厂排出的生化污泥）经过适当处理后可以作为肥料、饲料等回用于农林牧副渔。从电镀生产中产生的废渣可以通过回收其中的重金属或用于烧砖，在污泥的综合利用过程中应综合考虑“合分原则”。

对于难以综合利用的污泥可以采用填埋或投海弃置办法进行最终处置，以减小或消除其对环境的潜在危害。污泥的处理处置方法多种多样，但从其技术方法的作用原理上看，也不外乎分离和转化两种，包括物理方法、化学方法和生物方法。其中生物方法因经济高效而成为有机性污泥处理处置的主流，在实际工程实践中，根据被处理污泥的特点以及综合利用要求，往往将多种技术方法组合成完善的工艺系统，以实现高效、经济地处理处置污泥的目的。另外，污泥的处理处置系统中还须考虑污泥储存装置的设置，以缓减污泥流量波动带来的不利影响。

污水处理系统产生的污泥，含水率很高，体积很大，输送、处理都不方便。污水处理厂中的污泥处理构筑物主要是污泥浓缩池和污泥消化池。污泥浓缩池的作用是使污泥减量，缩小后续处理构筑物的容积或处理设备的容量；污泥消化池的作用是使污泥稳定，将污泥中易降解的有机物分解，减少污泥恶臭，方便运输及处理。

4.5.1　污泥浓缩工艺的运行控制与管理

1. 污泥浓缩工艺概述

污泥浓缩可使污泥初步减容，使其体积减小为原来的几分之一，从而为后续处理或处置带来方便。经浓缩后，可使污泥管的管径减小，输送泵的容量减小。浓缩之后采用消化工艺时可减少消化池容积，并降低力零热量，浓缩之后直接脱水，可减少脱水机台数，并降低污泥调质所需的絮凝剂投加量。

污泥浓缩主要有重力浓缩、气浮浓缩和离心浓缩三种工艺形式，国内目前以重力浓缩为主，这种浓缩方式在国外早已有了非常成熟的运行实践经验。因此，这里主要以重力浓缩池为对象进行介绍。

重力浓缩本质上是一种沉淀工艺，属于压缩沉淀。浓缩前由于污泥浓度很高，颗粒之间彼此接触支撑，浓缩开始以后，在上层颗粒的重力作用下，下层颗粒间隙中的水被挤出界面，颗粒之间互相拥挤得更加紧密。通过这种拥挤和压缩过程，实现污泥的浓缩。

2. 污泥浓缩池的运行控制

（1）固体表面负荷。固体表面负荷是指浓缩池单位表面积在单位时间内所能浓缩的干固体量。固体表面负荷的大小与污泥种类有关系，是综合反映浓缩池对某种污泥的浓缩能力的一个指标。初沉污泥的浓缩性能较好，其固体表面负荷一般可控制在90～150kg/(m^2·d)之间。初沉污泥与活性污泥混合后进行重力浓缩时，其固体表面负荷取决于两种污泥的比例，一般固体表面负荷可控制在25～80kg/(m^2·d)之间。即使同一种类型的污泥，固体表面负荷值的选择也因污水处理厂的不同而不同，这要求在运行中根据实践经验找出适合本厂固体表面负荷的最佳取值范围。

（2）污泥停留时间。污泥浓缩池的水力停留时间一般控制在12～30h范围内。这个时间的长短主要取决于浓缩池的形式及污泥的主要成分，停留时间过长，污泥就会发生水解酸化，会使污泥颗粒粒径变小，比重减轻，导致浓缩困难；如果停留时间继续延长，将会发生厌氧分解或者反消化，导致污泥上浮，从而影响污泥浓缩的运行。

（3）温度的控制。温度对浓缩效果的影响是比较重要的，当温度较高时，会使污泥的黏度降低，使空隙水释放出来，可提高浓缩效果，但是在较高温度下，会使污泥酸化腐败，使浓缩效果降低，因此要控制好温度，使其在最佳状态。根据实践，浓缩效果最佳的温度为15～20℃。

(4) 浓缩池的运行方式。浓缩池的运行方式有连续式和间歇式两种：连续式浓缩在较大的水厂中易实现，且浓缩效果较好；间歇式浓缩一般在小型水厂中使用，为了保证浓缩效果，每次排泥不能过量，否则排泥速度会超过浓缩速度，使排泥变稀，并破坏污泥层。

(5) 检测分析项目。温度为进泥及池内污泥温度；流量为进泥量与排泥量；含水率为浓缩池进泥和排泥，每天3次，取瞬时样；BOD为浓缩池上清液，每天1次，取连续混合样；SS为浓缩池上清液，每天3次，取瞬时样；TP为浓缩池上清液，每天1次，取连续混合样。

3. 污泥浓缩池的管理

及时清除浮渣，无浮渣刮板时，可用水冲洗，将浮渣冲到池边，然后清除。初沉污泥与活性污泥混合浓缩时，应保证两种污泥混合均匀，否则进入浓缩池后，由于重度不同而产生的流动扰动污泥层，降低浓缩效果。

当污水生化处理系统中产生污泥膨胀时，丝状菌会随活性污泥进入浓缩池，使污泥继续处于膨胀状态，致使无法进行浓缩。对于以上情况，可向浓缩池入流污泥中加入氧化剂，抑制微生物的活动，保证浓缩效果。同时，还应从污水处理系统中寻找膨胀原因，并予以排除。

在浓缩池入流污泥中加入部分二沉池出水，可以防止污泥厌氧上浮，提高浓缩效果，同时还能适当降低恶臭程度。

浓缩池较长时间没排泥时，应先排空清池，严禁直接开启污泥浓缩机。

由于浓缩池容积较小，热容量小，在寒冷地区的冬季浓缩池液面会出现结冰现象。此时应先破冰并使之融化后，再开启污泥浓缩机。

应定期检查上清液溢流堰的平整度，如不平整应予以调节，否则导致池内流态不均匀，产生短路现象，降低浓缩效果。

浓缩池是恶臭很严重的一个处理单元，因而应对池壁、浮渣槽、出水堰等部位定期清刷，尽量使恶臭降低。

应定期排空彻底检查是否积泥或积砂，并对水下部件予以防腐处理。

4. 常见故障原因分析及对策

(1) 污泥上浮，液面有小气泡逸出，且浮渣量增多。排泥不及时，可适当提高浓缩机的转速，从而加大污泥收集速度。排泥不及时，排泥量太小，或排泥历时太短，应加强运行调度，做到及时排泥。进泥量太小，污泥在池内停留时间太长，导致污泥上浮。解决措施是尽量减少投运池数，增加每池的进泥量，缩短停留时间。由于初沉池排泥不及时，污泥在初沉池内已经腐败，此时应加强初沉池的排泥操作。

(2) 排泥浓度太低，浓缩比太小，使固体表面负荷增大，超过了浓缩池的浓缩能力。应降低入流污泥量。排泥太快，当排泥量太大或一次排泥量太多时，排泥速率会超过浓缩速率，导致排泥中含有一些未完成浓缩的污泥，应降低排泥速率。

(3) 浓缩池内发生短流。能造成短流的原因很多，溢流堰板不平整使污泥从堰板较低处短流流失，不能经过浓缩，此时应对堰板予以调节。进泥口深度不合适，入流挡板或导流筒脱落，也可导致短流，此时可予以改造或修复。另外，温度的突变、入流污泥含固量或冲击式进泥，均可导致短流，应根据不同的原因，予以处理。

4.5.2 污泥厌氧消化工艺的运行控制与管理

1. 污泥厌氧消化工艺概述

厌氧消化是利用兼性菌和厌氧菌进行厌氧生化反应，分解污泥中有机物质的一种污泥处理工艺。目前公认的厌氧消化机理模式是三阶段模式，即：①水解阶段，碳水化合物(脂肪、蛋白质)在水解发酵菌作用下转化为糖类、脂肪酸、氨基酸、水和二氧化碳；②产氢产乙酸阶段，脂肪酸在产氢产乙酸菌作用下转化成 H_2、CO_2、乙酸；③产甲烷阶段，由两组生理不同的产甲烷菌作用，一组将 CO_2 还原为 CH_4 另一组将乙酸脱羧产生 CH_4。由上述三阶段完成污泥的厌氧消化。

在大型污水处理厂中，厌氧消化池是污泥处理的重要组成部分。厌氧消化池的作用主要体现在：

(1) 污泥稳定化。有机物被厌氧消化分解，污泥中不稳定有机物被兼性菌和厌氧菌分解，使消化后污泥处于稳定状态，不易腐化。

(2) 污泥无害化。通过厌氧消化，污泥中大部分病原菌或蛔虫卵被杀灭或作为有机物被分解，使污泥无害化。

(3) 污泥资源化。在厌氧消化过程中，随着污泥被降解，将产生大量高热值的沼气，可以作为高能源回收利用。另外，污泥经消化以后，其中的部分有机氮转化成了氨氮，提高了污泥的肥效，可以使处理后的污泥作为肥料加以利用。

(4) 污泥减量化。污泥消化过程中，一部分污泥被厌氧分解，转化成沼气，使消化后的污泥量降低，这本身也是一种减量的过程。

2. 污泥厌氧消化影响因素

(1) pH 值。产酸菌和产甲烷菌对 pH 值的敏感程度差别很大，产甲烷菌对 pH 值的波动要比产酸菌敏感得多。为了保证厌氧消化池的正常运行，控制 pH 值时，主要应满足产甲烷菌的需要，一般应将消化液的 pH 值控制在 6.8～7.4 近于中性的范围内。

(2) 碱度。从理论上讲，由于进泥量的周期性变化及其他环境因素的变化，产酸速率和产甲烷速率会经常性的处于波动状态，而二者的步调又很难一致，因而消化液的 pH 值也很难稳定在 6.8～7.4 近中性的范围内。但实践证明，绝大部分处理厂的消化系统，在正常运行时并不需要经常性地人工调整 pH 值，消化液的 pH 值能自动保持在 6.5～7.5 的范围内，其主要原因是消化液中存在大量的碱度，这些碱度主要以碳酸氢盐(HCO_3^-)的形式存在，在消化液中起着酸碱缓冲的作用。

(3) 温度。温度是影响消化的另一个重要因素。由于产甲烷菌繁殖代谢速度较慢，内部整个消化过程的速率由产甲烷阶段控制。甲烷细菌正常生存的温度范围较一般细菌宽，一般在 10～60℃之间，甲烷细菌从活性总体上看，存在两个高效区间，在 55℃左右，消化效率较高，消化时间仅需 15d；35℃左右，消化效率也较高，消化时间约需 20d。

按照消化温度的不同，消化常分为三类：中温消化、高温消化和常温消化。中温消化的温度可在 30～38℃，常采用 35℃；高温消化温度可在 50～56℃之间，常采用 55℃；常温消化一般不加热，不控制消化温度，因而消化温度处于波动状态，常在 15～25℃之间。常温消化要达到一定的消化效果需要很长的停留时间，池容将很大，因此实际中很少采用。高温消化的有机物分解率和沼气产量会略高于中温消化，但需要增加很多的热量。一般认为得不偿失，因而采用的不多。

（4）消化时间与负荷。对于一套特定的消化系统来说，其消化能力也是一定的。常用最短允许消化时间和最大有机负荷两个指标来衡量消化能力。最短允许消化时间是指达到要求的消化效果时，污泥在消化池内的最短允许水力停留时间。最大允许有机负荷是指达到要求的消化效果时，单位消化池容积在单位时间内所能消化的最大有机物量。

（5）混合搅拌。消化池内需保持良好的混合搅拌。搅拌的作用在于：使污泥颗粒与厌氧微生物均匀地混合接触；使消化池各处的污泥浓度、pH值、微生物种群等保持均匀一致；及时将热量传递至池内各部位，使加热均匀；在出现有机物冲击负荷或有毒物质进入时，均匀地搅拌混合可使其冲击或毒性降至最低。通过以上几个方面的作用，提高容积利用率，使消化池有效容积增至最大。有效的搅拌混合可大大降低池底泥砂的沉积及液面浮渣的形成。

（6）毒性。甲烷菌是一类很脆弱的细菌，很多物质都能使其中毒，降低其代谢活性。重金属普遍对甲烷菌具有很强的毒害作用。一些轻金属在一定浓度下对甲烷菌也有抑制作用。

3. 消化池工艺运行控制与管理

（1）pH值和碱度的控制。在正常运行时，产甲烷菌和产酸菌会自动保持平衡，并将消化液的pH值自动维持在6.5～7.5的近中性范围内。此时，碱度一般在1000～1500mg/L（以$CaCO_3$计）之间，典型值在2500～3500mg/L之间。

（2）毒物控制。污水处理厂进水中工业废水成分较高时，其污泥消化系统经常会出现中毒问题。中毒问题常常不易及时察觉，因为一般处理厂并不经常分析污泥中的毒物浓度。当出现重金属类的中毒问题时，根本的解决方法是控制上游有毒物质的排放，加强污染源管理。在处理厂内常可采用一些临时性的控制方法，常用的方法是向消化池内投加Na_2S，绝大部分有毒重金属离子能与S^{2-}反应形成不溶性的沉淀物，从而使之失去毒性，Na_2S的投加量可根据重金属离子的种类及污泥中的浓度计算确定。

（3）加热系统的控制。甲烷菌对温度的波动非常敏感，一般应将消化液的温度波动控制在±0.5～1.0℃范围之内。要使消化液温度严格保持稳定，就应严格控制加热量。

消化系统的加热量由两部分组成：一部分是将投入的生泥加热至要求的温度所需的热量；另一部分是补充热损失，维持温度恒定所需要的热量。

温度是否稳定，与投泥次数和每次投泥量及其历时的关系很大。投泥次数较少，每次投泥量必然较大。一次投泥太多，往往能导致加热系统超负荷，由于供热不足，温度降低，从而影响甲烷菌的活性。因此，为便于加热系统的控制，投泥控制应尽量接近均匀连续。

蒸汽直接池内加热，效率较高，但存在一些缺点：一是会消耗掉锅炉的部分软化水，使污泥的含水率略有升高；二是能导致消化池局部过热现象，影响甲烷菌的活性。一般来说，搅拌应与蒸汽直接加热同时进行，以便将蒸汽带入的热量尽快均匀分散到消化池各处。

当采用泥水换热器进行加热时，污泥进入换热器内的流速应控制在1.2m/s以上。因为流速较低时，污泥进入热交换器会由于突然的遇热，在热交换面上形成一个烘烤层，起隔热作用，从而使加热效率降低。

(4) 搅拌系统的控制。良好的搅拌可提供一个均匀的消化环境，是消化效果高效的保证。完全混合搅拌可使池容 100%得到有效利用，但实际上消化池有效容积一般仅为池容的 70%左右。对于搅拌系统设计不合理或控制不当的消化池，其有效池容会降至实际池容的 50%以下。

对于搅拌系统的运行方式，一种方法采用连续搅拌；另一种采用间歇搅拌，每天搅拌数次，总搅拌时间保持 6h 之上。目前运行的消化系统绝大部分都采用间歇搅拌运行，但应注意：在投泥过程中，应同时进行搅拌，以便投入的生污泥尽快与池内原消化污泥均匀混合；在蒸汽直接加热过程中，应同时进行搅拌，以便将蒸汽热量尽快散至池内各处，防止局部过热，影响甲烷菌活性；在排泥过程中，如果底部排泥，则尽量不搅拌，如果上部排泥，则宜同时搅拌。

4. 常见故障原因分析与对策

定期取样分析检测，并根据情况随时进行工艺控制，与活性污泥系统相比，消化系统对工艺条件及环境因素的变化，反映更敏感。因此对消化系统的运行控制就需要更多细心。

(1) 积砂和浮渣太多。运行一段时间后，一般应将消化池停用并泄空，进行清砂和清渣。池底积砂太多，一方面会造成排泥困难，另一方面还会缩小有效池容，影响消化效果。池顶部液面如积累浮渣太多，则会阻碍沼气自液相向气相的转移。一般来说，连续运行 5 年以后应进行清砂。如果运行时间不长，积砂积渣就很多，则应检查沉砂池格栅除污的效果，加强对预处理的工艺控制和维护管理。日本一些处理厂在消化池底部设有专门的排砂管，用泵定期强制排砂，一般每周排砂一次，从而避免了消化池积砂。实际上，用消化池的放空管定期排砂，也能有效防止砂在消化池的积累。

(2) 搅拌系统常见故障。沼气搅拌立管常有被污泥及污物堵塞现象，可以将其他立管关闭，大气量冲洗被堵塞的立管。机械搅拌桨有污物缠绕时，一些处理厂的机械搅拌可以反转，定期反转可摔掉缠绕的污物。另外，应定期检查搅拌轴穿顶板处的气密性。

(3) 加热系统常见故障。蒸汽加热立管常有被污泥和污物堵塞现象，可用大气量冲吹。当采用池外热水循环加热时，泥水换热器常发生堵塞的现象，可用大水量冲洗或拆开清洗。套管式和管壳式换热器易堵塞，螺旋板式一般不发生堵塞，可在换热器前后设置压力表，观测堵塞程度。如压差增大，则说明被堵塞，如果堵塞特别频繁，则应从污水的预处理寻找原因，加强预处理系统的运行控制与维护管理。

(4) 消化系统结垢。管道内结垢后将增大管道阻力，如果换热器结垢，则降低热交换效率。在管路上设置活动清洗口，经常用高压水清洗管道，可有效防止垢的增厚。当结垢严重时，最基本的方法是用酸清洗。

(5) 消化池的腐蚀。消化池使用一段时间后，应停止运行，进行全面的防腐防渗检查与处理。消化池内的腐蚀现象很严重，既有电化学腐蚀，也有生物腐蚀。电化学腐蚀主要是消化过程产生的 H_2S 在液相内形成氢硫酸导致的腐蚀。生物腐蚀不被引起重视，而实际腐蚀程度很严重，用于提高气密性和水密性的一些有机防渗防水涂料，经一段时间常被生物分解掉，而失去防水防渗效果。消化池停运放空之后，应根据腐蚀程度，对所有金属部件进行重新防腐处理，对池壁应进行防渗处理。另外，放空消化池以后，应检查池体结构变化，是否有裂缝，是否为通缝，并进行专门处理。重新投运时宜进行满水试验和气密性试验。

(6) 消化池的泡沫现象。一些消化池有时会产生大量泡沫，呈半液半固状，严重时可充满气相空间并带入沼气管路系统，导致沼气利用系统的运行困难。当产生泡沫时，一般说明消化系统运行不稳定，因为泡沫主要是由于CO_2产量太大形成的，当温度波动太大，或进泥量发生突变等，均可导致消化系统运行不稳定，CO_2产量增加，导致泡沫的产生。如果将运行不稳定因素排除，则泡沫也一般会随之消失。在培养消化污泥过程中的某个阶段，由于CO_2产量大，甲烷产量少，因此也会存在大量泡沫。随着甲烷菌的培养成熟，CO：产量降低，泡沫也会逐渐消失。消化池的泡沫有时是由于污水处理系统产生的诺卡氏引起的，此时曝气池也必然存在大量生物泡沫，对于这种泡沫控制措施之一是暂不向消化池投放剩余活性污泥，但根本性的措施是控制污水处理系统内的生物泡沫。

(7) 消化系统的保温。消化系统内的许多管路和阀门为间隙运行，因而冬季应注意防冻，应定期检查消化池及加热管路系统的保温效果；如果不佳，应更换保温材料。因为如果不能有效保温，冬季加热的耗热量会增至很大。很多处理厂由于保温效果不好，热损失很大，导致需热量超过了加热系统的负荷，不能保证要求的消化温度，最终造成消化效果的大大降低。

(8) 消化系统的安全措施。安全运行尤为重要。沼气中的甲烷系易燃易爆气体，因而在消化系统运行中，应注意防爆问题。所有电器设备均应采用防爆型，严禁人为制造明火，例如吸烟、带钉鞋与混凝土地面的摩擦，铁器工具相互撞击，电、气焊均可产生明火，导致爆炸危险。经常对系统进行有效的维护，使沼气不泄露是防止爆炸的根本措施。另外，沼气中含有的H_2S能导致中毒，沼气含量大的空间含氧必然少，容易导致窒息。因此在一些值班或操作位置应设置甲烷浓度超标及氧亏报警装置。

4.5.3 污泥脱水工艺的运行控制与管理

1. 污泥脱水工艺概述

污泥机械脱水的方法有真空过滤脱水法、压滤脱水法和离心脱水法等，其基本原理相同。污泥机械脱水是以过滤介质两面的压力差作为推动力，使污泥水分被强制通过过滤介质，形成滤液；而固体颗粒被截留在介质上，形成滤饼，从而达到脱水的目的。造成压力差推动力的方法有四种：①依靠污泥本身厚度的静压力（如干化场脱水）；②在过滤介质的一面造成负压（如真空吸滤脱水）；③加压污泥把水分压过介质（如压滤脱水）；④造成离心力（如离心脱水）。

2. 真空过滤脱水运行控制与管理

真空过滤脱水目前应用较少，使用的机械为真空过滤机，可用于经预处理后的初次沉淀污泥、化学沉淀污泥及消化污泥的脱水。真空过滤机基本上都是由一部分浸在污泥中，同时不断旋转的圆筒转鼓构成，过滤面在转鼓周围。转鼓由隔板分成多个小室，转鼓和滤布内抽真空后，在过滤区段和干燥区段水分被过滤成滤液，污泥在滤布上析出成滤饼。滤饼的剥离方式因过滤机不同而各异。真空过滤机有转鼓式、履带式和列管式三种，目前污泥脱水常用的主要是转鼓式和履带式两种。影响真空过滤脱水的因素主要有：

(1) 固体颗粒的大小和形状。固体颗粒的大小和形状不同，其压缩性和絮凝性也不同，从而影响过滤脱水性能。大小、形状不均的团体颗粒或粒径小的固体颗粒，通过液体的孔隙率一般比较小，在真空过滤状态下容易形成压密的板块；而大小形状均匀，粒径大的固体形成的空隙率比较大，又不易板结，过滤性能好。因此，为了改善过滤性能，大小、形状不均，细颗粒较多的污泥往往调质药剂加量多，这也影响其过滤性能。

(2) 化学组成。一般生污泥比消化污泥过滤性能好，初沉污泥又比活性污泥易过滤。生污泥与消化污泥过滤性能产生差异的原因是污泥消化过程中发生了变化造成的。混合污泥，特别是其中的初沉污泥中的纤维组织和颗粒物质，经过消化后，逐渐破坏变成类胶体、胶体和溶解性物质。结果堵塞了许多细小颗粒之间的空隙，影响过滤性能。污泥的腐败变质也是影响过滤性能的重要因素。污泥 24h 不曝气，就会发生腐败，为了改善其脱水性能，获得未腐败污泥相同含水率的滤饼和固体回收率，调质用药剂投加量约增加 1 倍。

(3) 固体浓度。随着污泥浓度的升高，泥饼的生成量增加，单位质量泥饼产生的滤液量减少，真空过滤机的运行参数需要调整。通常处理量在 $0.12 \sim 0.24m^3/(m^2 \cdot h)$，平均 $0.2m^3/(m^2 \cdot h)$。污泥浓度升高处理量要适当减小，但供给脱水机的污泥浓度高，得到的泥饼含水率低，这一点对真空过滤脱水是有利的。对低浓度污泥可以通过调节转鼓在液体中的浸入深度获得含水率低的泥饼。转鼓浸入深度大，抽吸污泥的时间长，得到的泥饼厚，但泥饼含水率高。转鼓浸入深度小，抽吸污泥的时间短，而抽吸水分干燥时间长，泥饼含水率低。降低转鼓的转速，延长过滤周期同样可以得到含水率低的泥饼，但真空过滤机工作效率降低。通常浸入率是转鼓总面积的 15%～25%。

(4) 固体颗粒的压缩性。非压缩性固体随着真空度的增大，过滤效率有所提高。活性污泥压缩性能好，泥饼阻力随真空度的增大而增加。因此必须在一定的真空度下操作，通常为 40kPa，小于此值容易产生各种问题。经验表明，污泥脱水时，达到相同的过滤效率，提高真空度和增加过滤面积成本相同。为了增加泥饼的孔隙，提高过滤速度，有时可在污泥中投加微粉炭、硅藻土、木屑等，克服因污泥絮体的可压缩性造成的不利因素。

(5) 滤液和悬浮液的黏性。滤液和悬浮液的黏度大，对过滤是不利的。同时固体颗粒在液体中分散的均匀度也影响到过滤效率。因此过滤槽中搅拌装置要能够调速，尽量防止出现浓度不均或发生沉淀。

3. 离心脱水运行控制与管理

利用离心力代替重力或压力作为推动力进行污泥脱水的操作称为离心脱水，用于离心脱水的设备称为离心脱水机。离心脱水的效果与污泥的性质、高分子絮凝剂投加量、污泥处理量、分离因数大小及内筒和外筒的转速差等因素有关，主要有：

(1) 污泥性质。污泥中有机物含量越高脱水性能越差。

(2) 高分子絮凝剂投加量。污泥中的固体颗粒大小不一，所有的粒子单靠离心力将其除去非常困难，为了改善离心分离效果，需要投加一定量的高分子絮凝剂，以中和固体颗粒表面电荷，使吸附在其表面的水分容易除去，同时使固体颗粒相互吸引，形成大的絮体。污泥中有机固体颗粒一般带有负电荷，无机固体颗粒带正电荷，而混合污泥的固体颗粒呈电中性。因此可根据污泥性质不同投加与其所带电荷相反的高分子絮凝剂，有机污泥投加阳离子型，无机污泥投加阴离子型，混合污泥投加非离子型絮凝剂。高分子絮凝剂的价格较贵，使用量的多少对离心脱水运行费用影响较大，过量投加不但起不到应有的作用，反而会增加运行成本，应该根据污泥浓度合理确定。

(3) 污泥处理量。对一定规格的离心脱水机，离心脱水的效果随污泥处理量的增加而变差。泥饼含水率和SS回收率均随污泥处理量增大而降低，为了达到预期目标，根据污泥量选择处理量大小合适的离心脱水机也十分重要。

(4) 内筒和外筒的转速差。内筒和外筒的转速差也是调节离心脱水效果的控制手段。泥饼是依靠内筒和外筒的速度差来缓慢地输送。速度差的大小不但影响处理能力，也影响到处理效果。随着速度差的增大，泥饼含固率降低，但SS回收率增大。因此，当要求分离液澄清时，应使用较小的速度差；当污泥颗粒结构紧密，又需要提高生产能力时，可采用较大的速差。

(5) 分离因数。离心脱水就是离心力强化脱水效率，虽然分离因数大脱水效果好，但并不呈比例，达到临界值后分离因数再大脱水效果也无多大提高，而动力消耗几乎成比例增加，运行费用大幅度提高。因此一般污泥脱水的分离因数在2000～3000范围内。

4. 带式压滤机的运行控制与管理

经过浓缩的污泥与一定浓度的絮凝剂在污泥搅拌器中充分混合以后，污泥中的微小固体颗粒聚凝成体积较大的絮状团块，同时分离出自由水，絮凝后的污泥被输送到重力脱水区的滤带上，在重力的作用下自由水被分离，形成不流动状态的污泥，然后夹持在上下两条网带之间，经过楔形预压区、低压区和高压区由小到大的挤压力、剪切力作用下，逐步挤压污泥，以达到最大程度的泥、水分离，最后形成污泥滤饼排出。一般的带式压滤机运行过程分为以下几个阶段：

(1) 化学预处理脱水。为了提高污泥的脱水性，改良滤饼的性质；增加物料的渗透性，需对污泥进行化学处理，一般使用絮凝剂和絮凝造粒混合器装置以达到化学加药絮凝的作用，该方法不但絮凝效果好，还可节省大量药剂，运行费用低，经济效益十分明显。

(2) 重力浓缩脱水段。污泥经布料斗均匀送入网带，污泥随滤带向前运行，游离态水在自重作用下通过滤带流入接水槽，重力脱水也可以说是高度浓缩段，主要作用是脱去污泥中的自由水，使污泥的流动性减小，为进一步挤压做准备。

(3) 楔形区预压脱水段。重力脱水后的污泥流动性几乎完全丧失，随着滤带的向前运行，上下滤带间距逐渐减少，物料开始受到轻微压力，并随着滤带运行，压力逐渐增大，楔形区的作用是延长重力脱水时间，增加絮团的挤压稳定性，为进入压力区做准备。

(4) 挤压辊高压脱水段。物料脱离楔形区就进入压力区，物料在此区内受挤压，沿滤带运行方向压力随挤压辊直径的减少而增加，物料受到挤压体积收缩，物料内的间隙游离水被挤出，此时，基本形成滤饼，继续向前至压力尾部的高压区经过高压后滤饼的含水量可降至最低。

物料经过以上各阶段的脱水处理后形成滤饼排出，通过刮泥板刮下，上下滤带分开，经过高压冲洗水清除滤网孔间的微量物料，继续进入下一步脱水循环。

5. 常见故障原因分析与对策

(1) 经常检测脱水机的脱水效果，若发现分离液（或滤液）混浊，固体回收率下降，应及时分析原因，采取针对措施予以解决。对于带式压滤脱水机，可能是由于滤带张力太大或带速太大，导致挤压区跑料，此时应减小滤带的张力或带速；也可能是由于滤带接缝不合理或损坏，滤带老化等原因造成，此时应及时修补或更换滤带。对于离心脱水机，则有可能是因为：进泥量太大、入流固体负荷超标、转速差太大、转鼓转速太低、液环层厚度太薄和螺旋输送器磨损严重等原因，应针对具体情况予以调整解决。

（2）经常观测污泥脱水效果，若泥饼含固量下降，应分析情况采用针对措施解决。对于带式脱水机，可能是因为以下原因，并按相应办法解决：带速太快，污泥挤压时间不够，泥饼变薄，导致含固量下降，应及时地降低带速；由于污泥性质或污泥量发生变化，使投药量种类或投药量不适合，导致污泥脱水性能下降，此时应重新试验，确定出合适的干污泥投加量；滤带张力太小，不能保证足够的压榨力和剪切力，使含固量降低，此时应适当增大滤带张力；滤带堵塞，水分无法滤出，使含固量降低，应停止运行，冲洗滤带。

对于离心脱水机，泥饼含固量下降的原因一般与固体收回率下降的原因相似，主要是因为：投药调质效果不好、进泥量太大、转速差太大、转鼓转速太低、液环层厚度太大等原因造成分离效果不好所致，应针对以上情况，予以调整解决。

（3）经常观察污泥脱水装置的运行状况，针对不正常现象，采取纠偏措施，保证正常运行。例如，离心脱水机，会发生离心机转轴扭矩太大，离心机过度振动等故障。前者的原因可能是：进泥量太大、入流固体量太大、浮渣或砂进入离心机、转速差太小、齿轮箱出故障。后者的原因可能是：浮渣进入机内且缠绕在螺旋输送器上而造成转动失衡、润滑系统出故障、机座松动。故障出现，应及时分析原因，采取针对措施予以解决。

（4）每天应保证脱水机的足够冲洗时间，当脱水机停机时，机器内部及周身冲洗干净彻底，保证清洁，降低恶臭。否则积泥干后冲洗非常困难。

（5）按照脱水机的要求，经常做好观测项目的观测和机器的检查维护。例如，带式压滤脱水机的水压表、泥压表、油表、张力表等运行控制仪表；离心脱水机的油箱油位、轴承的油流量、冷却水及油的温度、设备的振动情况、电流表读数等。

（6）经常注意检查脱水机易磨损件的磨损情况，必要时予以更换。例如，带式压滤脱水机的转辊、滤布；离心脱水机的螺旋输送器。

（7）及时发现脱水机进泥中砂粒对滤带、转鼓或螺旋输送器的影响或破坏情况，损坏严重时应及时更换。

（8）由于污泥脱水机的泥水分离效果受污泥温度的影响，尤其是离心机冬季泥饼含固量一般可比夏季低 2%～3%，因此在冬季应加强保温或增加污泥投药量。

（9）做好分析测量与记录。污泥脱水岗位每班应检测的项目包括进泥的流量及含固量，泥饼的产量及含固量、滤液的 SS、絮凝剂的投加量、冲洗介质或水的使用量、冲洗次数和冲洗历时。污泥脱水机房每天应测试的项目包括滤液的产量、滤液的水质（BOD_5 或 COD_{Cr}、TN、TP）、电能消耗。污泥脱水机房应定期测试或计算的项目包括转速或转速差、滤带张力、固体回收率、干污泥投药量、进泥固体负荷或最大入流固体流量。

（10）带式压滤机滤带跑偏及其处理。与传动带输送机类似，带式压滤机的上下两条滤带的运动，也是通过传动辊与滤带间的摩擦传递的，因此在运行中滤带会跑偏。一般跑偏幅度不大时，机器的自动调偏装置可自行调整。但跑偏幅度较大时，则需人工进行调整。各辊筒对带偏移方向的影响与带和辊筒间的相对运动关系有关，传动辊处带为被动，其余各辊处带的运动为主动，因此传动辊与其余各辊处带偏移的方向相反，当辊子轴线不水平时，传动辊处带往高处跑，其余辊处往低跑，当辊子的轴线与带运动方向不垂直时，传动辊处往前（“前”指顺着带的运行方向，反之为“后”）偏移，其余辊处往后偏移。

1）自动调整方法。根据上述原理，设计了上、下滤带的自动调偏机构。它由位移传感器气阀、调偏辊及位于调偏辊两侧的气囊组成。位移传感器测定滤带所处的位置，并根据测定的结果控制气阀开闭，使调偏辊两侧的气囊一边排气，一边进气，推动调偏辊移到正确位置，实现自动调偏。

2）人工调整方法。空机运行，两条滤带同时向一侧偏移时，应首先测定压力脱水区各辊子与带的相对位置关系，并进行调整，若各辊位置正确，则检查上下调偏辊及张紧辊是否正确，最后检查传动辊。若一条滤带偏移或两条滤带朝相反方向偏移，应检查张紧辊，使其轴线水平并与带运行方向垂直。由于滤带制造质量的原因，也会引起滤带偏移，空机运行时应通过调整张紧辊，使带运行处于正确位置，此时调偏辊应基本不动作，以保证带负载运行时，因布料不均匀引起的偏移能自动调整。张紧辊及传动辊轴线的偏移对滤带偏移影响非常大，空机运行正常，切忌随意调整它。

（11）带式压滤机污泥外溢原因及其处理。压力脱水区污泥外溢是由于脱水辊的脱水压力大于污泥所能承受的压力，污泥横向移动量大，从带两侧滑移至带外。这一故障使得进入压力脱水区的污泥厚度受限制，严重影响脱水效果。

污泥外溢的处理，主要是使脱水压力与污泥所能承受的压力相适应。有三种方法供采用：①降低带张力；②降低带速，改善前部脱水效果，增大污泥允许承受的压力；③改变机器结构，增大污泥外溢处的脱水辊直径。这三种方法各有特点，降低带张力虽然减少了污泥外溢处的脱水压力，但后续的面压力脱水辊的压力也随之降低，泥饼含水率难以保证，且带张力的降低有一定范围，否则带张力将不能满足传动的要求，在传动辊处带打滑。降低带速，虽然使得脱水时间延长，含水率可满足要求，但处理能力相应减少。以上两种方法的优点是调整简单方便，将二者综合采用效果更佳。改变脱水辊直径是最有效的方法，但改造时间长，由于受机器结构的限制，原用滤带长度可能满足不了改进后的要求，改造成本较高。

（12）带式压滤机滤带起拱的原因及其处理。滤带起拱是压力脱水区缠绕在辊子表面的两条滤带不重合，外带拱起或下带开口，起拱的位置不确定，只要在运行过程中某处起拱，随着滤饼厚度的变化，它只会增大，不会减小或消失，且不会移至别处；当机器反向运行时，起拱位置会发生变化。滤带起拱的原因是带内部张力分布不均，局部张力不足以克服运行阻力，使得滤带松弛。

滤带起拱的处理：①检查起拱处相邻辊子的转动状况，对其轴承进行维护；②检查起拱滤带的张紧装置，排除张紧装置故障，减小张紧导向杆的移动阻力，使得张紧气囊充气时带能张紧，排气时依靠带的弹性回复把气囊压回到张紧前的位置，带张力消除，负载运行时，随着泥饼厚度变大，气囊所处的位置应有所波动；③调张紧气压，使两条滤带的张力有差别，由于两条带的相互影响，两带张紧力值差别应适度，否则，紧带将把松带压住而影响松带。

4.5.4　污泥的资源化利用

1. 污泥资源化利用

（1）有机污泥的农、林、牧、副、渔综合利用。有机性污泥中含有的氮、磷、钾是农作物生长所必需的肥料成分；有机腐殖质（在初沉池污泥中占 30%、消化污泥中占 35%、活性污泥中占 41%、生物膜污泥中占 47%）是良好的土壤改良剂；蛋白质（是食品发酵行业的污泥的主要成分）、氨基酸、脂肪和纤维素是良好的饲料添加剂，活性污泥中的氨基酸和纤维素含量也十分丰富。污泥的农林利用又称为污泥的土地利用，多年来，国内外在有机污泥直接用于农田和林地施肥、堆制后生产优质有机肥出售以及应用于矿山废弃地复垦等方面做过大量尝试、污泥在农林业中利用大有作为。在美国约有 40%的污泥采用土地利用的方式进行处置。据报道，矿山废弃地施用污泥后，土壤结构系数、水稳定性团聚体、孔隙率、透水率和持水量随污泥的施用量增加而增加，从而提高废弃地的持水保水性能，减少了水土流失、为复垦打下良好的基础。

但是，以污泥作肥料或饲料添加剂使用时必须确保污泥的卫生学要求和严格控制有害物质含量。

（2）污泥的建材利用。

1）污泥的制砖。当电镀污泥与黏土的重量比为 1∶10 时，可用于制砖强度和普通红砖相似。

2）制作生化纤维板。国内的研究经验表明，利用活性污泥制作的纤维板硬度可达到国家三级硬制纤维板标准。

（3）污泥的最终处置。

1）污泥的焚烧。污泥经过焚烧后其含水率降低为 0，有害物处置彻底。在焚烧前要求污泥进行有效的脱水或干燥。焚烧所需的热量，依靠污泥本身含有的有机物热值或补充燃料（煤气、沼气或重油等），焚烧可委托危险废弃物中心指定机构解决，也可以在厂内锅炉房自行解决。对危害性较低的污泥一般采用厂内焚烧，可以省去一部分处置费用，但处置效果应由环保部门监控。污泥的焚烧炉常用的有如下形式：流化床焚烧炉、固定床焚烧炉、回转窑焚烧炉等。

2）卫生填埋。污泥卫生填埋始于 20 世纪 60 年代，是在传统填埋的基础上从保护环境出发，经科学选址和必要的场地防护处理，管理严格的一种先进填埋方法。其优点是投资少，容量大，见效快。

经过充分处理的污泥可以单独或混合到其他固体废弃物中送到专用的填埋场填埋处置，污泥的卫生填埋场其基本构造类似于城市垃圾填埋场，应采取可靠措施以防止填埋过程中对周围环境（水、大气和土壤）和生态的潜在影响。由于填埋场需要大量的场地和运输费用，近年来欧美国家污泥填埋处置的比例越来越小。

2. 沼气的资源化利用

厌氧消化产生的沼气，可称为生物能，是一种五色气体，主要成分 CH_4、CO_2，并含有少量 H_2S，CH_4 的燃烧热值为 35000～40000kJ/m^3，沼气的燃烧值因 CH_4 含量而异。我国城市污水处理厂的污泥中，有机物的成分与居民的食物结构及工业废水性质关系密切。

沼气作为能源利用时，要求 H_2S 的含量低于 0.015%，否则对输气管道、利用设备有腐蚀作用。我国城市污水处理厂的沼气中 H_2S 含量为 0.1%～0.4%，因此在利用前需作脱硫处理，以保证输气管道及利用设备的安全运行。沼气脱硫技术有干式脱硫与湿式脱硫两种以及用水喷淋洗脱等方法。

学习情境4.6 污水厂处理系统运行效果检测与自动化控制

4.6.1 实验室的配备

在污水处理过程中，需要测量的参数是多种多样的，例如污水处理厂的进、出水温度、BOD_5浓度、SS浓度、COD浓度、N、P、pH值等，消化池内温度、压力、液位，进入曝气池内空气流量、污水中的溶解氧、污泥浓度、电导率、浊度等。所以实验室应配备上述各种热工测量仪表和水质分析仪表。

4.6.2 检测项目、方法与频率

1. 水样采集的目的和注意事项

水样采集是要通过采集很少的一部分来反映被采样体的整体全貌，因此科学认真的采样是采出有代表性样品的关键。城市污水处理厂水样采集的目的是用来分析出水达标状况和对各个工艺环节的运行状况进行分析。

采集水样时，首先应按规定的计划、地点、时间和专用的采样瓶采样。采样瓶在正式采样前要用被采样水冲洗3遍。管道出水应在放流一定时间后采集，以保证采集的水具有正常情况的代表性。池、塘、河水样应在不同深度、宽度取样。对有大块漂浮物等特殊情况应以有代表性为原则决定取舍。对易变化的水样，采集后应尽快分析或采取恒温保存、加药固化等措施将水样暂时存放好，并及时进行分析。采集的水样要做好记录，采样瓶上要有明确标记。

2. 瞬时样和混合样

瞬时样只能代表采样时间和采样地点的被采水的组成。只有当被采水的组成在一个相当长的时期或在各方向相当长的距离内相对稳定的情况下，瞬时样才具有代表性。当被采水的组成随时间变化时，应在适宜的间隔内采集瞬时样分别分析；当被采水的组成随空间变化而不随时间变化时，应在各个适当的地点同时采集瞬时样。当分析成分在水样储存中很易发生变化时，应采集瞬时样，并立即分析其成分，如剩余氯、可溶性硫化物、溶解性气体、温度、pH值等，用于保证污水处理厂工艺过程控制的目的，通常采用瞬时样。

混合样在绝大多数的情况下是对在同一采样点上于不同时间采集的瞬时样加以混合，故也称时间混合样。时间混合样对分析平均浓度最为有用，城市污水处理厂处理水的出水水质分析最宜采用混合样。由于有的城市污水处理厂的来水与出水随时间变化，为了取得更有代表性的水样，还可以根据水量变化采取相应比例体积的瞬时样，并最终加以混合，分析平均浓度。

3. 各种水样的检测项目、采集频率

从理论上讲，水样的采集频率是越高越好，时间间隔越短越好，从而分析结果也越可靠，但水样的采集时间和分析时间限制了采集的时间间隔。对城市污水处理厂的水样采集还要考虑实际的可能和实用意义。表4.1列举了某城市污水处理厂的检测项目和取样分析的一般方法，仅供参考。具体水质分析方法可参考国家标准分析方法。

表 4.1　　某城市污水处理厂的检测项目和取样分析的一般方法

工艺单元	取样位置	项目	取样目的	取样频率	取样类型
一级处理	进水	BOD_5	质检	每日一次	混合
		TSS	质检	每周一次	混合
		pH 值	控制	每周一次	瞬时
		TN	质检	每日一次	瞬时
	出水	NH_3—N	质检	每周一次	瞬时
		BOD_5	质检	每周一次	混合
		TSS	质检	每周一次	混合
		DO	质检	每周一次	瞬时
	污泥	pH 值	质检	每日一次	瞬时
		TS	工艺控制		混合
		VS	工艺控制	每周一次	混合
二级处理	混合液	DO	工艺控制	每日一次	瞬时
		温度	工艺控制	每日一次	瞬时
		TSS	工艺控制	每日一次	混合
		VSS	工艺控制	每日一次	混合
		NO_3^-—N	工艺控制	每周一次	瞬时
	回流污泥	TSS	工艺控制	每日一次	混合
	二沉出水	BOD_5	质检	每日一次	混合
		TSS	质检	每日一次	混合
		DO	质检	每日一次	瞬时
		TN	质检	每周一次	瞬时
		NH_3—N	质检	每周一次	瞬时
		NO_3^-—N	质检	每周一次	瞬时
		NO_2^-—N	质检	每周一次	瞬时
		pH 值	质检	每日一次	瞬时
		大肠杆菌	质检	每日一次	瞬时
厌氧消化	消化进泥	TS	质检	每日一次	混合
		VS	质检	每日一次	混合
		pH 值	工艺控制	每日一次	瞬时
		碱度	工艺控制	每周一次	瞬时
	消化池	温度	工艺控制	每日一次	瞬时
		挥发酸	工艺控制	每周一次	瞬时
		碱度	工艺控制	每周一次	瞬时
		pH 值	工艺控制	每日一次	瞬时
		重金属	工艺控制	每周一次	瞬时
	消化出泥	挥发酚	工艺控制	每周一次	瞬时
		TS	质检	每日一次	瞬时
		VS	质检	每日一次	瞬时
		TN	工艺控制	每周一次	瞬时
	消化上清液	TS	质检	每日一次	混合
		TSS	工艺控制	每日一次	混合
		BOD_5	工艺控制	每日一次	混合
	沼气	CH_4	工艺控制	每日一次	混合

4. 自动采样

自动采样器可较好地进行混合样的采集，而且大部分带有冷藏功能，可保存采集水样的水质稳定。但使用自动采样器时要注意取样管是后插上的，因此应使用无污染采样管，最好用PVC塑料管。由于是自动采样，人们往往忽视了对自动采样器的维护保养和监护。自动采样器采样后，要及时将水样取出。使用自动取样器还应注意定时清洗取样瓶、取样管。对冬季室外安装的自动取样器还要注意防冻。

5. 水样的运输和保存

各种水质的水样，从采集到分析测定这段时间内，由于环境条件的改变，微生物新陈代谢活动和化学作用的影响，会引起水样某些物理参数及化学组分的变化。为将这些变化降低到最低程度，需要尽可能地缩短运输时间、尽快分析测定和采取必要的保护措施。有些项目必须在采样现场测定。

不能及时运输或尽快分析的水样，则应根据不同监测项目的要求，采取适宜的保存方法。水样的运输时间，通常以24h作为最大允许时间。最长存放时间一般为：清洁水样72h；轻污染水样48h；严重污染水样12h。保存水样的方法有以下几种：

（1）冷藏或冷冻法。冷藏或冷冻的作用是抑制微生物活动，减缓物理挥发和化学反应速度。

（2）加入化学试剂保存法。

1）加入生物抑制剂。如在测定氨氮、硝酸盐氮、化学需氧量的水样中加入$HgCl_2$，可抑制生物的氧化还原作用；对测定酚的水样，用H_3PO_4调至pH值为4时，加入适量$CuSO_4$，即可抑制苯酚菌的分解活动。

2）调节pH值。测定金属离子的水样常用HNO_3酸化至pH值为1～2，既可防止重金属离子水解沉淀，又可避免金属被器壁吸附；测定氰化物或挥发性酚的水样加入NaOH调至pH值为12时，使之成稳定的酚盐等。

3）加入氧化剂或还原剂。如测定汞的水样需加入HNO_3（至pH值小于1）和$K_2Cr_2O_7$（0.05%），使汞保持高价态；测定硫化物的水样加入抗坏血酸，可以防止被氧化；测定溶解氧的水样则需加入少量硫酸锰和碘化钾固定溶解氧（还原）等。

应当注意，加入的保存剂不能干扰以后的测定；保存剂的纯度最好是优级纯的，还应做相应的空白试验，对测定结果进行校正。

水样的保存期限与多种因素有关，如组分的稳定性、浓度、水样的污染程度等。具体水样保存方法参考我国水质采样标准中建议的方法。

4.6.3 污水厂的自动化控制

4.6.3.1 污水处理过程特点与自动化要求

1. 污水处理过程特点与自动化要求

污水处理自动化是污水处理厂的污水污泥处理、介质或药剂等生产过程实现自动化的简称。污水处理厂生产过程的特点是：各种物料在管道、构筑物、设备、容器中不停地进行着物理的变化、化学或生物化学的反应，各种工艺参数时刻在发生变化。为了保证污水处理的运行效率高，人们常利用自动化装置进行检测和调节。另外，污水处理厂生产过程涉及臭味、腐蚀、高温或寒冷、易燃易爆等，为改善劳动条件，保证安全生产，也应实现自动化。

污水处理工艺过程中要用到大量的阀门、泵、风机及吸、刮泥机等机械设备，它们常常要根据一定的程序、时间和逻辑关系定时开、停。例如，在采用 SBR 工艺的污水处理厂，进水、曝气、搅拌、沉淀、滗水和排泥应按照预定的时间程序周期运行；在采用活性污泥法的污水处理厂，初沉池的排泥，消化池的进、排泥也要根据一定的时间顺序进行。在自动调节系统中，这种调节、控制方式称为程序调节，又常常称其为顺序逻辑控制。另外，污水处理的工艺过程同其他工艺过程类似，也要在一定的温度、压力、流量、液位、浓度等工艺条件下进行。但是，由于种种原因，这些数值总会发生一些变化，与工艺设定值发生偏差。为了保持参数设定值，就必须对工艺过程施加一个作用以消除这种偏差而使参数回到设定值上来。例如，消化池内的污泥温度需要控制在一定的范围内，鼓风机的出口压力需要控制在一个定值，曝气池内的溶解氧浓度要根据工艺要求控制在一定的范围内等，类似这样的控制方式在自动调节系统中称为定值调节，又常常称之为闭环回路控制。本章将围绕这两种基本的控制类型展开讨论。

2. 自动化系统的类型

自动化装置就是指实现自动化的工具，归纳起来可以分为以下四类：

(1) 自动检测装置和报警装置。污水处理一般是空间或时间上的连续生产过程。各种物料在管道、处理设施和容器内不断的变化，为了控制运行，就必须随时了解各生产过程中参数的变化情况，为此，利用自动检测装置，在工艺过程中，对生产中的各个参数自动、连续地进行检测并显示出来。污水处理厂的各种测量仪表就属于自动检测装置。只有采用了自动检测，才谈得上生产过程自动化问题。

自动报警装置是指用声光等信号自动地反映生产过程的情况及机器设备运转是否正常的情形。

(2) 自动保护装置。当生产操作不正常，有可能发生事故时，自动保护装置能自动地采取措施（联锁），防止事故的发生和扩大，保护人身和设备的安全。实际上自动保护装置和自动报警装置往往是配合使用的。

(3) 自动操作装置。利用自动操作装置可以根据工艺条件和要求，自动地启动或停运某台设备，或进行交替动作。如在污水处理工艺过程控制中利用自动操作装置定时地对初沉池进行排泥，则需要定时自动启动排泥泵前阀门、排泥泵等设备。

(4) 自动调节装置。在工业过程控制中，有些工艺参数需要保持在规定的范围内，如污水处理过程中，曝气池内溶解氧含量需保持在 2mg/L 左右。当某种干扰使工艺参数发生变化时，就由自动调节装置对生产过程施加影响，使工艺参数回复到原来的规定值上。

上面讲的四类自动化装置，在采用可编程控制器和计算机系统的现代污水处理过程控制中，类别界限已经不很明显，如自动报警、自动保护、自动操作和自动调节的功能都可以在可编程控制器和计算机系统中完成。因此，测量仪表、计算机监控系统和被控设备，即组成了现代污水处理厂的自动化系统。

现代化的污水处理厂采用了大量的自动检测仪表，这些仪表的输出信号都送入了 PLC 和计算机组成的监控系统进行显示储存、打印、分析等。此外计算机控制系统还可发出信号来控制某些连续动作装置，如调节阀等。污水处理厂的过程控制都有一个共同的特点，就是开关量多，模拟量少，以逻辑程序控制为主，闭合回路控制为辅。因此，可编程控制器在污水处理过程控制中得到了广泛的应用。

4.6.3.2 可编程控制器简介

可编程控制器（简称PLC）的出现使自动化控制进入了一个新时代，它可以取代常规的继电器逻辑等这样硬接线的逻辑控制电路，实现了生产的自动控制。由于可编程控制器的灵活性和可扩展性，它很快被其他行业采用。随着微电子技术和计算机技术的发展，微处理器被应用到PLC中，使它更多地具有计算机的功能。现在，PLC已作为通用的自动控制设备，可以应用于单一机电设备的控制，也可以用于工艺过程的控制，而且控制的精度和可靠性都相当高，使用方便。在工业发达国家，可编程控制器的应用已经相当广泛。传统的控制器如继电器控制逻辑、二极管矩阵逻辑以及硬件接线的数字逻辑等，正在被可编程控制器所代替。

另外，可编程控制器作为通用的自动化控制设备，既可以单台使用于机电备的控制，又可以用于工艺流程的系统控制。目前，各PLC生产厂商的产品都已经系列化，产品从可以控制几十点的小型化PLC到上千点的大型PLC，PLC的网络通信能力也越来越强。

随着我国自动化技术和仪表检测技术的发展，自动调节仪表逐渐被污水处理厂所采用，如国产的电动单元组合仪表在部分污水处理厂已有应用。近几年来，我国新建的城市污水处理厂已经大量应用可编程控制器系统，缩短了我国污水处理厂与世界上发达国家污水处理厂在自动控制领域的距离。

4.6.3.3 自动调节系统概述

自动调节系统可以按多种方法分类，例如，按工艺参数，可以分为压力调节系统、温度调节系统、溶解氧调节系统等，也可以按调节规律分类。每一种分类方法都只反映了自动调节系统的某一方面特征。

按系统调节对象所要求调节指标的不同情况可以把自动调节系统分为以下三类：

（1）顺序调节系统又称为程序调节系统，或顺序逻辑控制。这类系统的给定值是变化的，但它是一个已知的时间函数，即工艺运行过程需按一定的时间程序来变化。例如，T型氧化沟的工艺运行控制就是根据一定的时间、顺序和逻辑关系对一些控制阀门、出水堰及转刷进行控制，它具有典型的顺序逻辑控制的特点、同样，泵站水位控制、SBR工艺运行控制均为顺序逻辑调节形式。

（2）定值调节系统。又称为闭环回路系统。所谓定值，就是工艺运行中要求调节对象的某一被调节参数保持在一个恒定的指标上不变。但是，由于多方面原因，这些数值总会发生一定变化，与要求的恒定值产生偏差。为了保证被调参数近于恒定值，就需要对工艺过程加以控制，只消除偏差，使数值回到恒定值，即定值调节。

（3）随动调节系统。又称为自动跟踪系统，这类系统的特征是，调节对象的某一参数不断发生变化，并要求系统的调节机构也不断做出相应的变化。例如，污水或污泥处理的自动投药系统，当污水或污泥种类、浓度发生变化时，系统能随时测定，并调节投药量。

4.6.3.4 城市污水处理厂自控方案

城市污水处理厂的各种工艺和多道工序都可采用自控系统，这里以曝气池中溶解氧自动调节方案为例来说明城市污水处理厂的自控方案。

根据工艺要求，污水处理厂曝气池内的溶解氧含量通常要控制在2mg/L左右，过量的曝气会使能耗增高，增大运行费用；曝气不足会使溶解氧含量低，不利于水中微生物生长，会直接影响处理效果。因此，保持曝气池内溶解氧处于一定的浓度，是污水处理过程控制中比较关键的任务之一。由于曝气池内溶解氧浓度同进水水质、温度、压力、曝气量等有着非常密切的关系，这些外界条件发生变化时，溶解氧浓度也随之发生变化。如何控制曝气池中的溶解氧浓度是污水处理过程控制中自动调节系统的主要任务之一。下面介绍几种常见的控制方案。

（1）单回路定值调节方案。定值调节，又称衡值调节，指在整个生产过程中所要控制的参数始终恒定不变，保持一定的值。在污水处理工艺中，曝气池中的溶解氧浓度在一定时间范围内需要保持不变。可以采用由溶解氧分析仪、PID 调节器、调节阀及曝气池和送气管路组成的单回路定值调节系统。由溶解氧分析仪将溶解氧浓度测量出来并作为测量信号送入调节器。在调节器内部同工艺要求的给定值进行比较，比较的结果即为偏差信号，调节器将此偏差信号进行 PID 运算后输出去控制调节阀的开度，从而控制曝气池内的溶解氧浓度。

（2）溶解氧、流量串级调节方案。污水处理厂的规模较大、曝气池容积较大时，上面介绍的单回路定值调节系统往往不能满足自动调节的要求，因此对于大型污水处理厂曝气池的溶解氧控制，常用以溶解氧作为主调节参数和曝气流量作为副调节参数的串级调节系统。溶解氧主调节器和曝气流量副调节器串接工作，溶解氧主调节器的输出是作为副调节器的给定值，由副调节器控制调节阀动作。在这里，溶解氧作为主调参数，它是工艺要控制的指标。曝气流量是副调参数，它是为了稳定主参数而引入的辅助参数。主调节器按照主参数工艺给定值的偏差进行工作，其输出作为副调节器的给定值，主调节器在该系统中起主导作用。副调节器按照流量这一副参数与来自主调节器的给定值的偏差进行工作，其输出直接控制调节阀。

4.6.3.5　城市污水处理厂水质在线监测系统

污水处理厂水质水量在线监测系统是一套含水质自动分析仪及水样预处理、数据采集、控制、远程监控于一体的在线全自动监控系统。它结合现代通信技术、并利用现有通信网络，实时的将仪器的测量结果、系统运行状况、各台仪器的运行状况、系统日志、系统故障等信息经过子站控制管理系统自动传送到中心站，并可接收中心站所发来的各种指令，实时的对整个系统进行远程设置，远程清洗，远程紧急监控等控制。一般污水处理厂在线监测的水质参数有进出水的浊度、溶解氧、温度、电导率、生化需氧量、化学需氧量、总有机碳、酸碱度、总氮、总磷、悬浮固体、氰化物；还有砷、汞、镉、铅等几十种；还有大量的电、气、机、阀门、鼓风曝气、滗水装置等现场设备要参与监控。现以某污水处理厂水质在线监测系统为例介绍在线监测系统。

该监测子站的在线自动运行是以现场 PLC 为控制中枢，以装有子站管理系统软件的工业控制计算机为管理核心，配以所需单元组成。为保证系统的稳定运行和状态反馈，设计在各单元管路的关键部位加装压力、流量传感器、液位开关等，组成一个带反馈信息的控制系统。控制指令由现场工控机根据现场情况或中心站命令发出，控制指令分为两种：一种是为了各仪器能采到满足仪器要求的水样及保证整个监测子站能稳定、可靠的在线运行的 PLC 控制指令，这些指令由工控机发给 PLC 系统，PLC 系统根据接收的指令进行相应的操作；另一种是仪器控制指令，通过 RS485 总线对仪器进行控制，仪器根据收到的指令进行相应操作（仪器可接受指令是实现仪器远程操作的必要条件）。

水质水量自动监测子站控制管理系统，授权用户可以根据需要对监控子站各种参数进行设置，故障报警号码设置，故障报警类型选择等，完成这些操作只需在现场工控机上的监控软件上按提示进行相应的选择与输入，即使没有看过说明书，也能完成操作。同时，这些设置也完全可以由远程操作来完成。

作为全自动的水质水量监测系统，系统本身运行情况记录的重要性不言而喻，故系统会设计运行日志功能，将系统运行时的所有重要事件及有关操作分类存储，详细记录可捕捉到的系统故障、仪器故障及报警信息等，并给出故障可能产生的原因及相应的解决方案。

同时考虑到水质、水量自动监测组网的发展要求，系统特别留有一些通信接口，可根据业主要求的信息传输协议来更改本系统的通信协议，屏蔽监测子站的不同差异，达到业主在不需对原系统作任何改动的情况下新建站与已建站正常有序的协同工作。

子站的管理控制系统是整个子站的控制中心，不仅要对系统的常规参数（液位、水压、气压、水位、水泵状态、电压、流量、温度、湿度等）实时监控，还包括对分析仪表的数据采集和管理，集成各项功能的实现。在系统设计中充分考虑到扩充仪表的要求，首先是公共设备（如污水提升泵、空压机、管道阀门的配置等）等留有足够的余量，在电源的配置，子站控制和管理系统的接口方面都留有足够的余量，在站房的布局上也考虑扩容的问题。

4.6.3.6 城市污水处理厂自动化系统运行管理

1. 自动化系统的投运

（1）投运前的准备工作。

1）技术准备工作。指了解掌握工艺过程、控制方案、系统仪表与设备。

2）组织准备工作。成立领导和技术工作组，制订切实可行的计划方案分工协作，全面落实各项工作。

3）物质准备工作。准备投运所需的备品、备件、零件及材料等。

（2）电气线路的检查。

1）电源检查。接线是否正确，熔丝是否合乎规定，有否接入等。

2）线路检查。一是查标号是否正确，二是检查是否按接线图接在相应的端子上。

3）绝缘电阻检查。主要是检查对地电阻是否符合设计。

4）接触检查。主要检查测量系统等导线接头是否优质可靠。

（3）仪表和调节阀等的现场检查。

1）测量元件和仪表的检查。在变送器或测量仪表的输入端人为地施加信号，而观察输出端的变化。一般来讲，检查三点（零点、满刻度及工作点）。若一个变送器连接几个仪表，那么应将各表的指示数值比较，是否符合精度要求。

2）调节器的现场查校。检查动力管线是否稳定可靠，偏差指示表能否正常工作，正、反作用和内、外给定开关是否放在正确位置，手动遥控旋钮能否匀滑工作，自动跟踪情况是否良好，比例、微积分调整旋钮能否产生相应的作用，手动—自动切换是否匀滑可靠。

3）调节阀的检查。检查阀杆能否在规定的数值起动，能否全程工作，有否变差和呆滞现象，阀杆位移与调节器输出是否保持线性关系，阀杆不应卡住和有松动空隙。

4）继电线路的检查。对自动报警的线路，参数超过预定的上下限时，应该发声、光信号。消除与自动解除按钮须考察。

（4）仪表的投运及调节器的手动操作。完成相关内容检查后，在工程投运同时应完成检测仪表的投运，要保证仪表能安全运行，能准确测出参数。然后手动操作调节器，控制工艺过程，检查调节器是否能正常手动操作，仪表是否准确指示。

(5) 手动和自动切换。在手动操控达到稳定工况后，由手动切入自动，进行自动操作。遇到被调参数控制不稳，工艺上有特大扰动，或调节器发生故障时，不得不自动切入手动，进行手动操控。手动和自动间的切换，基本要求是平稳而迅速。

2. 自动化系统的参数整定

(1) 自动化系统参数整定的意义。调节器参数整定，是自动化系统运行中相当重要的一个问题。很多城市或工业污水处理厂花巨额投资，建成了级别较高的自动检测和控制系统，但常常是没能正常投入使用，或投入使用一段时间以后，当污水发生变化时，系统便陷入瘫痪，不能使用，除了仪表设备的维护方面问题外，便是系统参数没有根据污水的变化很好的整定。

自动化系统工程竣工之后，适当选择比例度、积（微）分时间等参数，是保证和提高调节质量的主要途径。

(2) 自动化系统参数整定的要求。对于简单调节系统，一般就做到“点、线、圆”。也就是说，在指示仪表上应保持在同一点，在条形记录纸上应画成一条直线，在圆形纸上应画成一个圆。总的要求是，调整参数应该力求保持为定值。对复杂调节系统，一是力求主参数恒定，而副参数可在一定范围内波动，参数整定时，必须重点突出，统筹兼顾。

(3) 自动化系统参数整定的方法。简单自动化系统参数整定方法主要有经验法、衰减曲线法、临界比例法和反应曲线法。

1) 经验法。经验法是一种凑试法，是将调节器参数放在某些数值后，将系统闭合起来，然后观察调节过程曲线形状（亦可施加一定的干扰，例如改变给定值），如曲线还不够理想，则按某种程序将参数反复凑试，直到调节质量合格为止。

2) 衰减曲线法。设定某一衰减比作为整定要求，那么，先放置某一比例度，将系统闭合，在达到稳定情况后，适当改变给定值（不应超出工艺的允许范围，也不能太小，否则衰减比不易判别，通常以5%左右为宜），观察调节过程曲线和衰减比。如衰减比高于设定值，则将比例度减小；反之，如衰减不够，则加大一些，调整至达到规定的衰减比时为止，记下此时的比例度及周期。

3) 临界比例度法。本法是先定出在一定衰减下的比例度和周期，再类推至其他情况。采用本法时，首先引入比例调节作用，为此，将积分时间放到最大，微分时间放到最小。将比例度自大而小，细小观察调节器输出信号和被调参数的变化情况，如果调节过程的波动是衰减的，则把比例度继续放小；如果调节过程是发散的，则把比例度放大一些。一直到参数作不衰减的等幅振荡为止，得出临界比例度和临界周期。

4) 反应曲线法。在以上方法中，都不需要预先知道对象的动态特征，而是直接在闭合的系统中进行整定。同时，都需在单用比例作用的情况下，凑试出某一比例度的数值。如果掌握调节对象的特征资料，可直接按调节对象的动态特征数据定出整定参数。反应曲线法就是其中一种。反应曲线是表达对象特性的方法之一。

如果在调节器输出端发出一个阶跃的变化（如风压或电流），则测定部分将指示出被调参数随时间的变化，可得到相关反应曲线。从曲线拐点作一条切线，从切线与曲线相关交点可得出一些参数，如滞后时间、时间常数和放大系数。对于复杂自动化系统的整定，可采用逐步逼近法、两步整定法等，此处不作介绍。

3. 自动化系统的日常维护和管理

自动化应用于污水处理领域相比于其他生产领域，如石油化工、冶金等要晚得多，从设计、施工、安装到日常维护管理及仪表人员的操作，维修维护水平也有待于进一步提高。许多仪表在其他领域中应用得很好，但在污水厂应用得却不好；在国外污水厂应用得很好，但引进后应用效果却不好；同一仪表在这个厂应用得很好，而在那个厂应用得却不好。这里的原因是多方面的，如被测介质的不同，设计、安装方面存在的问题等，而日常维护与管理也是主要原因之一。许多污水厂在自动化仪表工程交工后不久，即停止了使用，有时仅仅是因为一些小故障不能排除，或者是不能定期维护、校验，或者是没有专业化的维修人员等而停止使用的。因此，对污水处理自动化仪表的日常维护、保养、定期检查、标定调整，是保证其正常运行的重要条件。

由前面几节可以看到，自动化仪表设备的种类繁多，校准、调整方法各异，因此对于每种具体的仪表，应按照各自的操作、维护手册来进行。这里仅作一般性的介绍。

（1）档案资料管理。一台仪表的资料、档案是否齐全，对于日常维护、故障判断有重要作用。档案资料包括以下内容：

1）仪表位号。

2）仪表型号、生产厂。

3）安装位置。

4）测量范围。

5）投入运行日期。

6）检验、标定记录（标定日期、方法、精度校验记录）。

7）维修记录（维修日期、故障现象及处理方法、更换部件记录），日常维护记录（零点检查、量程调整、检查、外观核查、泄漏检查、清洗），原始资料（应包括设计、安装等资料、厂家提供的产品合格证、出厂检验记录、设计参数、孔板计算书、使用、维护说明书）。

（2）日常维护、保养及检修。对于每台具体的仪表，应按照生产厂家提供的维修与维护说明书、手册来进行。一般来说，日常维护工作分为四个部分，即每日巡视检查；清洗，清扫；校验与标定；检修与部件更换。

（3）仪表设备的防护。污水处理过程具有易沉淀堵塞、高温、易腐蚀和易燃易爆等特点，自动化仪表设备在这样的环境条件下运行，就必须采取以下相应措施，做好防护：

1）防尘与防堵塞。

2）防腐蚀。

3）防热及防冻。

4）防（震）振。

5）防爆。

6）抗干扰。

学习情境4.7 污水厂运行保养、维护与检修

正确操作、保养、维护和检修机械设施、设备以及仪器仪表，使它们经常处于良好的工作状况是污水处理厂正常运转的先决条件。

对污水处理厂来说，设施、设备等管理应注意以下几个方面：①使用好设施、设备、仪器仪表；②保养好设施、设备、仪器仪表；③检修好设施、设备、仪器仪表；④管理好设施、设备、仪器仪表。

4.7.1 污水厂处理设施的保养、维护与检修

水处理设施的维护与检修，通常包括日常保养、定期维护和大修理三级维护检修制度。日常保养由运行值班人负责，定期维护由维修人员负责。大修理由专业检修人员负责。

日常保养指值班人员经常性的检查运行状况并作相应的记录；使设备及其运行环境保持卫生、清洁；传动部件按规定润滑。定期维护指定期对设施进行检查（包括巡检），对异常情况及时维修或安排计划修理，防止设施的损坏或故障。对有关设施进行全面强制性的检查和整修，宜每年列入年度计划。大修理（恢复性修理）应在设施运行较长时间后，有计划地对设施进行全面整修及对重要部件进行修复或更换，使设施恢复到良好的技术状态。

1. 格栅设施

格栅、格网、旋转滤网等的日常保养、定期维护、大修理等参照学习学习情境 2.6 中相关规定的执行。

2. 沉砂设施

沉砂池操作环境差，气体腐蚀性较强，管道、设备和闸门等容易腐蚀和磨损，因此要加强检查和保养工作。如注意运动机械设备的加油和检查设备的紧固状态、温升、振动和噪声等常规项目并定期进行涂装防锈。

（1）每日检查进出水阀门、排砂阀、除砂机械的运行状况，并加注润滑油，进行相应保养；检查除砂机械电源、传动部件、抽吸机械等的运行状况，并进行相应保养；疏通管道和清扫地面、走道垃圾等。

（2）无刮砂机的平流沉砂池，应人工清刷，每年不少于两次。有刮砂机、砂泵的，仍应每年安排人工清刷一次；除砂机械、电气每月检查修理一次；除砂机械、阀门，每年解体修理或更换部件；每年排空一次，对混凝土池底、壁，每年检查修补一次，金属部件每年涂装一次。

（3）沉砂池、除砂机械应每 3～5 年进行修理或更换。

（4）砂水分离器结构简单，与污水接触部分均用不锈钢制成，具有很好的耐蚀性，因此日常维护保养工作量较少。一般每周巡视检查一次，检查是否有异常噪声和振动；每半年检查减速箱润滑油，视油质情况，决定是否换油，并对电动机轴承进行润滑，每半年检查一次螺旋带和螺旋带下的耐磨橡胶垫，若磨损过度，应进行更换。

3. 污水提升泵房

（1）泵组的运行调度。城市污水厂的污水进入泵房前一般不设调节池，为保证抽升量与来水量一致，泵组的运行调度应注意以下几条：①尽量利用大小泵的组合来满足水量，而不是靠阀门来调节，以减少管路水头损失，节能降耗；②保持集水池的高水位，可降低提升扬程；③水泵的开停次数不可过于频繁；④各台泵的投运次数及时间应基本均匀。

（2）注意各种仪表指针的变化。例如，真空表、压力表、电流表、轴承温度表、油位针的变化。若指针发生偏位或跳动，应查明原因，及时解决。

(3) 集水池的维护。因为污水流速减慢，泥砂可能沉积到集水池池底。定期清洗时，应注意人身安全。清池前，应首先强制排风，达到安全部门规定的要求后，人方可下池工作。下池后仍应保持一定的通风量。每个操作人员在池下工作时间不可超过 30min。

(4) 做好运行记录。每班应记录的内容有：主要仪表的显示值，各时段水泵投运的台号，异常情况及其处理结果。

4. 沉淀设施

沉淀设施的日常保养定期维护、大修理等参照学习学习情境 2.6 中相关规定的执行。

5. 曝气池和二沉池

(1) 经常检查与调整曝气池配水系统和回流污泥的分配系统，确保进入各系列或各池之间的污水和污泥均匀。

(2) 经常观测曝气池的泡沫发生状况，判断泡沫异常增多的原因，并及时采取处理措施。

(3) 经常观测曝气池混合液的静沉速度、SV 及 SVI，若活性污泥发生污泥膨胀，判断发生原因，并及时采取针对性措施控制污泥膨胀。

(4) 及时清除曝气池边角外飘浮的部分浮渣。

(5) 定期检查空气扩散器的充氧效率，判断空气扩散器是否堵塞，并及时清洗。

(6) 注意观察曝气池液面翻腾状况，检查是否有空气扩散器堵塞或脱落情况，并及时更换。

(7) 每班测定曝气池混合液的 DO，并及时调节曝气系统的充氧量，或设置空气供应量自动调节系统。

(8) 注意曝气池护栏的损坏情况并及时更换或修复。

(9) 当地下水位较高，若曝气池或二沉池放空，应注意先降水再放空，以免漂池。

(10) 经常检查并调整二沉池的配水设施，使进入各池的混合液均匀。

(11) 经常检查并调整出水堰板的平整度，防止出水不均和断流，及时清除挂在出水堰板上的浮渣。

(12) 及时检查浮渣斗排渣情况，并经常用水冲洗浮渣斗。

(13) 及时清除出水槽上生物膜。

(14) 经常检测出水是否带走微小污泥絮粒，造成污泥异常流失。

(15) 经常观察二沉池液面，看是否有污泥上浮现象。应及时采取措施避免影响出水水质。

(16) 一般每年应将二沉池放空检修一次，检查水下设备、管道、池底与设备的配合等是否出现异常，并及时修复。

6. 消毒设施

消毒设施的日常保养、定期维护大修理等参照学习学习情境 2.6 中相关规定的执行。

7. 污泥浓缩池

(1) 经常观察污泥浓缩池的进泥量、进泥含固率；排泥量及排泥含固率，以保证浓缩池按合适的固体负荷和排泥浓度运行。否则应对进泥量、排泥量予以调整。

(2) 经常观测活性污泥沉降状况，若活性污泥发生污泥膨胀现象，应及时采取措施解决。否则污泥进入浓缩池，继续处于膨胀状态，致使无法进行浓缩。采取措施包括向污泥

中投入 Cl_2 等灭菌剂，抑制丝状菌的活动，保证浓缩效果。

(3) 注意观察初沉污泥与活性污泥的混合状况，应使两种污泥混合均匀，否则进入浓缩池会由于密度流扰动污泥层，降低浓缩效果。

(4) 注意观察浓缩池的溢流堰板是否有不平整堵塞情况，否则会导致池内出现断流问题；入流挡板或导流筒是否有变形或脱落情况，此时应予以清理或修复。

(5) 注意浮渣挡板的状况，浮渣刮板的运行情况，确保浮渣顺利刮至浮渣槽内，避免浮渣长期不排除会随水流失。并应及时清除浮渣槽内的浮渣。

(6) 应对池壁、浮渣槽、出水堰等部位定期清刷，尽量使恶臭降低。

(7) 定期（每隔半年）排空彻底检查是否积泥或积砂，并对水下部件予以防腐处理。

(8) 浓缩池较长时间没有排泥时，应先排空清池，严禁直接开起污泥浓缩机。

(9) 由于污泥浓缩池容积小，热容量小，在寒冷地区的冬季浓缩池液面会出现结冰现象。此时应先破冰并使之融化后，再开起污泥浓缩机。

(10) 做好分析测量与运行记录。

8. 厌氧消化池

(1) 定期取样分析检测，并根据情况随时按照工艺要求进行调整。

(2) 经常检测 VFA 与 ALK，若 VFA/ALK 升高，但低于 0.5，则说明系统已出现异常。此时，若发现水力负荷、有机物负荷或毒物浓度超标，应及时采取措施，使系统恢复正常；若发现非上述原因，则可能是由于搅拌效果不好，或温度波动太大造成的，应及时采取针对措施予以解决。

(3) 经常检测系统消化液 pH 值、VFA 与 ALK、沼气中 CO_2 含量。若发现沼气中 CO_2 含量升高，消化液 VFA/ALK 已大于 0.5，消化液 pH 值已开始下降，则说明工艺调整措施不利，应立即投入少量外加碱源，保证消化液的 pH 值、碱度维持正常。并寻找原因采取控制措施，使消化系统的 pH 值、VFA/ALK 尽快恢复正常。

(4) 在定期排放消化池上清液时，应注意检测上清液含固量，若上清液含固量升高，水质下降，同时还会使排泥浓度降低，应分别采取措施降低上清液排放量或速度。

(5) 经常观测消化液的温度，若消化液的温度偏低或偏高（尤其是温度急剧变化时），均会导致消化效果降低，应及时采取针对措施予以解决。

(6) 注意消化系统产气量的变化，若产气量偏低，应查明原因采取针对措施予以解决。例如，调整生污泥投配负荷、加热、加碱调节 pH 值、修缮或改进搅拌设施、检修漏气的装置或管路、稀释进泥毒物浓度等。

(7) 经常观测消化池内气压的变化情况，防止出现负压或过高正压。

(8) 经常利用进泥、排泥、热交换器管道上设置的活动清洗器，利用高压水清洗管道，可有效防止泥垢的增厚。当结垢严重时，应停止运行，用酸清洗除垢。

(9) 注意观测消化池泡沫发生情况，当泡沫严重时，会充满整个气室并带入沼气管路系统，导致沼气利用系统的运行困难，应及时采取针对措施予以解决。

(10) 应定期维护搅拌系统。沼气搅拌立管常有被污泥及污物堵塞的现象，可以将其他立管关闭，大气量冲洗被堵塞的立管。机械搅拌桨有污物缠绕，一些机械搅拌器能反转时，定期反转可甩掉缠绕的污物。另外，定期检查搅拌轴穿顶板处的气密性。

(11) 应定期检查维护加热系统。蒸汽加热立管发生被污泥或污物堵塞现象，可用大气量冲吹。当采用池外热交换器加热时，泥水热交换器发生堵塞时，前后压力表所显示压差会增大很多，应利用高压水冲洗或拆开清洗。

（12）消化系统内的许多管路和阀门为间歇运行，因而冬季应注意防冻，应定期检查消化池及加热管路系统的保温效果，如果保温不佳，应更换保温材料。

（13）在一些值班或操作位置设置甲烷浓度超标及氧亏检测与报警装置，保证消化系统的安全运行，防止大量沼气泄漏或发生爆炸等严重事故。

（14）消化池应定期停用、泄空，进行清砂和清渣。池底积砂太多，一方面会造成排泥困难，另一方面还会缩小有效池容，影响消化效果。池顶部液面如积累浮渣太多，则会阻碍沼气自液面向气室转移。一般来说，连续运行5年以后应清砂。如果运行时间不长。积砂积渣就很多，则应检查沉砂池和格栅除污的效果，加强对预处理的工艺控制和维护管理。

（15）消化池使用一段时间后，应停止运行并放空消化池，检查池体结构变化，是否有裂缝，若有应进行专门的修补；检查池内所有金属管道、部件及池壁防腐层的腐蚀程度，对所有金属管道、部件进行重新防腐处理，对池壁进行防渗、防腐处理。维修后重新投运时，宜进行满水试验和气密比试验。

（16）做好分析测量与运行记录。

9．污泥脱水机

（1）经常检测脱水机的脱水效果，若发现分离液（或滤液）混浊，固体回收率下降，应及时分析原因，采取针对措施予以解决。

（2）经常观测污泥脱水效果，若泥饼含固量下降，应分析情况采用针对措施解决。

（3）经常观察污泥脱水装置的运行状况，针对不正常现象，采取纠偏措施，保证正常运行。例如，带式脱水机可能由于进泥超负荷、滤带张力太小、辊压筒损坏等原因造成滤带打滑，此时应分别采取降低进泥量、增大滤带张力、修复或更换辊压筒等措施予以解决；又可能因为冲洗不彻底、滤带张力太大、进泥中细砂含量太大，加药过量、进泥黏度大增等原因造成滤带发生严重堵塞，可采取增强冲洗、调整带速、加强污水预处理，降低投药量的办法予以解决；滤带也会因为进泥不均匀、辊压筒位置不对、辊压筒局部磨损，纠偏装置不灵敏而发生跑偏，其解决办法分别是调整进泥口或平泥装置、检查调整辊压筒位置、检查更换辊压筒、检查修复纠偏装置。

而对于离心脱水机，也会发生离心机转轴扭矩太大，离心机过度振动等故障。前者的原因可能是进泥量太大、人流固体量太大、浮渣或砂进入离心机、转速差太小、齿轮箱出故障；后者的原因可能是有浮渣进入机内且缠绕在螺旋输送器上而造成转动失衡、润滑系统出故障、机座松动。故障出现，应及时分析原因，采取针对措施予以解决。

（4）每天应保证脱水机的足够冲洗时间，当脱水机停机时，机器内部及周身冲洗干净彻底，保证清洁，降低恶臭，否则积泥干后冲洗非常困难。

（5）按照脱水机的要求，经常做好观测项目的观测和机器的检查维护。例如，离心脱水机的油箱油位、轴承的油流量、冷却水及油的温度、设备的振动情况、电流表读数等；带式压榨脱水机的水压表、泥压表、油表、张力表等运行控制仪表。

（6）经常注意检查脱水机易磨损件的磨损情况，必要时予以更换。例如，带式压榨脱水机的转辊、滤布；离心脱水机的螺旋输送器。

（7）及时发现脱水机进泥中砂粒对滤带、转鼓或螺旋输送器的影响或破坏情况，损坏严重时应及时更换。

（8）由于污泥脱水机的泥水分离效果受污泥温度的影响，尤其是离心机冬季泥饼含固量一般可比夏季低 2%～3%，因此在冬季应加强保温或增加污泥投药。

4.7.2　主要机电设备的保养、维护与检修

水泵和电动机的保养、维护与检修见学习学习情境 2.6 中 2.6.2 相关内容。这里重点介绍螺旋泵、鼓风机、表面曝气机的保养、维护与检修。

4.7.2.1　螺旋泵

螺旋泵是一种流量范围大，扬程低，转速低（一般在 100r/min 以下）的提升设备。螺旋泵由泵轴、螺旋叶片、上支座、下支座、导槽、挡水板和驱动机构组成。螺旋泵工作环境温度以介质不结冰为原则；螺旋泵所配备的电动机及减速装置要安装在室内，否则需要考虑防雨、防潮措施；螺旋泵的导槽一般为混凝土结构，其标号不低于 200 号；螺旋泵外缘与导槽之间应保持一定间隙。螺旋泵的设置高程非常重要，进水水位应浸没到泵轴心管上边缘螺旋叶片处，此时提升水量最大。水位再高，流量基本上不再增加，反而引起功率的增加。但是，如果进水水位太低，浸不到泵轴心管上边缘叶片处，则流量就会降低。水位再低，则可能提不上水。

螺旋泵运行保养、维护与检修的主要内容有以下几点。

（1）开机前应盘动检查，注意有否刮槽现象。同时检查联轴器之间的弹性柱销磨损情况，如损坏应及时更换。

（2）机组运行时，每隔 2h 上池巡视一次，巡视见有异常应停机检查，故障排除后才可恢复运行。

（3）保持机组及周围的清洁，保持走道及台阶上无积泥，机体锈蚀应及时涂刷防锈漆。

（4）齿轮减速器箱内注入规定的润滑油，经常检查齿轮减速箱油位和渗漏现象。

（5）上轴承连续运行一周应加注规定的Ⅱ号铝基润滑脂一次，每年清洗上轴承一次。

（6）下轴承连续运行 6 个月应放空池水，检查更换密封填料和加注Ⅰ号铝基润滑脂（注入量以压出容积内原润滑脂 1/3 为度），每年清洗下轴承一次。

长期停用的螺旋泵应每月试车一次。泵轴的位置每周对称翻转一次以防变形。恢复运行时应检查电动机的转向。螺旋泵的整机使用年限不少于 10 年，齿轮减速箱使用年限不少于 5 年，无故障连续运行时间不少于 8000h。

4.7.2.2　鼓风机

鼓风机有罗茨鼓风机、离心式鼓风机、轴流式通风机等。这里以罗茨鼓风机为例，介绍鼓风机的运行保养、维护与检修。

罗茨鼓风机是一种双转子压缩机械，双转子由电动机通过一对同步齿轮驱动作方向相反的等速转动，借助于叶轮的相互配合，鼓风机的进、出气彼此互相隔离，使排出的气体无法返回到进气室而被压送进入出气管道。与离心鼓风机相比，罗茨鼓风机具有结构简单、无喘振、压头高、流量受阻力影响小、送风稳定等优点，但效率较低、噪声大。罗茨鼓风机运行保养、维护与检修的主要内容有以下几点。

1. 罗茨鼓风机的运行保养

新安装或经过检修的鼓风机均应进行运转前的空载与负荷试车，一般空载运转2～4h，然后按出厂技术要求，逐渐加压到满负荷试车8h以上。运行操作方法如下：

(1) 开机前的准备与检查。

1) 检查电源电压的波动值是否在380V±10%范围内。

2) 检查仪表和电气设备是否处于良好状态，检查接线情况，需接地的电气设备应可靠接地。

3) 鼓风机和管道各接合面连接螺栓、机座螺栓、联轴器柱销螺栓均应紧固。

4) 齿轮油箱内润滑油应按规定牌号加到油标线的中位。轴封装置应用压注油杯加入适量的润滑油。

5) 按鼓风机旋向，用手盘动联轴器2～3圈，检查机内是否有摩擦碰撞现象。

6) 鼓风机出风阀应关闭，旁通阀处于全开状态，对安全阀进行校验。

7) 检查传动带松紧程度，必要时进行调整。

8) 空气过滤器应清洁和畅通，必要时进行清堵或更换。

(2) 空载运转。

1) 按电气操作顺序开启风机。

2) 空载运转期间，应注意机组的振动状况和倾听转子有无碰撞声和摩擦声，有无转子与机壳局部摩擦发热现象。

3) 滚动轴承支承处应无杂声和突然发热冒烟状况，轴承处温度不应超过规定值。

4) 轴封装置应无噪声和漏气现象。

5) 同步传动齿轮应无异常不均匀冲击噪声。

6) 齿轮润滑方式一般为“飞溅式”，通过油箱上透明监视应看到雾状油珠聚集在孔盖下。

7) 空载电流应呈稳定状态，记下仪表读数。

(3) 负荷运转。

1) 开启出风阀，关闭旁通阀，掌握阀门的开关速度范围，不能满载试车。升压不能超过额定。

2) 风机起动后，严禁完全关闭出风道，以免造成爆裂事故。

3) 负荷运转中，应检查旁通阀有无发热、漏气现象。

4) 大小风机要同时开时，应按上述程序先开小风机，后开大风机。要开多台风机时应待一台开出正常后再开另一台。

5) 其他要求同空载运转。

(4) 停机操作。

1) 停机前先做好记录，记下电压、电流、风压、温度等数据。

2) 逐步打开旁通阀，关闭出气阀，注意掌握阀门的开关速度。

3) 按下停车按钮。

(5) 巡视管理。

1) 鼓风机在运转时至少每隔1h巡视一次，每隔2h抄录仪表读数（电流、电压、风压、油温等）。

2）再次巡视，检查内容如下：①听鼓风机声音是否正常，运转声音不应有非正常的摩擦声和撞击声，如不正常时应停车检查，排除故障；②检查风机各部分的温度，两端轴承处温度不高于80℃，齿轮润滑油温度不超过60℃；风机周围表面用手摸时不烫手，电动机应无焦味或其他气味；③检查油位，油面高度应在油标线范围内，从油窗盖上观察润滑油飞溅情况应符合技术要求，发现缺油应及时添加，油箱上透气孔不应堵塞；④检查风压是否正常，各处是否有漏气现象。检查各运转部件，振动不能太大，电器设备应无发热松动现象。

（6）紧急停车。发现以下情况时应立即停车，以避免设备事故：

1）风叶碰撞或转子径向、轴向窜动与机壳相摩擦，发热冒烟时。

2）轴承、齿轮箱油温超过规定值时。

3）机体强烈振动时。

4）轴封装置涨围断裂，大量漏气时。

5）电流、风压突然升高时。

6）电动机及电气设备发热冒烟时等。

2. 罗茨鼓风机的维护与检修

（1）做好例行保养工作。鼓风机房应保持清洁，通风良好，机组表面无积土和油垢。

（2）定期（每月）检查风机各连接螺栓的紧固程度。

（3）新机或大修以后的风机运转8h后，应将油箱内的润滑油全部换去，重新加入规定牌号的润滑油。

（4）齿轮箱润滑油牌号应符合产品说明要求，连续工作满500h应全部换新油。

（5）滚动轴承每周须加注润滑油一次，轴封装置每4h加注润滑油一次。

（6）每周应打开轴片放油螺塞一次，以清除废油。若轴封出现微量漏气，为减少热空气对轴承的影响，可将此螺栓常开，但应相应增加注入轴封之润滑油。

（7）润滑油或润滑脂应专人验收、专人保管、专人指导使用，定期检查，不可混入杂质或进水乳化，所加机油一定要过滤，润滑脂用手刮一遍，以防混入杂质，加注润滑油前应先检查油枪、油杯是否畅通。

（8）每台风机每天至少开1h以免电动机受潮绝缘能力降低。

（9）停用后的鼓风机应每隔24h盘动转轴，翻转180°改变风叶停留位置。

（10）为延长风机使用寿命及合理安排检修期，应适当安排鼓风机的运转周期，做到交叉间歇使用，为此，连续运转的机组最多10d应换机一次。正常情况下，鼓风机每运转500h检查一次，每2000h进行小修，每3000h进行中修，每15000h进行大修。蝶阀或闸阀每两周保养一次，若干部位须加油。

4.7.2.3　表面曝气机

表面曝气机一般有竖轴式（叶轮曝气机）和横轴式（转刷曝气机）两种，叶轮曝气机又有低转速和高转速之分，它的转速一般为20～100r/min，最大叶轮直径可达4m，最大线速4.5～6m/s，动力效率2～3kg（DO）/(kW·h)。叶轮浸没深度一般在水面下10～100mm，视叶轮形式而异。许多表曝机叶轮浸深可以调节。我国主要应用以下几种表面曝机叶轮：泵形、K形、平板形和倒伞形。转刷曝气机有桨板式和尼龙式两种，多用于氧化沟，具有负荷便于调节、维护管理容易等优点，以圆锥圆柱齿轮来驱动曝气转刷。转刷表曝机的基本技术参数为：电动机功率为18.5～40kW，转刷直径为0.8～1m，转刷长度为3～9m，浸没深度为15～20cm，转速为50～75r/min，充氧能力为6～8kg/h。

表面曝气机的运行保养、维护与检修主要内容有以下几点：

(1) 定期巡视检查。一般5～7h上池检查一次，巡视检查的主要内容有：曝气机（包括电动机、减速器、主轴箱）运转是否正常，包括温升、声响、振动等，倘是变速电动机，要检查电动机转速。

(2) 经常检查减速器油位，如油不足，需及时添加，如发现漏油、渗油情况，应及时解决。

(3) 定期检查和添加主轴箱润滑脂。

(4) 定期检查叶轮或转刷钩带污物情况，如有钩带则及时清除。

(5) 经常检查曝气池溶解氧情况，过高或过低时应及时调整转速或调节叶轮或转刷浸没深度。有时发现曝气池溶解氧上升，污泥浓度异常减少，则可能是叶轮或转刷夹带垃圾异物，使提升力降低，污泥下沉到池底导致耗氧减少所致，这时应停车清除叶轮或转刷内垃圾杂物。

(6) 在恶劣天气，如暴雨、下雪等情况下，注意电动机是否有受潮可能有可能应采取遮盖措施。

(7) 每天做好清洁工作，保持机组整洁。

4.7.3 仪器仪表保养、维护与检定

1. 仪器仪表的维护、检定通用要求

详见学习学习情境2.6相关内容。

2. 各种流量计的维护、检定

现在城市污水处理厂常用的污水水量计量装置分为两类：一类是明渠式的计量设备，如巴氏计量槽、薄壁堰；另一类是管道式计量设备，如电磁流量计超声波流量计等。

(1) 明渠计量装置。

1) 经常检查计量明渠是否有挂泥（或杂物）、空鼓或脱落情况，如果发现应及时清理和修补，保持明渠的清洁平整，以免影响计量精度。

2) 经常观察计量槽（以玻璃钢做成）或薄壁堰是否变形。若发现变形，影响计量精度时应予以更换。

3) 经常观测明渠渠底、观测孔与渠道的连接是否有积泥，若发现积泥应及时清理以免影响明渠水流流态或造成堵塞。

4) 应注意观测计量槽喉部或薄壁堰前后水位的变化，并做好记录，便于计算并判明渠水流的流态是否符合测量条件的要求，确定测量结果的准确度。

5) 每日或每班应观测记录上游水深或堰顶水深，并按计量公式计算污水流。

(2) 电磁流量计。

1) 注意污水管道内流量、流速的变化，以保证测量结果是在满流状态下的测量。

2) 注意维护室内外的仪表，防止仪表受到强烈阳光、雨水、大风及高热的影响。

3) 避免在测量装置和显示仪表附近使用电动机、变压器等电磁设备，以免强磁场或强电场对于测量与变送的干扰。

4) 设置必要的警示标志，避免电磁场、重压荷载、雨水浸泡和施工对测量装置电气

线路的影响。

5）维护好记录、指示、计算等仪表与器材，保证测量准确，否则应予以更换。

6）每日或每班做指示仪表的记录，并计算污水流量；或观察记录好其他记录与计算仪表的工作状态。

3. 压力、真空表的维护、检定

（1）在正常情况下应每年送计量部门检定一次，中间损坏或发现不准时应立即更换或送检。

（2）检定方法应符合现行行业标准 JJG 52—1999《弹簧式一般压力表、压力真空表及真空表检定规程》的规定。

4. 电流表、电压表

（1）电流表、电压表、功率表的检定，应符合现行行业标准《三表检定规程》的规定。

（2）电能表（电度表）的检定应符合现行行业标准 JJG 307—1998《交流电能表（电度表）检定规程》的规定。

（3）仪表经检定超过允许误差时应修理，现场检定发现问题后换装备用合格仪表。

5. 水质检验仪器的维护、检修

详见学习学习情境 2.6 中相关内容。

本项目学习小结

本学习项目以常见污水处理工艺流程为基础设计学习情境，按照工艺流程的顺序先后讲述了预处理工艺的运行与管理，初淀池的运行与管理，生物处理工艺（包括活性污泥和生物膜工艺）的运行与管理，污泥处理工艺的运行与管理，污水水质分析与检测，污水厂的自动化控制，污水厂运行保养、维护与检修的相关知识和技能。重点阐述预处理工艺、初沉池系统、活性污泥和生物膜工艺、污泥处理与处置工艺的运行与管理相关知识和技能。

通过本学习项目的学习，并安排大量的实训，要求学生了解污水厂常见处理构筑物的工作原理；熟悉常见污水处理工艺工作过程；了解给污厂运行保养、维护与检修的方法和相关规定；了解污水厂自动化控制方法；熟练掌握污水厂处理构筑物日常运行与管理技能；掌握污水厂水质分析与检测的基本技能。

思考题与习题

4.1　格栅工艺的运行与管理项目有哪些？沉砂池的运行管理项目又有哪些？

4.2　试分析初沉池中污泥上浮现象的原因和应对策略。

4.3　简述活性污泥系统中微生物的作用，微生物生长分为几个阶段？分别有什么特点？

4.4　简述活性污泥净化中的影响因素，通常这些因素需要控制在什么范围内？

4.5　某造纸厂采用活性污泥系统处理污水，废水量 24000m^3/d，曝气池容积为 8000m^3，经初次沉淀池废水的 BOD_5 为 300mg/L。试求活性污泥的有机负荷。

4.6　已知曝气池的浓度，$MLSS$ 为 2.2mg/L，混合液在 1000mL 量筒中经 30min 沉淀的污泥量为 180mL，计算污泥指数。

4.7 活性污泥工艺种类有哪些各有什么特点？

4.8 曝气系统运行维护与管理包括哪些内容？

4.9 活性污泥系统污泥膨胀的原因有哪些？分别怎样控制？

4.10 生物滤池有哪些常见工艺？各自有何特点？

4.11 简述生物转盘工艺的主要特点？

4.12 简述污泥浓缩池的运行控制的主要方面？

4.13 污泥消化池运行控制与管理的主要控制指标有哪些？

4.14 污泥离心脱水运行控制与管理有哪些控制因素？

4.15 简述污泥资源化利用的主要方法，试提出除课本外污泥资源化方法。

4.16 水样采集时应注意哪些问题？

4.17 曝气池和二沉池保养与维护应注意哪些事项？

学习项目5　中水工厂运行与管理

学习目标：通过本学习项目的学习；使学生了解常见中水处理工艺与设备；熟练掌握常见中水处理工艺运行与管理的技能；掌握中水管道系统管理与维护的技能。

学习情境5.1　常见中水处理工艺与设备

5.1.1　中水处理工艺

1. 工艺的选择

中水处理工艺流程分为如下几点。

一是应当了解当地缺水环境背景和节水的技术条件；处理场地与环境条件是否适应拟选定的处理工艺流程，是否能够合理地排放处理过程中的污水及对污泥的处理；建筑环境条件是否适宜拟选的工艺流程，其生态、气味、噪声、外观是否与环境协调；当地的技术水平与管理水平是否与处理工艺相适应；投资者的投资能力以及各种流程的经济技术的比较情况。

二是分析中水原水水质。分析取用的原水是分流制中的废水还是合流制的污水，原水的污染程度等。不管是哪种原水，应当有实测的或相类似的水质资料。

三是中水的用途及水质要求。中水的用途对水质提出了要求，还应注意中水是否与人体直接接触以及输送中的管道、使用中水的设备对结垢与腐蚀的特殊要求，以及确定不同的深度处理措施。

2. 常用的中水处理工艺流程

(1) 当以优质杂排水和杂排水为中水水源时（水中有机物浓度较低，处理的目的主要是去除悬浮物和少量有机物，降低原水的色度和强度），宜选用如图5.1所示的以物理化学为主的工艺流程或采用生物处理和物化处理相结合的工艺流程。

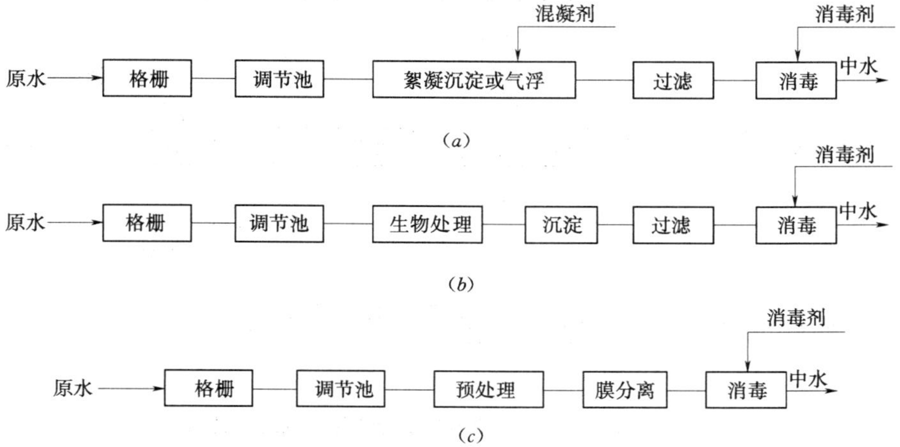

图5.1　优质杂排水和杂排水为中水水源的水处理工艺
(a) 物理化学处理；(b) 生物处理与物理化学处理相结合；(c) 预处理和膜分离相结合

（2）当以含冲洗厕所的生活污水为中水水源时，宜选用如图5.2所示的二段生物处理或生物处理与化学处理相结合的工艺流程。

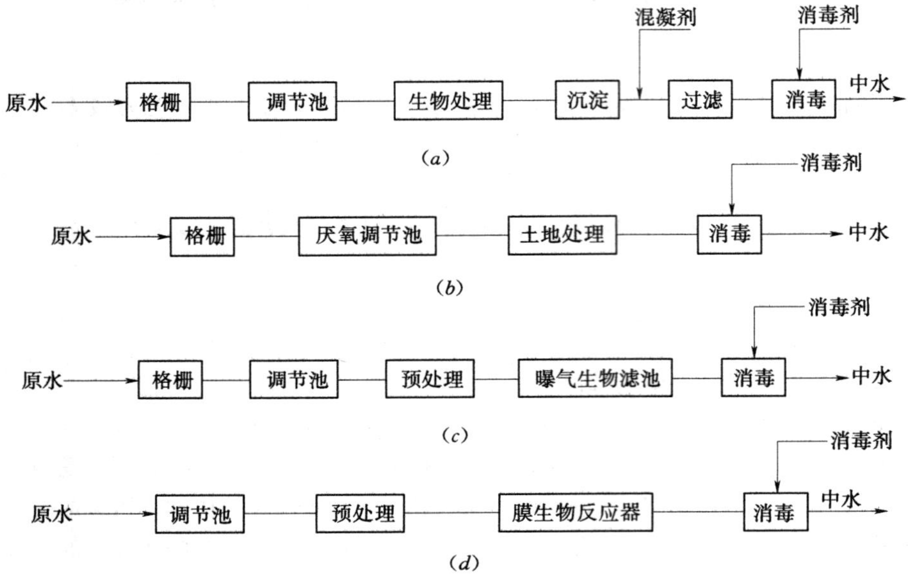

图5.2　生活排水为中水水源的水处理工艺流程

(a) 生物处理和深度处理相结合；(b) 生物处理与土地处理相结合；(c) 曝气生物滤池处理；(d) 膜生物反应器处理

（3）当利用污水处理站二级处理出水为中水水源时，宜选用如图5.3所示的物化处理与生化处理相结合的深度处理工艺流程。

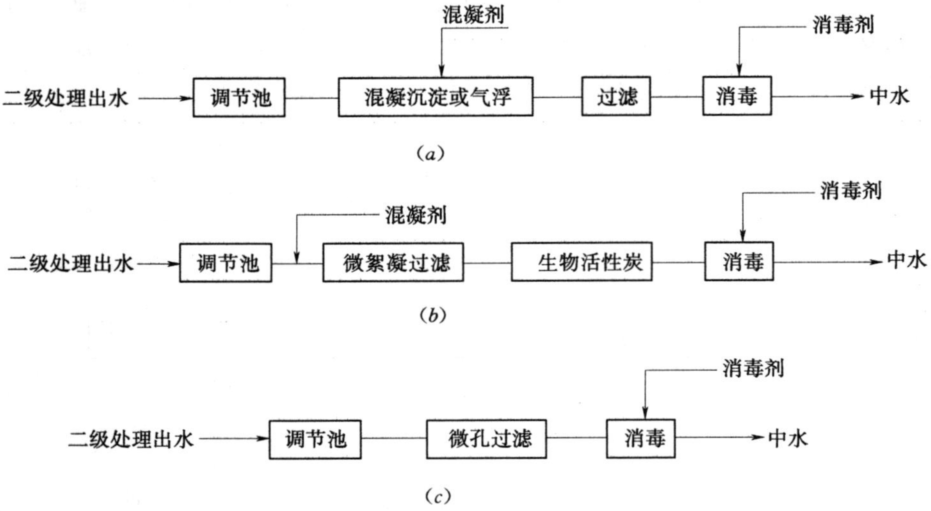

图5.3　物化处理或生化处理相结合的深度处理工艺流程

(a) 物化深度处理；(b) 物化与生化相结合的深度处理；(c) 微孔过滤处理

（4）当利用建筑小区污水处理站二级生物处理的出水作为中水水源时（处理的目的是

去除残留的悬浮物，降低水的色度与浊度)，宜选用如图 5.4 所示的化学处理（或三级处理）工艺流程。

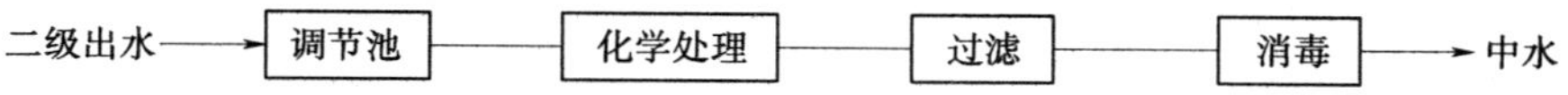

图 5.4 小区污水处理站二级生物处理出水为中水水源的水处理工艺流程

5.1.2 中水处理技术

1. 格网、格栅

格网、格栅主要是用来阻隔、去除中水原水中的粗大杂质，不使这些杂质堵塞管道或影响其他处理设备的性能。其栅条、网格按间隙大小分为粗、中、细 3 种，按结构形式分为固定式、旋转式和活动式（活动式中又有筐式和板框式两种)。中水处理一般采用细格栅（网）或两道格栅（网）组合使用。当处理洗浴废水时，还应加设毛发清除器。

2. 水量调节

水量调节是将不均匀的排水进行贮存调节，使处理设备能够连续、均匀稳定地工作。其措施一般是设置调节池。工程实践证明，污水贮存停留时间最长不宜超过 24h。调节池的形式可以是矩形、方形或圆形，其容积应按排水的变化情况、采用的处理方法和小时处理量计算确定。

3. 沉淀

沉淀的功能是使液固分离。混凝反应后产生的较大粒状絮凝物，靠重力通过沉淀去除，大量降低水中污染物。常用的有竖流式沉淀池、斜板（管）沉淀池和气浮池。原水通过格栅（网）后，如无调节池时，应设初沉池。生物处理后的二次沉淀池和物化处理的混凝沉淀池宜采用竖流式沉淀池或斜板（管）沉淀池。

4. 生物处理

(1) 接触氧化。接触氧化是在用曝气方法提供充足的氧的条件下，使污水中的有机物与附着在填料上的生物膜接触，利用微生物生命活动过程中的氧化作用，降解水中有机污染物，使水得到一定程度的净化。

(2) 生物转盘。生物转盘的作用与接触氧化相同，不同之处有二：一是生物膜附着在转盘的盘上；二是转盘时而与水接触，时而与空气接触，通过与空气的接触去获得充足的氧。中水处理中的生物转盘应采用 2～3 级串联式转盘。

生物处理法在国内外还有一些其他的处理形式，可参见水处理工程方面的教材。

5. 过滤

过滤主要是去除水中的悬浮和胶体等细小杂质，还能起到去除细菌、病毒、臭味等作用。过滤有多种形式，中水处理一般均采用密封性好的、定型制作的过滤器或无阀滤池。常用的滤料有石英砂、无烟煤、泡沫塑料、硅藻土、纤维球等。

6. 消毒

消毒是中水使用和生产过程中安全性得到保障的重要一环。中水虽不饮用，但中水的原水是经过人的直接污染，含有大量的细曲、寄生虫和病毒。虽然经过有关环节处理后，已降低了细菌等含量，但还未达到中水水质标准。因此，中水的消毒不仅要求杀灭细菌和病毒的效果好，同时还要提高中水的生产和使用过程整个时间上的保障性。常用的消毒剂有氯、次氯酸钠、二氧化氯、二氯异氰尿酸钠等。另外，还有臭氧消毒和紫外线消毒等方法。

5.1.3　中水处理设备

中水处理设施可根据有关资料、参数，自行设计、建造处理构筑物。如果中水处理负荷较小时，也可直接选用成套处理装置。下面简单介绍几种中水处理装置。

1. 中水网滤设备

成品网滤器可直接装于水泵吸水管上，将经过泵而进入处理系统的水进行初滤，截流粗大固体物。其过水流量有 $20m^3/h$、$100m^3/h$、$200m^3/h$、$300m^3/h$、$400m^3/h$ 等 5 挡。网滤器进出管直径分别为 100mm、200mm、250mm、350mm。

2. 曝气设备

在生物处理法中，均应进行曝气，曝气除选择合适的风机外，主要是选择曝气器，曝气方式有穿孔管曝气、射流曝气和微孔曝气。曝气器的服务面积一般为 $3\sim9m^2$，供气量一般为 $0.6\sim1.3m^3/(min\cdot个)$，适用水深 2～8m。

3. 气浮处理装置

气浮池的规格有 5～50t/h 等 8 种，相应的气浮池直径为 1.37～3.73m，操作平台直径为 2.57～4.96m，高度为 2.99～4.19m。

4. 组装式中水处理设备

组装式分为 6 段，即初处理器（组合内容有格栅、滤网、分流、溢流、计量）、好氧处理器（调节、贮存、曝气、氧化提升）、厌氧处理器（调节、储存、厌氧水解、曝气回流）、浮滤器（溶气、气浮、过滤）、加药器（溶药、投加、计量）、深处理器（吸附交换供水）。处理能力有 $10m^3/h$、$20m^3/h$、$30m^3/h$、$50m^3/h$ 等 4 种。

5. 接触氧化法处理装置

该装置日产水量为 $80m^3/d$、$160m^3/d$、$240m^3/d$、$320m^3/d$、$400m^3/d$、$480m^3/d$ 等 6 挡，占地面积相应为 $50m^2$、$80m^2$、$100m^2$、$120m^2$、$140m^2$、$180m^2$，接触氧化曝气池的面积为 $2m^2\times3m^2\sim3m^2\times8m^2$ 等 6 种规格。

6. 生物转盘法处理设备

该设备中转盘直径为 1.4～3.6m 等 8 种规格，相应的转盘面积为 $290\sim8100m^2$，备占地面积为 $4.5\sim40.2m^2$，设计处理能力为 24～720t/d。

7. 接触过滤器

接触过滤器分上进下出和下进上出两种型式，其产水量有 $5\sim98m^3/h$ 等 14 种规格，其直径为 0.7～2.5m 不等，进水允许浊度一般应小于 100mg/L。正常出水浊度一般小于 5mg/L。

除上述装置之外，还有厕所冲洗水循环处理装置、平板式超过滤器、ZS 系列中水净化器、A/O 系统立式污水净化槽、WHCZ 小型污水处理装置以及新研发的有关设备和装置等。

学习情境 5.2　常见中水处理工艺运行与管理

5.2.1　混凝工艺

1. 混凝

混凝是向水中投加混凝剂，让其与水快速混合，使得水中的悬浮性杂质和胶体物质脱稳而凝结成大颗粒的过程。混凝处理对象是污水的二级处理出水，水体中所处理的对象是胶体和菌胶团微粒，因而污水处理的混凝不同于给水处理的混凝。采用混凝技术从表面而言，就是去除污水中的色度和浊度，混凝沉淀的过程中还可以去除污水中的某些溶解性物质如砷、汞等，也能够有效的去除导致富营养化的磷等，但去除氨氮的效果不明显。污水混凝的特点是：污水中存在大量的微生物颗粒，这些颗粒与混凝剂之间亲和力强，因而投药后，絮凝时间比较短。在该处理过程中通常设置机械混合装置，停留时间为 15～60s，絮凝时间为 10～15min，石灰为 5min，速度梯度 C 的值在 10～200s^{-1}，G_t 的值在 10000～100000 之间。常用的混凝剂有硫酸铝、聚合氯化铝、聚合铁盐、石灰和有机聚合物等。由于有机颗粒密度较轻，当只靠混凝剂难以保证处理效果时，还需要投加聚丙烯酰胺、活化硅酸、骨胶等高分子助凝剂。

混凝剂的正确选用以及合理确定混凝剂的投量是混凝沉淀处理技术的关键，对于给水处理的技术已经有比较成熟的经验，但是对污水的深度处理尚缺乏足够可以直接引用的数据。需要通过实地试验才能选定处理成本低、处理效果好的混凝剂，确定其最佳工艺技术参数。采用混凝法去除污水中的有机物，去除效果良好，但是投药量一般较大，如用商业浓度的工业硫酸铝，往往需要 50～100mg/L；采用聚合铝投量也明显高于一般的给水混凝剂投量，如北京高碑店污水厂的二级出水采用聚合氯化铝混凝剂，最佳投药量为 30mg/L。这样出现的问题是产生大量的含水率很高的（可高达 99.3%）污泥，这种污泥难于脱水，给污泥处置带来很大困难。

2. 沉淀与气浮

沉淀和气浮均是混凝反应后的固液分离手段，沉淀设备简单而体积稍大，气浮设备稍复杂而体积较小，管理上沉淀工艺较气浮简便。混凝工艺主要去除原水中悬浮状和胶体杂质，对于溶解性杂质去除能力较差，因此对原水中残留的洗涤剂处理效果不佳。试验证明，混凝沉淀对阴离子洗涤剂处理效果很差，而混凝气浮对阴离子洗涤剂有一定的处理效果，这是由于气浮池中的微小气泡黏附带有极性的表面活性剂，使得洗涤剂上浮分离。对于以生活污水为主的二级出水深度处理工艺确定时，这可能也会成为一个考虑因素。二级出水的深度处理的常用沉淀池类型有平流沉淀池、辐流沉淀池、竖流沉淀池、斜板（斜管）沉淀池。大型的沉淀池应设计机械刮泥设备。由于污水的杂质的特点，沉淀池设计参数与给水工艺中略有不同：表面水力负荷采用盐类混凝剂时，日均流量计不大于 1.25m^3/(m^2·h)，最大时流量计不大于 1.6m^3/(m^2·h)；沉淀时间较长，一般 2～4h；池内流速 4～10mm/s；进水渠流速 0.15～0.6m/s；出水堰的溢流负荷 1～3L/(s·m)。

气浮技术开发出多种形式，按照产生气泡方式分有压力溶气气浮、涡凹气浮、引气气浮等。因气浮池是利用向水中通入空气，使水产生大量的微细气泡、溶气形成的微气泡黏附加药形成絮凝体除去水中污物的，故溶气量及凝聚剂加药量的大小是影响气浮池处理效果的关键因素。

5.2.2 过滤工艺

在污水的深度处理中，过滤是最普遍使用的一项工艺。深度处理的过滤可以进一步去除污水二级出水中的生物絮体和胶体物质，显著降低出水的悬浮物和浊度，进一步降低出水的 BOD、COD 值和磷的含量，对重金属、细菌、病毒有很高的去除率，并且还可以去除水中化学絮凝形成的铁盐等沉积物，可以提高消毒效率降低消毒剂的用量。由于水中杂质性质的不同，废水过滤和给水过滤不完全相同，在生物处理后的二次沉淀池出水后的过滤过程中，过滤被认为是去除悬浮固体的主要机理。滤池的滤料可采用单层砂滤料、双层滤料或混合滤料，滤池根据水的流向可采用降流式过滤、升流式过滤、升降流结合式滤池和水平流滤池。滤池进水的水质影响到过滤效果，因而对进水的水质如悬浮固体的浓度、絮体的尺寸、絮体强度等都有一定的要求。一般生物处理工艺不能总是保持稳定，在生物处理和滤池之间通常要增加混凝沉淀或气浮等预处理，以保证滤池安全运行，滤池进水悬浮物浓度低于20ms/L。如果滤池进水中絮体过小容易穿透时，可投加有机聚合物作助凝剂，这样可以适当提高滤速。当二级出水能够保证常年良好时，可以不经过沉淀直接过滤，此时过滤的进水浊度宜小于10NTU，或者可以采用直接加药的微絮凝过滤。

在深度处理的过滤中滤料可以是单层的石英砂滤料，一种是类似给水中滤料设计，但粒径较大，一般厚度在700～1000mm，滤速较低为4～6m/h；另一种是生物絮体比较牢固时可采用深床过滤，粒径1～3mm，床厚l～5m，滤速达3.7～37m/h。双层滤料材料有无烟煤和石英砂，陶粒和石英砂，活性炭和砂，树脂球和无烟煤，纤维球（束）和石英砂等，以采用无烟煤和石英砂组成的双层滤料使用最为广泛，滤料厚度为无烟煤300～400mm加石英砂400～500mm，滤速为5～10m/h。

滤池工作周期一般在12～24h。废水处理的滤池的进水悬浮物多是生物絮凝体，易在滤料层表面形成一层滤膜，致使水头损失迅速上升，过滤周期缩短，因此滤池的冲洗是滤池维护管理的关键过程。絮凝体形成的泥膜不易脱离，这给冲洗带来困难，一般需要设置辅助冲洗，或采用气水反冲使絮凝体从滤料表面脱落，效果良好并节省冲洗水量。带表面辅助冲洗的水反洗，运行时先表面冲1～2min，表面洗水量一般固定式为7～10m/h，单臂冲扫器为1.2～1.8m/h，双臂冲扫器为3～3.6m/h，然后再水反洗。采用气水反洗系统冲洗，气水增加颗粒的摩擦碰撞，有利于使较大的絮体从滤料上脱落并被水带走，有较好的冲洗效果。一般情况下，气水反洗方式有先气、后水；先气、再气水同时洗、后水冲洗；气水同时、后水冲三种。

5.2.3　活性炭吸附工艺

在污水处理中，活性炭处理的主要对象是污水中残存的胶体粒子、微生物、余氯，用生化法难于降解的有机物或用一般氧化法难于氧化的溶解性有机物，包括木质素、芳香烃衍生物、杂环化合物、洗涤剂、合成染料、DDT以及痕量的重金属离子等。当用活性炭对这类污水进行处理时，它不但能够吸附这些难分解的有机物，降低COD，还能使污水脱色、脱臭，把污水处理到可重复利用的程度，所以吸附法在污水处理的深度处理中得到了广泛的应用。用活性炭去除有机物时，吸附质的相对分子质量以控制在1000以下为宜。实践已证实，活性炭对某些金属及其化合物有很强的吸附能力。据报道活性炭对锑、铋、锡、汞＋铅、镍、六价铬等金属离子都有良好的吸附能力。在处理流程上，活性炭吸附可与其他物理化学法联合，组成所谓的物化流程。如先混凝沉淀、过滤，然后加活性炭吸附去除溶解性有机物。粒状活性炭吸附可采用吸附池，也可采用活性炭吸附罐，其形式应根据处理规模、投资、现场条件等因素确定。活性炭罐有重力式和压力式，按照水流方向有升流式和降流式。运行参数如下：水力负荷升流式2.5～6.8L/(m^2・s)，降流式2.0～3.3L/(m^2・s)；操作压力为每0.3m炭层7kPa；炭床厚度3～12m，最小厚度3m，常用4.5～6m。接触时间根据出水水质要求调整，出水水质COD为10～20mg/L时，接触时间为15～20min；出水水质COD为5～15mg/L时，接触时间为30～35min；对于物理—化学处理系统，炭的接触时间为20～35min，典型的接触时间是30min。炭罐反洗的膨胀率在10%～50%，冲洗时间10～15min，冲洗周期7～15d，经常冲洗强度为8～12L/(m^2·s)。粒状活性炭的吸附能力耗尽后，可以对其进行再生。活性炭再生的方法有溶剂清洗、酸洗或碱洗、蒸汽再生、热再生。热再生是目前在污水处理中常用的，再生过程为脱水、干燥、溶烧、加水蒸气活化、冷却。

吸附法也可与生化法联用，向生物池中投加活性炭粉末，形成生物流化床；吸附法与臭氧联合使用构成臭氧活性炭工艺等。

5.2.4 膜分离技术

膜分离技术有电渗析（ED）、反渗透（RO）、超滤（UF）和微滤（MF）等。随着材料制造工艺的提高和市场的发展，一度被认为昂贵的膜分离技术正变得越来越经济，具有越来越强的竞争力，膜分离技术在污水深度处理中的应用也越来越广泛。可以预测膜分离技术的发展对未来的供水产生巨大的影响。

1. 反渗透

反渗透已经被用于降低矿化度和去除溶解固体（TDS）。用反渗透处理二级出水不仅能去除悬浮固体和有机物，而且能除去溶解的盐和病原菌等。反渗透对二级出水的脱盐率达90%以上，水回收率80%左右，COD和BOD的去除率达85%左右，细菌去除率运90%以上，反渗透对含氮化合物、氯化物和磷化物也有良好的脱除作用。为了保证RO膜元件的使用年限，进水必须经过预处理，满足反渗透要求水质指标。预处理要达到以下的目的：①去除形成膜阻塞的物质如悬浮物、微生物、胶体、难溶性盐等；②避免膜受到机械和化学的伤害，保证其适当的使用寿命。二级污水中的悬浮物和胶体的浓度和变化很大，根据出水的水质指标，常用的预处理工艺包括混凝、沉淀、砂滤和膜过滤等。

由于污水中含有大量的微生物和有机污染物，反渗透膜中醋酸纤维膜对有机物的亲和力较小，水中的微生物的活动通常靠游离氯来控制，醋酸纤维膜可以在低浓度的游离氯（达到1mg/L）下运行，这种情况下聚酰胺膜不如醋酸纤维膜稳定，在污水回用过程中多选用醋酸纤维膜。二级出水中的微生物经过反渗透处理时，容易在膜上残留，并在膜上繁殖，造成膜压差的增长，对产品水形成污染。一般在进水管道中加氯或臭氧进行消毒，或者采用UV灯进行消毒来控制微生物。在运行过程中，如果出现膜被有机物、胶体或微生物污染堵塞，为了恢复系统的工作能力，需要对膜进行清洗。如是有机物污染引起的，采用EDTA钠盐、三聚磷酸钠和阴离子清洗剂进行清洗；如果是微生物细菌引起的膜污染，采用0.5%～1%的甲醛清洗膜。

2. 膜滤

膜滤包括微滤（Microfihration）、超滤（Ultrofiltration）、纳滤（Nanofihration）三种类型，都是以压力为动力的过滤方式，三种过滤方式膜的孔径依次减小。微滤主要是去除水中的颗粒物，与传统的过滤作用相似；超滤可以去除水中的颗粒性物质和大分子；纳滤主要去除水中大分子物质以及水中部分的溶解性盐和小分子物质。成功的膜过滤要依赖于有效的前处理，关键是防止微生物生长造成的膜结垢，另外使用强氧化剂会破坏膜的性能。混凝沉淀等前处理可以降低膜的过滤负荷，提高过滤效果和膜装置的性能。

污水回用工程中，以前采用超滤膜，但是由于超滤膜孔径较小，膜通量受到限制。近年来微滤膜用于水处理中使水通量得到扩大，中空纤维微滤膜的孔径宜选择0.21μm或者0.1～0.2μm，在几十到一百千帕的低压下工作，膜通量大幅度提高，对膜分离在污水回用处理中进一步应用具有重要意义。中空纤维微滤反应器，一般可采用气水反冲，反冲时压缩空气由中空纤维膜内吹向膜外，反冲压力为600kPa，时间1～2min。当水质不稳定，膜污染加重时超过设计的压差指标时，进行水反冲洗，反冲洗水量为进水量的8%～10%。当中空纤维微滤用于处理污水厂的二级出水时，微滤系统工作一定的时间（2～4周）需要进行一次化学清洗。

5.2.5　消毒工艺

消毒是污水回用处理中必不可少的，尤其是污水回用于人直接接触性用水或用于食用农作物灌溉时就显得很必要了。常用的消毒工艺有氯消毒、紫外线（UV）消毒和臭氧（O_3）。各种消毒工艺各有优缺点，如氯消毒效果可靠，价格便宜，但是当有机污染严重时易形成致癌物质，对消毒剂选择同给水中的内容，在此不再重复。

1. 氯消毒

氯消毒工艺应用最为广泛，工艺成熟。液氯的耗量与水中的浊度、干扰物质等有关，氨、腐殖质以及其他有机物都会增加氯的耗量，pH值会影响有效消毒成分HOCl的比例，具体对于某水质氯剂量需要通过试验确定。对于污水经过二级处理的出水，需要经过三级处理回用时加氯量一般为5～10mg/L，混合的时间一般为5～15s，氯和水接触反应时间一般不小于30min，余氯量不小于0.5mg/L。由于氯消毒对膜处理设备和农作物存在不良影响，污水中的余氯需要控制，脱氯剂包括二氧化硫和其他还原剂，活性炭吸附也是有效措施之一。

2. 紫外线消毒

紫外线消毒是利用水银灯发出的紫外光，能穿透细胞壁被核酸和蛋白质等生命物质吸收，破坏微生物的生命活动而达到消毒作用，其中波长在250～290m范围内的紫外线杀菌能力最强，紫外线消毒要求处理水具有较高的透光性，故污水中的悬浮物、浊度、有机物和氨氮都干扰紫外线的消毒效果。紫外线消毒对已经脱氮或部分脱氮的二级出水中的大肠菌、粪大肠菌群、肠道球菌、脊髓灰质炎病毒的去除效果与氯消毒相似，但能减少致癌性消毒副产物的产生。

用于污水消毒紫外线光源是高压石英水银灯，可以采用浸水式或水面式。浸水式紫外线消毒效率较高，杀菌效能好，但是设备复杂，而且水中的杂质会使石英管表面结垢，这样就会降低紫外线透过灯管传输到水体中的能力，从而影响消毒性能。水面式构造简单，但由于持光罩吸收紫外线并有散射，杀菌效果不如前者。紫外线消毒的照射强度为0.19～0.25(W·s)/cm^2，水层深度为0.65～1.0m。

3. 臭氧消毒

臭氧除了可以利用其强氧化作用来杀灭细菌和病毒外，还可以氧化分解水中的各种杂质（如有机物腐殖质、部分的芳香族化合物等），因此能有效去除水中的色、臭、味，脱色效果明显优于氯和活性炭。臭氧还可以降低水中杂质的电位，从而提高混凝和过滤对杂质的去除率。研究表明，采用臭氧预处理可以提高混凝沉淀和过滤的处理效果，臭氧和传统处理结合可去除部分的THMS前体、近一半的色度、80%的COD。臭氧的生产成本很高，为了提供污水中臭氧的利用率，接触反应池水深约为5～6m，或建成封闭的多格串联的接触池，或设管式或板式微扩散器散布臭氧，以提高臭氧的扩散速度。臭氧消毒迅速，接触时间采用15min，维持剩余臭氧量为0.4mg/L。

学习情境5.3　中水管道系统管理与维护

5.3.1　中水原水集水管道系统

原水集水管道系统一般由建筑内合流或分流集水管道、室外或建筑小区集水管道、污水泵站及有压污水管道和各处理环节之间的连接管道四部分组成。

1. 建筑内集水管道系统

建筑内集水管道系统即通常的建筑内排水管网，其支管、立管和横干管的布置与敷设，均同建筑排水设计。

（1）建筑内合流制集水管道系统。合流制系统中的集水干管（收集排水横干管或排出管污水的管道）应根据处理间设置位置及处理流程的高程要求，设计成室内集水干管，也可设计成室外集水干管。当设置为室内集水干管时，应考虑充分利用排水的水头，即尽可能保持较高的出流高程，便于依靠重力流向下一道处理工序。但集流干管要选择合适的位置及设置必要的水平清通口，并在进入处理间或中水调节池之前，设置超越管，以便出现事故时可以直接排放至小区或城市排水管网。

（2）建筑内分流制集水管道系统。分流制系统要求分流顺畅，这就要求与其他专业协商合作，使卫生间的位置和卫生器具的布置合理、协调。同时注意：

1）洗浴器具与便器最好是分开设置或者分侧设置，以便用单独的支管、立管排出；洗浴器具宜上下对应设置，便于接入同一立管。

2）明装的污废水立管宜在不同墙角设置，以利美观。同时，污废水支管不宜交叉，以免横支管标高降低太多。

3）高层公共建筑的排水系统宜采用污水、废水、通气三管组合管系。

4）集水干管与上述第1）点相同。

2. 室外或小区集水管道系统

这部分管道的布置与敷设亦与相应的排水管道基本相同，最大的区别在于室外集水干管还需将所收集的原水送至室内或附近的中水处理站。

因此，除了考虑排水管布置时的一些因素以外，应根据地形、中水处理站的位置，注意使管道尽可能较短，一般布置在建筑物排水侧的绿地或道路下；力求埋深较浅，使所集污水、废水能自流到中水处理站；布管时，要注意与其他如给水、排水、雨水、供热、燃气、电力、通信等管系综合考虑。在平面上与给水管、雨水管、污水管的净距宜在0.8～1.5m以上，与其他管道的净距宜在1.0m以上。与其他管道垂直净距应在0.15m以上；还应考虑工程分期建设的安排和远期扩建的可行性。

3. 污水泵站及有压污水管道

如果由于地形或其他因素，集水干管的出水不能依靠重力流到中水处理站时，就必须设置污水泵将污水加压送至中水处理站。污水泵的数量由污水量（或中水处理能力）确定。污水泵站应根据当地的环境条件而设置。

污水泵出口至中水处理站起始进口之间的管道为有压污水管道。此段管道要求要有一定的强度，接头必须严密，严防泄漏，还应有一定的耐腐蚀性。

至于中水处理站内各处理环节之间的连接管道，应根据其工艺流程和处理站的布局去确定，做到既符合工艺要求，又能保障运行的可靠性。

5.3.2　中水供水管道系统

中水供水管道系统与建筑给水供水系统基本相同。

根据中水的特点应当注意的是，中水管道必须具有耐腐蚀性。因为中水中存在有余氯和多种盐类，会产生多种生物学和电化学腐蚀，一般采用塑料管、钢塑复合管和玻璃钢管比较合适，不得采用非镀锌钢管；如遇不可能采用耐腐蚀材料的管道和设备，则应做好防腐处理，并要求表面光滑，使其易于清洗、清垢；中水用水点宜采用使中水不与人直接接触的密闭器具；冲洗汽车、浇洒道路与绿地的中水出口宜用有防护功能的壁式或地下式给水栓。

5.3.3　中水系统的安全防护

应用中水可以节约水源，减少污染，具有良好的综合效益。但中水水质低于生活饮用水水质，并且与生活给水管道系统在建筑内共存，而我国现阶段大多数人对中水了解不多，故有误用、误饮的可能。为了供水安全可靠、不致造成不应有的危害，在中水系统的设计、安装、运行、使用全过程中应特别注意其安全防护。

中水处理系统应连续、稳定地运行，不宜间断，处理量也不宜时多时少，且出水水质应达到 GB/T 18920—2002《城市杂用水水质标准》。考虑到排水水量和水质的不稳定性，在主要处理前应设调节池，处理系统如为连续运行，其调节容积可按日处理量的 35%～50%计算（若必须间歇运行时，调节容积可按处理工艺运行周期计算）。

由于中水处理站的出水量与中水用水量不一致，为保证故障或检修时用水的可靠性，应在处理设施后设中水贮水池。处理系统如为连续运行时，中水贮水池的调节池的调节容积按日处理水量的 25%～35%计算。若必须间歇运行时，可按处理设备运行周期计算；为保证用水不中断及水压恒定而设有中水高位水箱时，水箱的容积应不小于日用水量的 5%。中水贮水箱宜用玻璃钢等耐腐蚀材料制作。

严格执行 GB 50336—2002《建筑中水设计规范》规定，中水管道外部应按有关标准的规定涂色和标志，以便与其他管道相区别；室内中水管道在任何情况下，均严禁与生活饮用水管道相接；不在室内设置可供直接使用的中水水嘴，以免误用；若需将生活饮用水管作为补充水时，该出水口应高出中水水池（箱）最高水位 2.5 倍管径以上的空气隔断高度；中水管与排水管平行埋设时，其水平净距不小于 0.5m，交叉埋设时，中水管应置于饮水管之下、排水管之上，管道净距不小于 0.15m；水池、水箱、阀门、水表及给水栓、取水口等均应标有明显的“中水”字样；公共场所及绿化的中水取水口应设带锁装置；工程验收时应逐段进行检查，防止误接。中水处理站的管理人员必须经过专门培训才能上岗，这也是保证运行安全、保证水质的重要因素。

本项目学习小结

本学习项目讲述了常见中水处理工艺和装置，常见中水处理工艺的运行与管理，重点阐述常见中水处理工艺运行与管理的相关知识和技能。

通过本学习项目的学习，并辅助以一定量的实训，使学生了解中水处理厂常见工艺和处理装置；熟悉常见中水处理工艺工作过程；熟练掌握中水处理厂日常运行与管理技能。

思 考 题 与 习 题

5.1 何谓建筑中水？发展建筑中水有什么意义？

5.2 中水处理主要有哪些处理工艺？

5.3 中水处理装置有哪些？

5.4 常见中水处理工艺运行管理中应注意哪些问题？

5.5 布置、敷设中水原水集水管道应注意哪些问题？布置、敷设中水供水管道应注意哪些问题？

5.6 如何保证建筑中水的安全使用？

学习项目6　建筑给排水管网管理与维护

学习目标：通过本学习项目的学习，要求学生了解建筑给排水管网的组成；掌握建筑给水泵房的运行与管理方法；熟练掌握建筑给水管道与附属设备的运行与管理技能；熟练进行建筑排水管道与附属设备的运行、维护与管理。

学习情境6.1　建筑给水管网管理与维护

6.1.1　给水系统和给水方式

1. 室内给水系统的分类

建筑内部给水系统的任务是根据各类用户对水量、水压的要求，将水由城市给水管网（或自备水源）输送到装置在室内的各种配水龙头、生产机组和消防设备等各用水点。室内给水系统根据用途一般可分为以下三类：

（1）生活给水系统。供人们日常生活饮用、烹调、洗涤、盥洗和沐浴等用水。水质必须符合国家规定的生活饮用水卫生标准。

（2）生产给谁系统。供车间生产用水。例如设备冷却用水、锅炉用水等。由于工艺不同，生产用水对水质、水量、水压以及安全方面的要求差异是很大的。

（3）消防给水系统。供扑救火灾的消防用水。消防用水对水质要求不高，但必须按建筑防火规范保证有足够的水量和水压。

在一栋建筑物内，实际上并不一定需要单独设置上述三种给水系统。可根据建筑物内用水设备对水质、水压、水量、水温和安全等的要求，结合室外给水管网供水情况，考虑设置共用给水系统。如生活、生产和消防共用给水系统；生活和消防共用给水系统；生活和生产共用给水系统；生产和消防共用给水系统。

在工业企业内，给水系统视生产工艺情况而定，系统比较复杂的，可以设置若干个单独给水系统。为了节约用水，在能够满足水质、水量、水压和安全要求的情况下，应尽量使水得到充分利用，可以设置循环给水系统和循序给水系统。

2. 室内给水系统的组成

内给水系统通常由引入管、水平干管、立管、支管和给水附件等组成，如图6.1所示。

（1）引入管。又称进户管，是将水自室外总管通过建筑物外墙引向室内的水平管段。

（2）水平干管。又称横干管，是自引入管至各立管间的水平管段。

（3）立管。又称竖管，是自水平干管沿垂直方向将水送至各楼层支管的管段。

（4）支管。又称配水管，是自立管至配水龙头或用水设备之间的短管。

（5）计量设备。室内给水通常采用水表计量。必须单独计量水量的建筑物，应在引入管上装设水表；建筑物的某部分和个别设备需计量水量时，应在其配水支管上装设水表；对于民用住宅，还应安装分户水表，分户水表设在分户支管上。

（6）给谁附件。是指用以控制水量和关闭水流的各种阀门，如闸阀、止回阀等各式阀

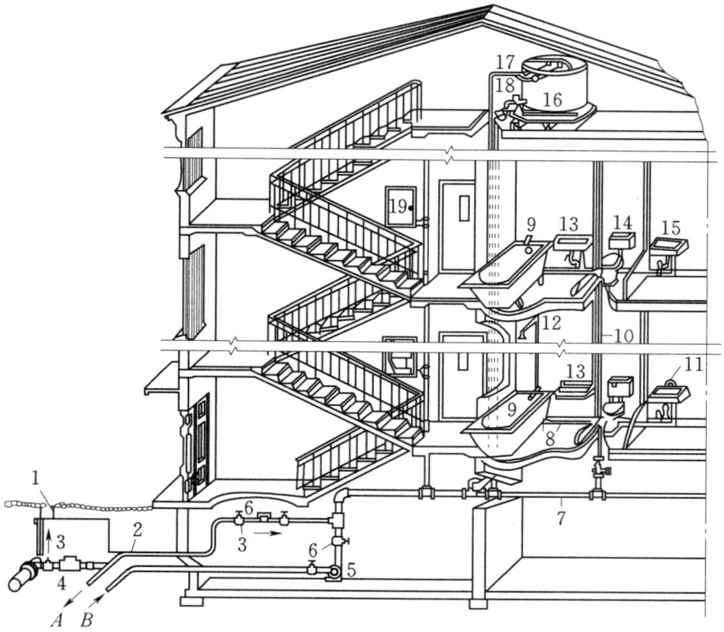

图 6.1 室内给水系统

1—阀门井；2—引入管；3—闸阀；4—水表；5—水泵；6—逆止阀；7—干管；8—支管；
9—浴盆；10—立管；11—水龙头；12—淋浴器；13—洗脸盆；14—大便器；
15—洗涤箍；16—水箱；17—进水管；18—出水管；19—消火栓；
A—进贮水池；B—来自贮水池

类及各式配水龙头等。

(7) 升压和贮水设备。在室外给水管网压力不足或建筑物内部对安全供水、水压稳定有要求时，需设置各种附属设备，如水箱、水泵、气压装置、水池等升压和贮水设备。

(8) 室内消防设备。按照建筑物的防火要求及规定需要设置消防给水时，一般应设消火栓消防设备。有特殊要求时，另专门装设自动喷水灭火或水幕灭火设备等。

升压设备和消防设备需根据建筑物的性质、高度、消防要求及室外给水管网所能提供的水压等各种不同因素，综合考虑设置问题。

3. 室内给水方式

室内给水的方式就是室内给水管道的供水方案。室内给水方式的选择必须依据用户对水质、水压和水量的要求，室外管网所能提供的水质、水量和水压情况，卫生器具及消防设备在建筑物内的分布，用户对供水安全可靠性的要求等。

(1) 直接给水方式。室内给水管道系统与条件来确定。其基本形式有以下两种：室外供水管网直接相连；利用室外管网压力直接向室内给水系统供水，如图 6.2 所示。

这种给水方式的干管一般布置为下行上给式，给水干管设在底层地面以下，直接埋地敷设在地沟中或地下室内。

直接给水方式的优点是：给水系统简单，投资少，安装维修方便，并能充分利用室外管网水压，供水较为安全可靠。其缺点是：系统内部无贮备水量。当室外管网停水时，室内系统立即断水。

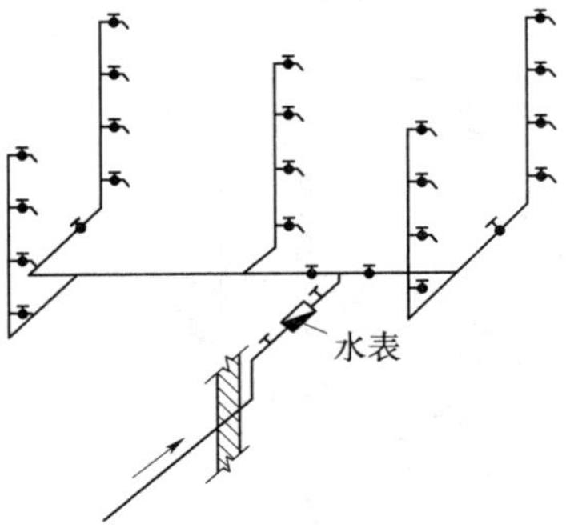

图 6.2　直接给水方式

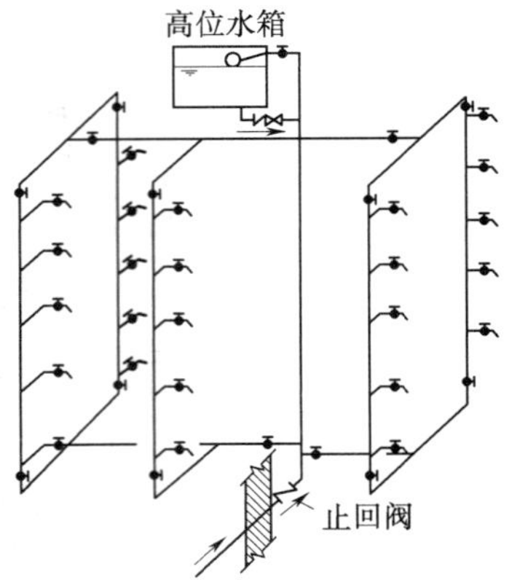

图 6.3　设有水箱的给水方式

(2) 设有水箱的给水方式。室外给水管网的水压昼夜周期性不足时，在建筑物内部设有管道系统和屋顶水箱（亦称高位水箱），室内给水系统与室外给水管网直接连接，如图6.3所示。当水压高时，箱内蓄水，当水压低时，箱中存水放出，以补充供水的不足，这样可以克服城市配水管中心压力波动，使供水稳定。这种给水方式一般布置为上行下给式，给水管设置在顶层天棚以下、窗口以上。

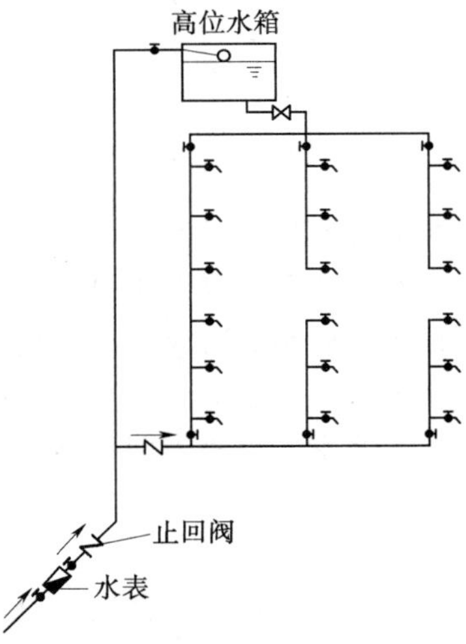

图 6.4　下层直接供水、上层设水箱的供水方式

设水箱的给水方式优点是：系统比较简单，投资较小；充分利用室外管网压力供水，节省电耗；系统具有一定的贮备水量，供水的安全可靠性较好。其缺点是：系统设置了高位水箱，增加了建筑物结构荷载，并给建筑物的立面处理带来一定困难。

如图6.4所示是设水箱的给水方式的另一种形式。建筑物下面几层由室外管网直接供水，上面几层采用有水箱的给水方式，这样既可以减小水箱的容积，又能充分利用室外管网的压力。

(3) 设水箱和水泵的给水方式。当室外管网的水压低于或周期性地低于室内所需要的供水压力，而且室内用水量又很不均匀时，宜采用设置水泵和水箱的联合给水方式，如图6.5所示。这种给水方式的优点是：用水泵提高供水压力的同时向管网供水，水箱的容积可以减小；有了水箱，水泵可以高效率运行，箱中水满时，可以高位水箱（见图6.4）下层直接供水、上层设水箱的给水方式停泵，节省能源；水泵用浮子继电器等装置自动控制，供水安全可靠。但这种给水方式的一次性投资较大，运行费用较高，维护管理比较麻烦。

(4) 分区给水方式。在多层建筑和高层建筑中，给水立管如果过高时，由于管内静水压力过大，会使下层管网中管道接头及附件因受过高压力而损坏，配水龙头放水时产生喷溅，水锤和噪声也会加剧，不利于供水。为了保证多层建筑中给水管网受压均匀，可采用竖向分区的给水方式，就是每隔四五层设一个水箱，必要时中间还可设水泵，如图6.6所示。

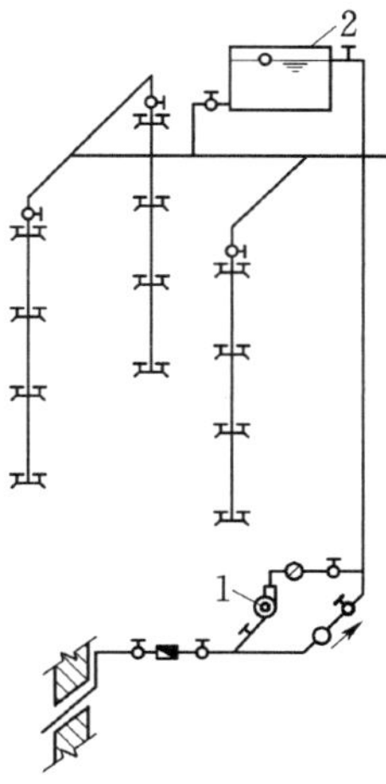

图 6.5　设水箱和水泵的给水方式
1—水泵；2—水箱

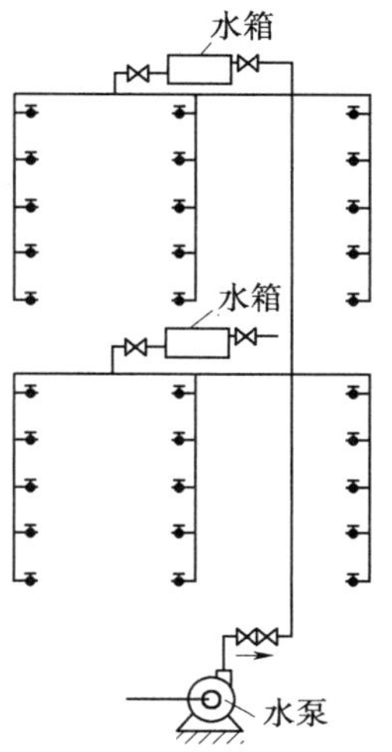

图 6.6　分区给水方式

如果建筑物内部设有消防装置时，消防水泵则要按上下两区用水考虑。这种给水方式对建筑物低层设有洗衣房、澡堂、大型餐厅和厨房等用水量大的建筑物尤有意义。

(5) 环状给水方式。按照用户对供水可靠程度的要求不同，管网分为支状网和环状网。一般建筑物中均采用枝状式，在任何时间都不允许间断供水的大型公共建筑、高层建筑和某些生产车间需采用环状式。

6.1.2　升压设备

当建筑物高度较大、城市给水管网压力较低、供水压力不足时，需要设置升压设备，提高进入建筑物内水流的压力，以满足用水要求。升压设备常用水泵、水箱及气压设备。

1. 水泵

用水泵升压一般有直接增压和水池水泵增压。水泵的吸水管直接与室外给水管网连接，抽水供室内给水系统使用的为直接增压水泵装置，如图 6.7 所示 。这种方式可以利用室外水压，耗电量少，节约日常运行费用，但要考虑是否会降低配水管网的压力，而影响附近地区的用水，故应经城市市政管理部门同意后才能设置。

当水泵不允许直接从室外给水管网吸水时，必须建造蓄水池，水泵从池中吸水，这种装置为水池水泵装置，如图 6.8 所示。这种方式贮存有一定的水量，供水安全可靠，但不能利用城市给水管网的水压，消耗电能较多。

水泵应设置在光线充足、通风良好和冬季不冰冻的房间内。在有防震要求或须控制噪声的区域，不得设置水泵。水泵宜有消声及减震措施。

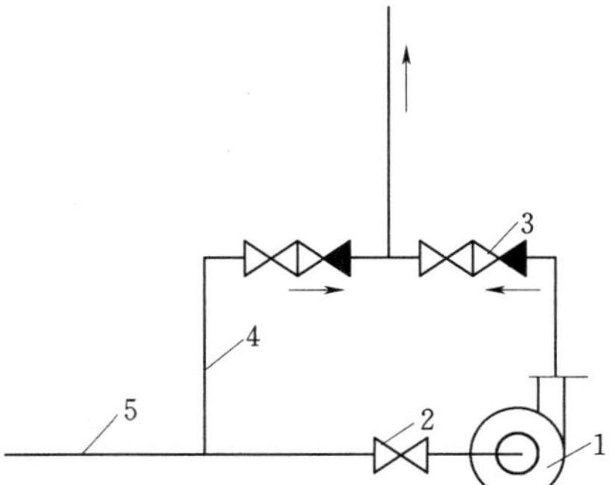

图 6.7　直接增压水泵装置
1—水泵；2—闸阀；3—止回阀；
4—旁通管；5—室外进水管

2. 水箱

水箱是室内给水系统储存、调节和稳定水压的设

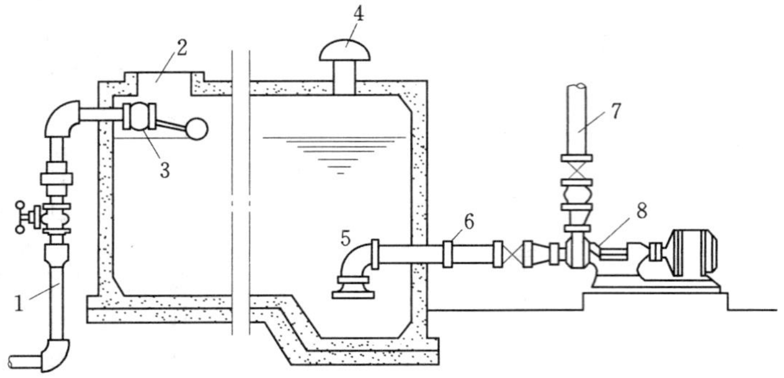

图 6.8　水池水泵装置

1—进水管；2—检修孔；3—浮球；4—透气孔；
5—水池；6—吸水管；7—压水管；8—水泵

备。水箱一般有圆形和矩形两种，通常用钢筋混凝土或钢板制造。钢筋混凝土适合制作大型水箱，可以节省钢材，又很耐用，但壁厚，重量大；钢板适合制作小型水箱，壁薄而且重量轻，但容易锈蚀，使用年限比钢筋混凝土水箱短。临时性的水箱也可以用木材制造。

水箱各种型号尺寸可参考《给水排水标准图集》S_{120} 选用。

水箱上通常要设置下列配管及附件，如图 6.9 所示。

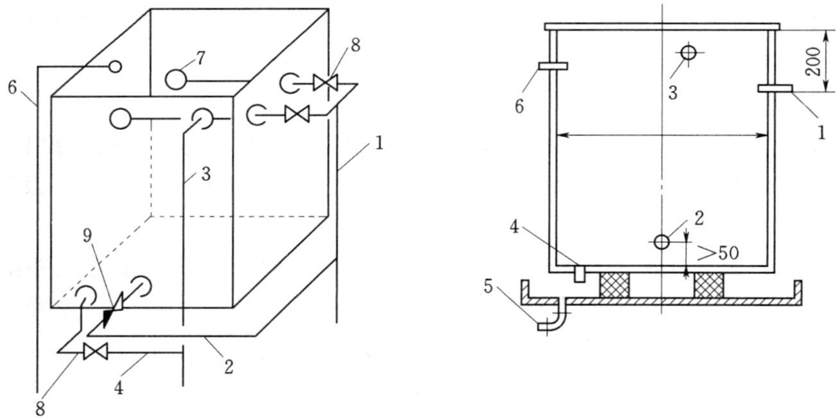

图 6.9　水箱配管

1—进水管；2—出水管；3—溢流管；4—泄水管；5—托盘排水管；
6—水位信号管；7—浮球阀；8—阀门；9—止回阀

(1) 进水管。进水管一般从水箱侧壁接入。当水箱利用管网压力进水时，其进水管上应装设不少于两个浮球阀或液压水位控制阀，浮球阀的直径与进水管的直径相同。为了检修的需要，在每个浮球阀前应设置阀门。进水管距水箱上缘应有 200mm 的距离，以便安装浮球阀和液压水位控制阀。进水管的管径按给水管网的设计流量或水泵的供水量确定，由水泵直接供水时，进水管管径与水泵压水管管径相同。

(2) 出水管。出水管一般从水箱底部或侧壁接出。出水管口最低位置应高出水箱内底部不小于 50mm，以防箱内污物进入配水系统。出水管可以单设，也可以和进水管共接在一条管道上。进、出水管共用一条管道时，在出水短管上应设止回阀和阀门，以防水流由底部进入水箱。进、出水管分设时，在出水管上设阀门，如图 6.10 所示。出水管管径按设计流量计算确定，一般与进水管管径相同。

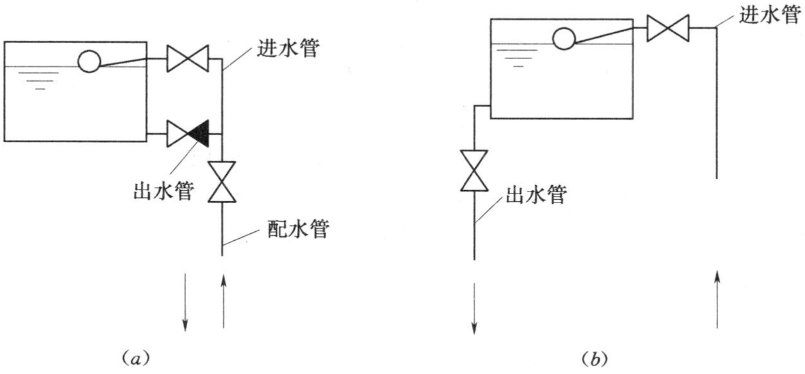

图 6.10 水箱进出水管的连接

(a) 进、出水管联合设置；(b) 进、出水管分别设置

(3) 溢流管。溢流管一般从水箱侧壁接出，用来控制水箱的最高水位。溢流管口应高于设计最高水位 20mm，其管径比进水管大 1～2 号，但在水箱底下或泄水管与溢流管相连接处以下的管段，可与进水管管径相同。溢流管上不允许装设阀门。为了保护水箱中水质不被污染，溢流管不得与给排水设备管理与维修进水管。

水系统直接相连，必须连接时，需设空气隔断和水封装置。水箱装置在上时，溢水可直接流在屋面上。

(4) 排水管（或称泄水管）。放空水箱的污水和冲洗水箱，在水箱的底部最低处设置排水管，管口由水箱底部接出，连接在溢水流管上，管上需设置阀门，管径一般为40～50mm。

(5) 水位信号管。水位信号管比溢流管低 10mm，以保证水位低于溢水口。信号管接至有值班人员房间的污水盆内，以便随时观察，其管径以 15～20mm 为宜。若采用电子报警装置时，可不设此管。

(6) 托盘泄水管。有的水箱设置托盘泄水管一用以收集水箱外壁的凝结水。泄水管接在溢流管上，管径 32～40mm 在托盘上管口要设栅网，泄水管上不得设置阀门。

水箱的有效容积一般应根据用水量和流入量的变化曲线确定，但此曲线在实践中往往不易得到，因此，水箱的有效容积大多是由近似计算公式确定。

给水系统中单设水箱不设水泵时，水箱的有效容积可按式 (6-1) 计算

$$V=Qt \tag{6-1}$$

式中：V 为水箱的有效容积，m^3；Q 为水箱供水的最大连续平均小时用水量，m^3/h；t 为水箱供水的最大连续出水小时数，h。

对生活给水作概略估算，当系统中设置自动开关水泵时，水箱的有效容积不得小于日常用水量的 5%；设置人工开关水泵时，水箱的有效容积不得小于日用水量的 12%。水箱通常直接设置在承重梁上。钢板水箱外壁有可能结露时，可在水箱下面设置有排水管的托盘。钢板水箱的内外壁应涂防锈漆进行防锈处理，水箱托盘外包的镀锌铁皮也应涂两层防锈漆。

水箱的安装高度与建筑物高度、配水管道长度、管径及设计流量有关。水箱的安装高度应满足建筑物内最不利配水点所需的流出水头，并经管道的水力计算确定。

3. 气压给水设备

气压给水装置就是利用密闭压力水罐内空气的压力，将罐中贮水压送到供水系统中去，其作用与屋顶水箱相同。由于供水压力是借助罐内压缩空气维持，因此，气压水罐的位置可不受安装高度和安装位置的限制，可设置在任何高度。气压给水装置的优点是灵活性大，制造简单，污染较小，不妨碍美观，有利于抗震和消除管道中的水锤与噪声。缺点是压力变化大，效率低，运行复杂，须常充气，耗电多，供水的稳定性不如屋顶水箱可靠。

气压给水设备分变压式和定压式两种。变压式就是罐内压缩空气压力随着用水量的变化而变化，管网压力随之波动；定压式是罐内压缩空气靠自动启闭空气压缩机和自动调压阀保持恒定，使管网在恒压下工作。

变压式气压给水设备较为常用，其设备由下面几个基本部分组成：

(1) 密闭罐：内部充满空气和水。

(2) 水泵：将水送到罐内及管网。

(3) 空气压缩机：加压水及补充空气漏损。

(4) 控制器材（压力继电器、水位继电器等所组成）：用以启动水泵或空气压缩机。

如图6.11所示为单罐变压式气压给水设备。其工作原理是：罐内压缩空气的起始压力高于管网内设计压力，水在压缩空气的压力下，被送到管网。随着罐内贮水量逐渐减少，压缩空气体积逐渐增大，压力逐渐减小，当压力减小至规定下限值（即水位降至设计最低水位）时，压力继电器接通电路，水泵启动，将水压入罐内，当罐内压力达到规定上限值（即水位上升至设计最高水位）时，压力继电器切断电路，水泵停止工作，如此循环。

气压给水装置在运行过程中，由于空气与水接触，部分空气溶解于水中被带走或损漏等原因，罐内空气会逐渐减少，使罐内的调节水量逐渐减小，水泵启闭渐趋频繁，故必须定期地由空气压缩机补充空气。对于小型气压给水系统，也可采用水泵压水管中积存空气补气，如图6.12所示；或定期将罐内存水放空进行补气，以及采用水射器补气。随着气压给水装置定型产品的不断改进，补气方式也在不断创新。

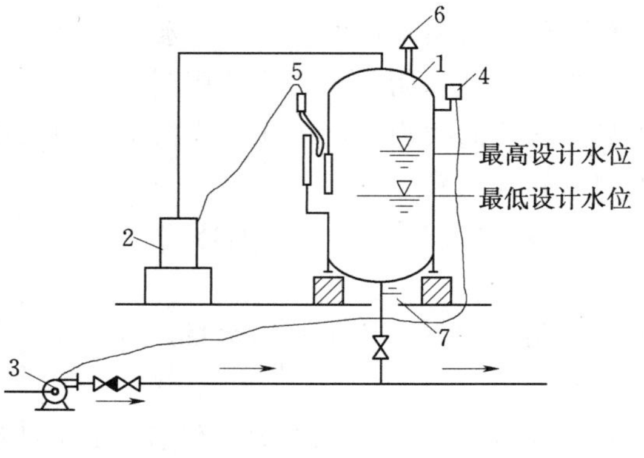

图6.11 单罐变压式气压给水设备

1—气压水罐；2—空气压缩机；3—水泵；4—压力继电器；5—水位继电器；6—安全阀；7—泄水龙头

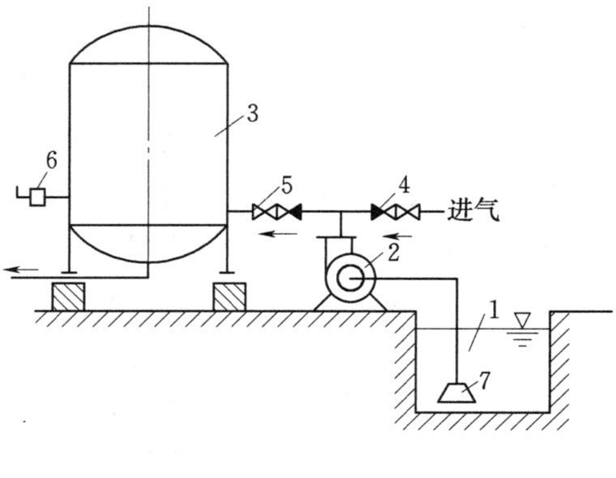

图6.12 利用水泵压水管积存空气补气

1—集水池；2—水泵；3—气压水罐；4—进气止回阀；5—阀门；6—浮球杠杆泄气阀；7—底阀

6.1.3 水表

水表是一种计量建筑物或设备用水量的仪表。室内给水系统中广泛使用流速式水表。流速式水表是根据管径一定时，通过水表的水流速度与流量成正比的原理来量测的。水流通过水表时推动翼轮旋转，翼片轮轴传动一系列联动齿轮（减速装置），再传递到记录装置，在度盘指针指示下便可读到流量的累计值。此外也有计数器为字轮直读式水表，使用更为方便。

1. 水表分类

流速式水表按翼轮构造不同旋翼式（叶轮式）水表和螺翼式水表两种形式，如图 6.13 所示旋翼式水表的翼轮转轴与水流方向垂直，水流阻力较大，起步流量和计量范围较小，多为小口径水表，用以测量较小流量。螺翼式水表翼轮转轴与水流方向平行，阻力较小，起步流量和计量范围较大，适用于流量较大的给水系统。旋翼式水表按计数机件所处的状态又分为干式和湿式两种。干式水表的计数机件和表盘与水隔开；湿式水表的计数机件和表盘浸没在水中，机件较简单，计量较准确，助力比干式水表小，应用较广泛，但只能用于水中不含固体杂质的横管上。

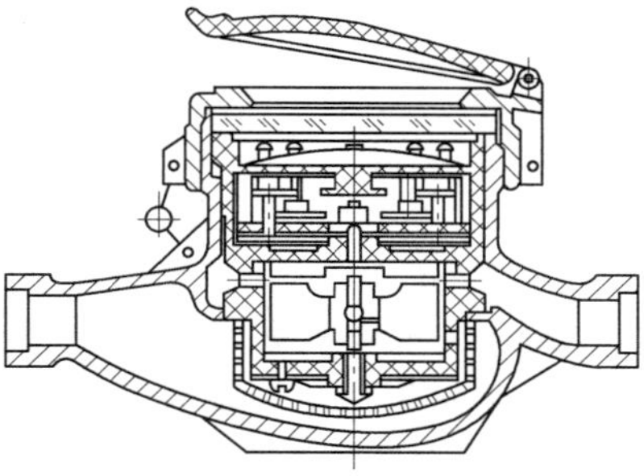

(*a*)

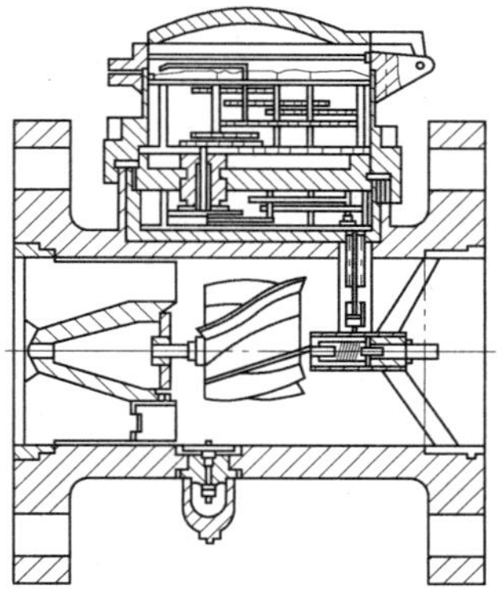

(*b*)

图 6.13 流速式水表
(*a*) 旋翼式水表；(*b*) 螺翼式水表

螺翼式水表依其转轴方向分为水平螺翼式和垂直螺翼式两种。复式水表是旋翼式和螺翼式的组合形式，在流量变化很大时采用；湿式旋翼式水表技术规格见表 6.1，大口径水平螺翼式水表技术规格见表 6.2。

表 6.1 **旋翼湿式水表技术数据**

型 号	公称直径 (mm)	特性流量	最大流量	额定流量	最小流量	灵敏度 (m^3/h)	最大示值 (m^3)
		m^3/h					
L×S—15	15	3	1.5	1.0	0.045	≤0.017	10000
L×S—20	20	5	2.5	1.6	0.075	≤0.025	10000
L×S—25	25	7	3.5	2.2	0.090	≤0.030	10000
L×S—32	32	10	5.0	3.2	0.120	≤0.040	10000
L×S—40	40	20	10.0	6.3	0.220	≤0.070	100000

续表

型　号	公称直径(mm)	特性流量	最大流量	额定流量	最小流量	灵敏度(m³/h)	最大示值(m³)
		m³/h					
L×S—50	50	30	15.0	10.0	0.400	≤0.090	100000
L×S—80	80	70	35.0	22.0	1.100	≤0.300	1000000
L×S—100	100	100	50.0	32.0	1.400	≤0.400	1000000
L×S—150	150	200	100.0	63.0	2.400	≤0.550	1000000

注　1. 适用洁净冷水，水温不超过+40℃。
2. 塑料壳水表最大压力为0.6MPa，金属壳水表最大压力为1.0MPa。

表6.2　　大口径水平螺翼式水表技术数据

公称直径(mm)	流通能力	最大流量	额定流量	最小流量	最小示值	最大示值
	m³/h				m³	
80	65	100	60	2	0.01	1000000
100	110	150	100	3	0.01	1000000
150	275	300	200	5	0.01	1000000
200	500	600	400	10	0.10	10000000

注　1. 流通能力为水通过水表产生1m水柱水头损失时的流量。
2. 水表要求水温不大于40℃。承受工作压力最大为1.0MPa。

2. 水表的安装与识读

(1) 安装。水表安装应注意表外壳上所指示的箭头方向必须与水流方向一致。

为了保证水表的计量准确，在翼轮式水表与闸间应有8～10倍水表直径的直线管段，其他水表约为300mm，以使水表前水流平稳。水表前后需装检修阀门，以便拆换和检修水表时关断水流；对于不允许断水或设有消防的给水系统，还需设旁通管，在旁通管上装阀门。为了检查水表的工作和放掉管内的水，在水表与表后阀门之间，设泄水检查水龙头。水表应安装在查看方便、不受曝晒、不致冻结和不受污染的地方，一般设在室内或室外的专门水表井中。如图6.14所示为室内水表井及安装图，如图6.15所示为室内水表安装图，安装水表主要材料见表6.3。

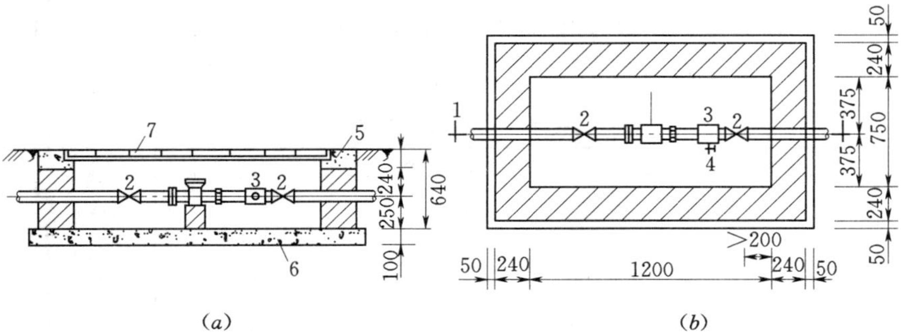

图6.14　室内水表井及水表安装图
(a) 剖面图；(b) 平面图
1—水表；2—阀门；3—三通；4—泄水检查龙头；5—1008混凝土井盖座；6—混凝土基础；7—盖板

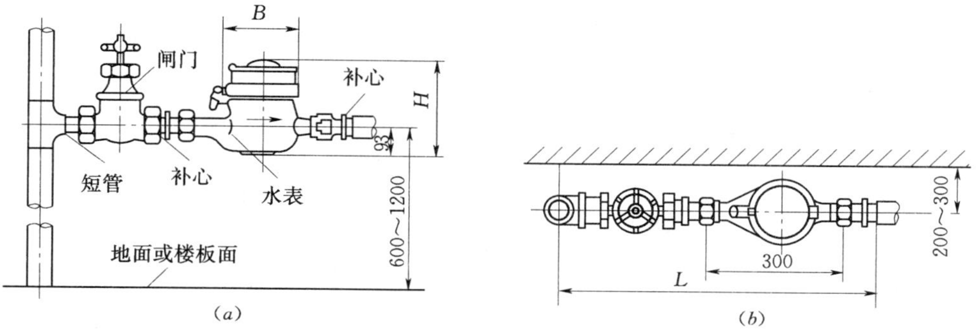

图 6.15 室内水表安装图
(a) 立面图；(b) 平面图

表 6.3 主要材料表

管道直径 (mm)		15		20		25		32		40	
编号	材料名称	规格	数量(个)	规格	数量(个)	规格	数量(个)	规格	数量(个)	规格	数量(个)
1	水表	15	1	20	1	25	1	32	1	40	1
2	闸阀	15	2	20	2	25	2	32	2	40	2
3	三通	15×15	1	20×15	1	25×25	1	32×15	1	40×15	1
4	水嘴	15	1	15	1	15	1	15	1	40	1

家庭单独用小水表，明装于每户进水总管上，水表前应装阀门，以便局部关断水流。水表外壳距墙面不得大于30mm，水表中心距另一墙面（端墙）的距离为450～500mm，安装高度600～1200mm，水表前后直线管段长度大于300mm，其超出管段应用弯头盘到墙面，沿墙面敷设，管外壁距墙面20～25mm，如图6.16所示。

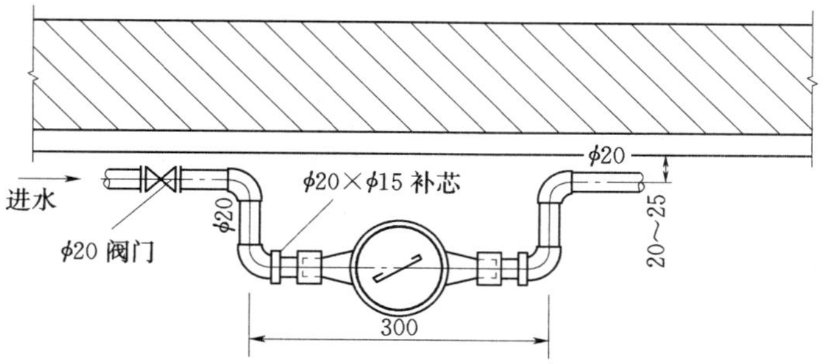

图 6.16 家庭水表安装图

(2) 识读。水表表盘上刻有计量水量的刻度数，一般水表都有若干个刻度盘，盘上标有“×□□□□”，其中□□□□为数字，如×100即为该刻度盘每格为100m^3。水表量程不同，刻度盘数多少及计量也不同。如图6.17所示为量程10000m^{3}的水表。其上指针指示数字分别是：×1000刻度盘上为1×1000＝1000m^3（注意指针在1～2之间，读整数1，不足2的值在下一个盘上读数）；×100上读数为5×100＝500m^3；×10上读数为8×

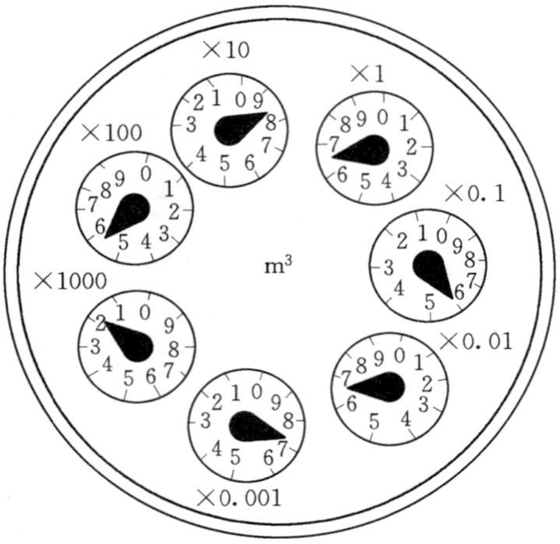

图6.17　水表读数示意图

10=80m³；×1上读数为6×1=6m³，依此类推。然后将上述几个度盘水量数相加，即得水量累积数为1586.567m³。

3. 水表的技术参数和选择

（1）水表的技术参数。水表的技术参数有额定流量、最大流量、最小流量、特性流量（或流通能力）及灵敏度等。

1）额定流量：保证水表能正常运转的最大流量。

2）最小流量：水表使用的下限流量，也就是水表能开始准确指示的流量。

3）最大流量：水表使用的上限流量，也就是水表可以在短期内通过的最大流量。按规定最大流量在每昼夜通过的时间不得超过1h。

4）特性流量：水流通过水表产生10m水柱水头损失时的流量值。水表在使用时不允许在特性流量下工作。

5）流通能力：水流通过水表产生1m水柱水头损失时的流量。水表在使用中也不允许在流通能力状态下工作。

6）灵敏度：水表能连续记录（开始运转）的流量，也称起步流量。

（2）水表的选择。水表的选择主要是确定水表类型和水表的口径。水表类型的选择必须考虑到下列因素：通过水表的最大流量、最小流量和经常流量值；通过水表水的浑浊度和温度；管道直径和室外给水管道压力等。根据国内产品规格情况，一般管径小于或等于50mm时，选用叶轮式水表，管径大于50mm时，选用螺翼式水表。

选定水表类型后，按通过水表的设计流量（不包括消防流量），结合样本规定的额定流量值确定水表口径，并以平均小时流量的6%～8%校核水表的灵敏度极限，要求前者略大于或至少等于后者，以保证水表不漏计水量。所选水表的口径，通常等于或略小于管道直径，但也不宜太小，否则水表中水头损失剧增，将影响供水，缩短水表寿命。对于家庭单独使用的小水表，通常不进行灵敏度极限的校核，因为按常规计算所得的普通一家的平均小时用水量的6%～8%，必定小于目前生产的中小水表的灵敏度，但实际上只要启动一只龙头的出水量就已大于小水表的灵敏度极限。

6.1.4　室内给水系统的设置、维修和管理

6.1.4.1　给水管道的设置方法及要求

1. 给水管道的设置

建筑物的给水引入管，从配水平衡和供水可靠来考虑，宜从建筑物用水量最大处和不允许断水处引入。若用水设备布置较均匀时，可由建筑物中部进入，以求管线简短，减少能量损失，且使供水均匀。一般引入管只设一条。若要求建筑物不能断水或室内消火栓总数在10个以上时，可设置两条引水管。两条引水管应由建筑物不同侧的配水管网上引入，如图6.18所示。如果受条件限制时，可设在同侧两条引入管间距不应小于10m，并在其间设阀门控制，如图6.19所示。

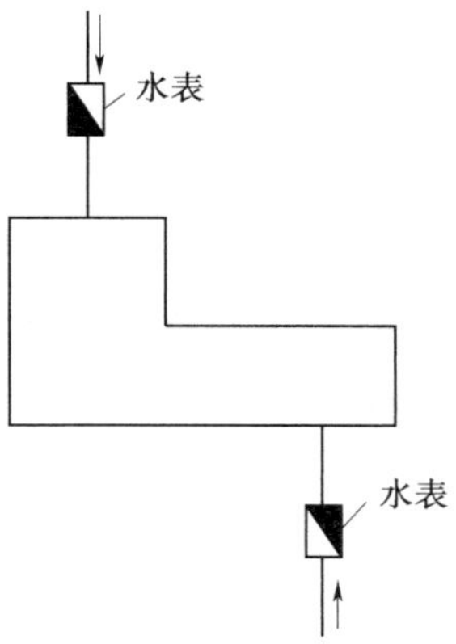

图 6.18　引入管由建筑物不同侧引入

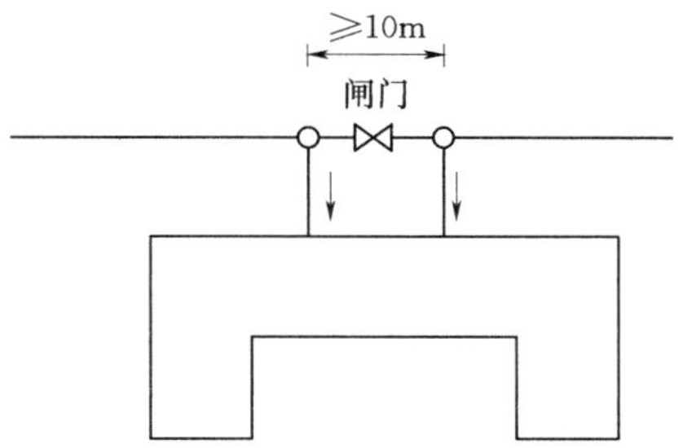

图 6.19　引入管由建筑物同侧引入

引入管的敷设，其室外部分埋深由土壤的冰冻深度及地面荷载情况决定。通常敷设在冰冻线以下，覆土不小于 0.7～1.0m 的深度。在穿过墙壁进入室内部分，可有下面两种情况：由建筑物外墙基础下面通过，如图 6.20（*a*）所示；穿过建筑物外墙基础或地下室墙壁，如图 6.20（*b*）所示。其中任一情况都必须保证引入管不致因建筑物沉降而受到破坏。为此，在管道穿过基础墙壁部分需预留大于引入管直径 200mm 的孔洞，在管外填充柔性或刚性材料，或者采取预埋套管、砌分压拱或设置过梁等措施。

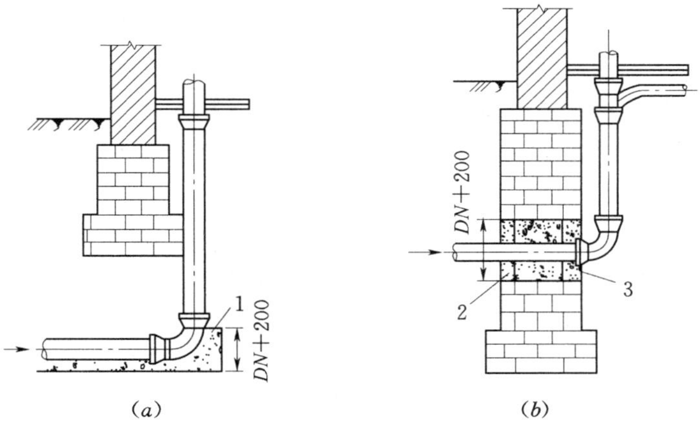

图 6.20　引入管穿过建筑物基础

（*a*）浅基础；（*b*）深基础

1—C5.5 混凝土支座；2—黏土；3—M5 水泥砂浆封口

水表节点一般装设在建筑物的外墙内或室外专门的水表井中。装置水表的地方气温应在 2℃以上，并应便于检修，不受污染，不被损坏，查表方便。室内给水干管的布置要根据房屋的性质、建筑和结构要求以及卫生器具布置等情况而定。总的要求是管线力求简短，便于安装检修。在大型建筑物中的干管上可以设置多条立管，要求供水的安全性较高的建筑物，干管可以形成环形管网。如果室内支管较长，穿越的房间较多，可多设立管，以减短支管，减小施工难度，对建筑、结构、供暖、配电及检修等都较为有利。给水管道的敷设，根据建筑对卫生、美观等方面要求不同，分为明装和暗装。

(1) 明装即管道在室内沿墙、梁、柱、天花板下或地板旁暴露敷设。明装管道造价低，施工安装与维护修理均较为方便。缺点是由于管道表面积灰、产生凝水等影响环境卫生，并且明装有碍房屋美观。一般民用建筑和大部分生产车间均用明装方式。

(2) 暗装。即管道敷设在地下室天花板下或吊顶中，或在管井、管槽、管沟中隐蔽敷设。管道暗装时，卫生条件好、房间美观，标准较高的高层建筑、宾馆等均采用暗装方式；在工业企业中，某些生产工艺要求高，如精密仪器或电子元件车间，要求室内洁净无尘时，也采用暗装。暗装的缺点是造价高，且施工与维护均不便。

2. 室内给水管道布置和敷设的注意事项

(1) 敷设给水管道的位置应不妨碍生产操作和交通运输；不得布置在遇水容易引起燃烧、爆炸的地方及可能损坏原料、产品和设备的地方，并避免在生产设备上方通过。

(2) 给水埋地管道应避免布置在可能受重物压坏的地方；管道不得穿越生产设备的基础，必须穿越时，应与有关专业部门协商，妥善处理。

(3) 给水管道不得敷设在排水沟、烟道与风道内；不得穿过橱窗、壁柜、木装修及大小便槽（包括距槽边 0.5m 范围内）。

(4) 给水管道不宜穿过建筑物的伸缩缝或沉降缝。必须穿过时，应采取相应的技术措施（如采取橡胶软管法、螺纹弯头法、活动支架法等）。

(5) 生活污水引入管与污水排出管，管外壁水平净距不宜小于 1.0m。

(6) 建筑物内给水管道与排水管道之间的最小净距：平行埋设时应为 0.5m，交叉埋设时应为 0.15m。给水管道宜在排水管道的上面。

(7) 与其他管道同沟或共架敷设时，给水管道宜敷设在排水管道的上方，热水管道或蒸汽管道的下方。给水管道不得与输送易燃易爆、有害液体或气体的管道同沟敷设。

(8) 在竖向管道井内布置给水管道时，应分层设检修洞 El，井内通道宽度不宜小于 0.6m。

(9) 给水管道横管应有 0.002～0.005 的坡度，并设坡向泄水装置，以利放空和排气。

(10) 给水管道外表面可能结露，应根据建筑物的性质和使用要求采取防结露措施。

(11) 给水管道宜敷设在不结冰的地方，如果必须敷设在可能结冰的地方，应采取防冻措施。

(12) 埋地给水管道应采取防腐措施。

3. 给水管网中阀门的设置

(1) 各种给水管网中装设阀门的管段。

1) 建筑物的每条引入管、水表前和立管上。

2) 给水干管应根据使用要求和检修条件装设阀门；环状管网分干管，贯通枝状管网的连通管上。

3) 居住和公共建筑中，从立管接的配水支管上。

4) 工艺要求设置阀门的生产设备配水支管或配水管，但同时关闭的配水点不得超过 6 个。

(2) 给水管网上阀门选择的规定。

1) 根据阀门的密封特性，管径小于或等于 50mm 时，宜采用闸阀。

清理出旧填料，缠入 3～4 圈细石棉绳（可不分正反方向）后，再用填料盖压好，拧好盖母即可。

对于不经常开、关的阀门，一旦使用，往往会在盖母处产生漏水故障，原因是阀门里密封填料已失效，阀杆转动后，两者间产生了间隙。检修时，应先按旋松的方向将盖母转活动，然后按拧紧的方向拧紧盖母即可。如上述方法无效，说明填料已失去应有弹性，应松开螺盖，将填料盒中的旧填料清理干净，缠入 3～4 圈细石棉绳，再将螺盖拧紧即可。

50mm 以上的阀门设有盖母，与盖母相应的零件称作压兰。压兰自身不带螺纹，而是靠两个螺栓连接在阀门盖上。压兰的底部呈锥形，因此它的下面不需要另加填料盖。压兰泄漏的原因与检修方法与盖母的基本一样，只是所用的填料大多采用成型的石墨石棉绳（盘根绳）。

口径较大的阀门其阀杆是靠填料压盖压紧密封材料而达到密封的。如其密封效果不好，可松开填料压盖的压紧螺母，开启压盖，更换新的填料（石墨盘根式黄油盘根），再旋紧压盖螺栓即可止漏。

（2）阀门不通闸板阀门感觉开不到头，再关也关不到底。这是由于阀杆滑扣，使阀杆不能将闸板带上来，因此阀门不通。属于这种情况时，需换阀杆或更换整个阀门。

球形阀门开不到头或关不到底，也属于阀杆滑扣，需更换阀杆或阀门。如果阀门能开到头，也能关到底，这说明阀芯与阀杆脱节了。对于 50mm 以下的球形阀门，检修时将阀芯定到阀杆上方，从阀芯明槽处，将直径与阀芯（或阀杆）环形槽直径相等的铜丝插入阀杆上的小孔，用手使阀杆与阀芯作相对转动，铜丝会自然地卷入阀芯，阀芯即可连在阀杆上。

（3）阀门滴漏或产生管鸣，对于皮垫阀门，多数是因为皮垫被磨薄，应拆开阀门盖更换皮垫。水流通过时产生很大的“呜呜”响声，是因为皮垫太大，与阀体摩擦产生共振，可取下皮垫用剪刀稍稍剪去一圈即可。对闸板阀门或球形阀门，偶然关闭时，由于阀杆螺纹上生满了铁锈，也会出现关不严的现象。对于这种情况，可反复开关几次阀门，同时用小锤敲击阀体底部，即能将阀门关严，而无需对阀门进行研磨修理。

4. 室内给水管道漏水的检修

（1）打卡子。如果管壁腐蚀不严重，只有小孔漏水，可用打卡子的方法进行检修。检修时，用锥形硬木塞，塞进孔内轻轻敲打，堵住漏水处，沿管外壁锯掉木塞外露部分，再垫上一块大小适当、厚度为 2mm 的橡胶板，用卡子将橡胶板压紧即可。50mm 以下的管子，管卡子可用 2mm 左右厚的钢板在台虎钳上制作；50mm 以上的管子，管卡子需要加热锻打。常用管卡子的形式如图 6.21 所示。

（2）换管子对于腐蚀严重、管壁变得很薄、管身斑点成鳞的管子，需换管处理。管子两端如有一端为活接头，可从活接头处拆开；如果两端都不是活接头，可以从管子中间锯断，将管子或附件拆卸下来。由于管子长期埋在地下，管子与附件常常锈蚀在一起，造成拆卸困难，如用管钳子直接拆卸，往往会把管子夹扁或扭断。因此，在拆卸时，应用两把锤子相对地振打接头，或一锤作砧，一锤振打。振打时不导用力过猛，而应适当增加振打的时间，以免打坏尚可继续使用的管件。待螺纹略微松动，再用管钳子拆卸。另外，也可用气焊枪烧烤接头，待螺纹间的铅油、麻丝烧焦，且管子与管

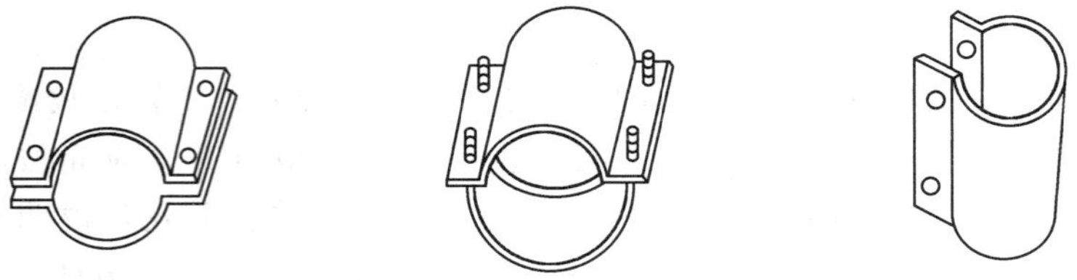

图 6.21　几种常用的管卡子

(a) 整卡子；(b) 半卡子；(c) 软金属卡子

件由于受热不均匀而产生微量间隙，再用管钳子拆卸就比较容易了。旧管拆下后，将新管及管件重新安装即可。

铸铁管的砂眼漏水，不能打卡子，可用尖錾将孔眼往深打一点，然后用大小合适的铅块塞进去，用锤子铆严即可不漏。

5. 管道冻结故障的排除

(1) 排除给水管道立管冻结故障。

1) 地面以上部分融化方法有以下两种：

一种方法是用热水浇烫。事先准备好足够的开水（一般 2～3 壶即可），从龙头开始，化开水龙头。将水龙头打开，再逐步往下浇烫，边敲管子边浇水，直至水龙头有水流出为止。管内的水流过一段时间后就会全部化开。

另一种方法是将浸过油的布条从管子下部缠到上部，然后在立管根部点燃，火焰从下部逐步向上部燃烧，火灭后，打开水龙头，过一会就会有水流出来。

2) 地下部分如果上述方法用过后仍不见有水流出，说明立管的地下部分也结了冰。这时应关闭引水管阀门，将水龙头处的弯头拧下，再将立管地上部分内已融化的冰水抽出来，用烧红的钢筋插入立管，热钢筋会边化冰边下沉，待钢筋不热时加热再烫，几次即可化开。

(2) 给水管道冻裂但没漏水的修理方法。

1) 用电焊焊接裂缝。当给水管道被冻裂，裂缝宽度较小而长度又不超过 2m，并且处于容易焊接的位置，可用电焊焊接裂缝。

焊接裂缝应采用粗焊条，先在缝中间点焊 2～3 处，防止裂缝开展，然后从焊缝下游的一端往上游焊接，更换焊条时动作要快，要在冰化之前焊完缝，最后按前述方法化通管道。

2) 换管法铸铁管被冻裂，一般很难用焊接的方法进行补救，多数情况下是换管。如钢管被冻裂，但裂缝过长，缝又宽大，也需换管。

对于钢管可用焊接法换管，先准备好一节与原来管径一样，长度比裂缝长度稍长些的管子。换管时，先把坏管从裂缝的下游端割断，将好管对上焊好，再将坏管从裂缝的上游处割断，将好管另一端对上焊好。焊接时动作要快，防止管内的冰融化。焊后按上述方法化通管道。

(3) 阀门冻裂的处理方法。阀门一般是用可锻铸铁制造的，冻裂后，须进行更换。

换阀门时，如果管道里的冰还没化，可在不关闭引入管阀门的情况下进行。如果冰已融化，最好关闭引入管阀门后，再进行更换。若是没有相应的控制阀门或条件不允许停水时，可用抢换的方法进行。

抢换的方法是：将坏阀门卸下来，立即顺水将要换的全开状态的闸板对准管道，带上螺纹，关闭新换上去的阀门，再补缠麻丝，用扳手将阀门上紧。抢换阀门一定要用闸板阀，因为闸板阀全开时阻力小，螺纹易旋入；球形阀阻力大，一般不用。

6.1.5　消防给水

建筑物固定灭火系统有以下几种：消火栓给水系统、自动喷水灭火系统、二氧化碳灭火系统、干粉灭火系统、卤代烷灭火系统、蒸汽灭火系统和烟雾灭火系统等。这里只介绍室内消火栓给水系统和自动喷水消防系统。

1. 室内消防给水设置范围

为了保证建筑设施的安全，贯彻以防为主、以消为辅的方针，必须根据建筑物的性质、高度、用途及结构的耐火等级等，按 GB 50016—2006《建筑设计防火规范》、GB 50045—1995《高层民用建筑设计防火规范》的规定，下列建筑物必须设置室内消防给水系统：

（1）厂房、库房（对耐火等级为一、二级且可燃物较少的丁、戊类厂房、库房，耐火等级为三、四级且建筑体积不超过 3000m^3 的丁类厂房和建筑体积不超过 5000m^3 的戊类厂房除外）和高度不超过 24m 的科研楼（存有与水接触能引起燃烧爆炸的房间除外）。

（2）超过 800 个座位的剧院、俱乐部和超过 1200 个座位的礼堂、体育馆。

（3）体积超过 5000m^3 的车站码头机场建筑物以及展览馆、商店、病房楼、门诊楼、教学楼和图书馆

（4）超过七层的单元式住宅、超过六层的塔式住宅、通廊式住宅和室内消火栓给水系统由消防给水管道、消火栓、水龙带和水枪等组成。当室外给水管网水压不能满足消防需要时，还需要设置消防水箱和消防水泵。

（5）超过五层或体积超过 100000m^3 的其他民用建筑。

（6）国家级文物保护的重点砖木结构或木结构的古建筑。

2. 室内消火栓给水系统的组成与布置

室内消火栓给水系统由消防给水管道、消火栓、水龙带和水枪等组成，当室外给水管网水压不能满足消防要求时，还需要设置消防水箱和消防泵。

消防给水管道由进水管、干管、立管和短支管组成。它的作用是将水供给消火栓，并且必须满足消火栓在灭火时所需水量和水压的需要。

消火栓就是消防用水的龙头，实际上是一个直角阀门，同水龙带和水枪一起放置在消火栓箱内，如图 6.22 所示。消火栓的规格有 50mm 和 65mm 两种。

水枪用铜、铝合金或塑料制成，其作用是压缩水流，增加流速，形成灭火水柱。水枪一般采用直流式，如图 6.23 所示，常用喷嘴直径有 13mm、16mm 和 19mm 三种规格。喷嘴口径为 13mm 的水枪有 50mm 的接口；喷嘴口径为 16mm 的水枪配有 50mm 或 65mm 的接口；喷嘴口径为 19mm 的水枪配有 65mm 的接口，各种水枪接口形式均为内接口式。

消防水龙带是用帆布、麻布纺织或橡胶制成的输水软管，其作用是用于连接消火栓和水枪，把具有一定压力的水流输送至灭火地点。消防水龙带常用口径有 50mm 和 65mm 两种，每根长度一般为 10m、15m、20m 和 25m。

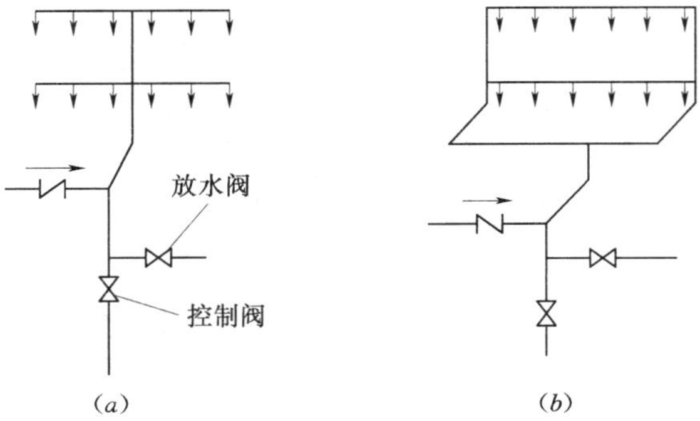

图 6.26　水幕消防系统管网
(a) 中央立管式；(b) 两边立管式

布置水幕喷头时，要防止由于障碍物而造成的空白点，应使水幕喷到应该保护的部位。水幕消防系统平时管网内不充水，当发生火灾时，打开控制阀，水流入管网，同时喷头开始喷水。水幕消防系统的管网可用枝状管网，即中央立管式，或采用环状管网，即两边立管式，如图 6.26 所示。

水幕消防的控制阀一般采用人工控制，只有在无人看管或火灾蔓延速度极快的场合，才考虑设置自动控制设备。

(5) 雨淋喷水消防系统。该系统由开式喷头、管道系统、雨淋阀、报警控制装置、控制组件和供水设备等组成。平时，雨淋阀后的管网充满水或压缩空气，其中的压力与进水管中水压相同。此时，雨淋阀由于传动系统中的水压作用而紧紧关闭着。发生火灾时，火灾探测器感受到火灾因素，便立即向控制器送出火灾信号，控制器将此信号作声光显示并相应输出释放控制信号，打开传动管网上的传动阀门，自动地释放掉传动管网中有压力的水，使传动系统中的水压骤然降低，由于传动系统与进水管相连通的 3mm 的小孔阀来不及向传动系统中补水，雨淋阀在进水管水压推动下瞬间自动开启，水便立即充满管网并经开式喷头同时喷水，可以在瞬间像下暴雨般喷出大量的水覆盖火区，达到灭火目的。该种系统提供了一种整体保护作用，实现对保护区的整体灭火或控火。同时，压力开关和水力警铃以声光报警，作反馈指示，人们在控制中心便可以确认系统是否及时启动。

学习情境 6.2　建筑排水管网管理与维护

6.2.1　室内排水系统的分类和组成

室内排水的任务就是把室内的生活污水、工业废水和屋面雨、雪水等及时畅通无阻地排至室内排水管网或处理构筑物，为人们提供良好的生活、生产、工作和学习环境。

1. 室内排水系统的分类

按所排污水的性质，室内排水系统一般分为三类。

(1) 生活污水排水系统。在住宅、公共建筑和工厂车间的生活室内安装的排水系统，用以排除人们日常生活中盥洗、洗涤和粪便污水。

(2) 工业废水排水系统。用以排除工矿企业生产过程中所排除的污（废）水。工业生产部门繁多，所排污（废）水按污染程度可分为仅受轻度污染的工业生产废水和化学成分复杂、需单独排除的工业生产污水。

(3) 雨、雪水排水系统。在屋面面积较大或多跨厂房内安装的雨雪水排水系统，用以排出屋面的雨水和融化的雪水。

上述的生活污水、工业废水和雨、雪水排水系统，可根据污（废）水的性质、污染程度，分别设置管道排出建筑物外，称为室内排水分流制；将部分性质相近的污水、废水管道组合起来，合用一套排水系统，称为室内排水合流制。

融化，最好关闭引入管阀门后，再进行更换。若是没有相应的控制阀门或条件不允许停水时，可用抢换的方法进行。

抢换的方法是：将坏阀门卸下来，立即顺水将要换的全开状态的闸板对准管道，带上螺纹，关闭新换上去的阀门，再补缠麻丝，用扳手将阀门上紧。抢换阀门一定要用闸板阀，因为闸板阀全开时阻力小，螺纹易旋入；球形阀阻力大，一般不用。

6.1.5 消防给水

建筑物固定灭火系统有以下几种：消火栓给水系统、自动喷水灭火系统、二氧化碳灭火系统、干粉灭火系统、卤代烷灭火系统、蒸汽灭火系统和烟雾灭火系统等。这里只介绍室内消火栓给水系统和自动喷水消防系统。

1. 室内消防给水设置范围

为了保证建筑设施的安全，贯彻以防为主、以消为辅的方针，必须根据建筑物的性质、高度、用途及结构的耐火等级等，按GB 50016—2006《建筑设计防火规范》、GB 50045—1995《高层民用建筑设计防火规范》的规定，下列建筑物必须设置室内消防给水系统：

（1）厂房、库房（对耐火等级为一、二级且可燃物较少的丁、戊类厂房、库房，耐火等级为三、四级且建筑体积不超过3000m^3的丁类厂房和建筑体积不超过5000m^3的戊类厂房除外）和高度不超过24m的科研楼（存有与水接触能引起燃烧爆炸的房间除外）。

（2）超过800个座位的剧院、俱乐部和超过1200个座位的礼堂、体育馆。

（3）体积超过5000m^3的车站码头机场建筑物以及展览馆、商店、病房楼、门诊楼、教学楼和图书馆

（4）超过七层的单元式住宅、超过六层的塔式住宅、通廊式住宅和室内消火栓给水系统由消防给水管道、消火栓、水龙带和水枪等组成。当室外给水管网水压不能满足消防需要时，还需要设置消防水箱和消防水泵。

（5）超过五层或体积超过100000m^3的其他民用建筑。

（6）国家级文物保护的重点砖木结构或木结构的古建筑。

2. 室内消火栓给水系统的组成与布置

室内消火栓给水系统由消防给水管道、消火栓、水龙带和水枪等组成，当室外给水管网水压不能满足消防要求时，还需要设置消防水箱和消防泵。

消防给水管道由进水管、干管、立管和短支管组成。它的作用是将水供给消火栓，并且必须满足消火栓在灭火时所需水量和水压的需要。

消火栓就是消防用水的龙头，实际上是一个直角阀门，同水龙带和水枪一起放置在消火栓箱内，如图6.22所示。消火栓的规格有50mm和65mm两种。

水枪用铜、铝合金或塑料制成，其作用是压缩水流，增加流速，形成灭火水柱。水枪一般采用直流式，如图6.23所示，常用喷嘴直径有13mm、16mm和19mm三种规格。喷嘴口径为13mm的水枪有50mm的接口；喷嘴口径为16mm的水枪配有50mm或65mm的接口；喷嘴口径为19mm的水枪配有65mm的接口，各种水枪接口形式均为内接口式。

消防水龙带是用帆布、麻布纺织或橡胶制成的输水软管，其作用是用于连接消火栓和水枪，把具有一定压力的水流输送至灭火地点。消防水龙带常用口径有50mm和65mm两种，每根长度一般为10m、15m、20m和25m。

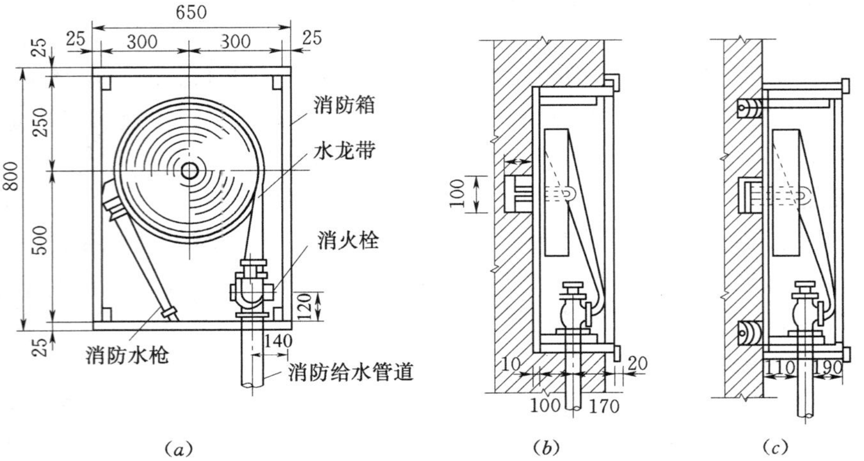

图 6.22　室内消火栓装置

(a) 立面；(b) 暗装侧面；(c) 明装侧面

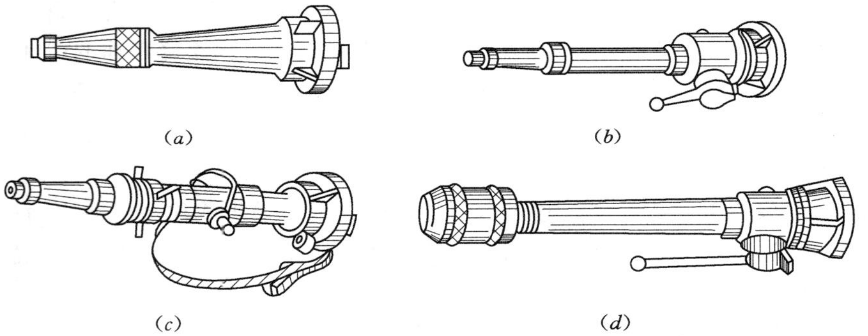

图 6.23　水枪

(a) 直流水枪；(b) 直流开关水枪；(c) 直流开花水枪；(d) 直流喷雾水枪

布置消火栓时，必须保证水枪水柱能够喷射到建筑物的任何部位，并且使消防立管数量最少，做到既满足灭火的需要又经济合理。消火栓应布置在建筑物内位置明显、易于取用、便于操作的地方。在多层建筑物内，消火栓布置在各层楼梯间或走廊内；在公共建筑内，消火栓布置在每层楼梯口、走廊及大厅的出入口处；在工业厂房内，消火栓一般布置在厂房的出入口及主要通道边。

3. 自动喷水消防系统

自动喷水消防系统是在失火时，能自动喷水灭火，同时发出火警信号的一种消防给水装置。根据使用要求和环境的不同，自动喷水消防系统可以分为以下五种类型：

(1) 湿式自动喷水消防系统。它是由湿式自动喷水头、控制信号阀、延迟器、报警器及管网组成，如图 6.24 所示。消防管网中平时充满具有一定压力的水，发生火灾时，喷头自动打开就能直接灭火。系统中的延迟器是一个容器，安装在控制信号阀与水力报警器之间的管道上，用来防止由于水源压力波动而引起的假警报，然而水连续不断流入时，又可使报警器发出响声。

湿式系统是国内应用最广泛的一种系统，适用于管道内充水在任何时候都不会冻结的建筑物内。它的成本低，维护保养方便，启动迅速。不足之处是适用范围受限，不能用在有时会冻结的建筑物内。

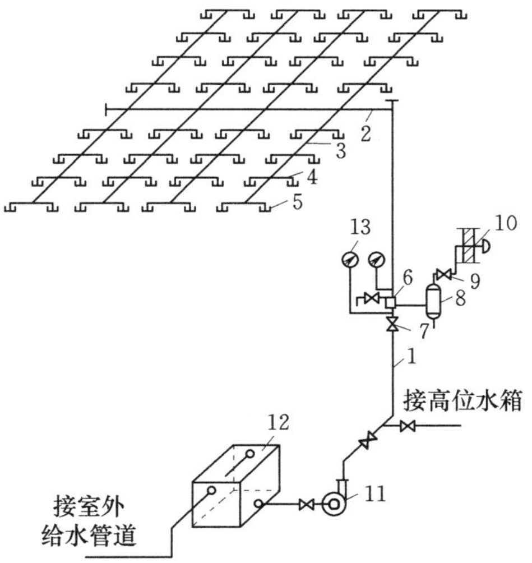

图6.24 湿式自动喷水消防系统

1—配水立管；2—配水干管；3—配水千支管；4—分布支管；5—喷头；6—控制信号；7—闸阀；8—延迟器；9—过滤器；10—水轮报警器；11—水泵；12—水池；13—压力表

（2）干式自动喷水消防系统。它的供水管网与自动喷头的布置与湿式系统完全相同，平时从控制阀到喷头之间的管路内充满压缩空气，使水不能进入，当火灾发生时，喷头感温自动启动，放出气体。由于气体被放出，管路内压力下降，控制阀门由于两边压力差发生变化而打开，使水迅速进入管网，喷水灭火。

干式系统适用于管道内充水有结冻可能的建筑物内，它与湿式系统相比动作迟缓，因为需要一定的时间将管内压缩空气排除后，水才能通过控制阀进入管网，由喷头喷水灭火，这样可能失去早期灭火的机会。系统内增加了空气压缩机及其附属设备，投资较多，并给管理和维修造成一定困难。

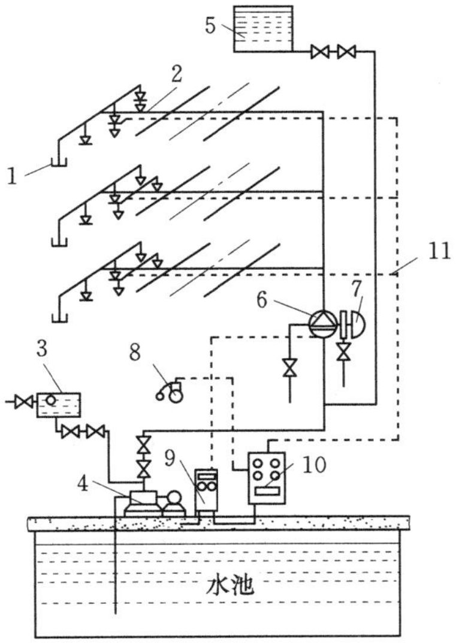

图6.25 预作用式自动喷水消防系统

1—闭式喷水头；2—火灾探测器；3—水泵灌水箱；4—水泵；5—水箱；6—控制信号阀；7—水轮报警器；8—警铃；9—控制盘；10—收发信号机；11—导线

（3）预作用式自动喷水消防系统。它是在干式系统上附加一套报警装置，形成兼有双重控制的变型系统，如图6.25所示。喷水头和火灾探测器都是感温元件。火灾探测器也可为感烟、光辐射、可燃气体等探测器，与其配套的有收发信号机、控制盘等，它的控制温度比喷水头低一些。当发生火灾时，探测器发出信号进行报警，并打开进水阀，使管网内充满水，火场温度继续上升，达到喷水头动作温度后即可喷水。这样既克服了干式系统延续喷水时间的缺点，又避免了湿式系统容易渗漏的弊病。

（4）水幕消防系统。水幕消防系统是将水喷洒成水帘幕状，用以冷却防火隔绝物，以达到隔离火灾地区，防止火灾蔓延，保护邻近火灾区的建筑物免遭火灾危害的目的。

水幕消防系统由水幕喷头、管网和控制阀组成。水幕喷头是开口的，也叫开式喷头。根据用途可以分为窗口式喷头和檐口式喷头两种。窗口水幕喷头用于保护建筑物立面或斜立面；檐口水幕喷头用于保护建筑物的屋檐或吊平顶。

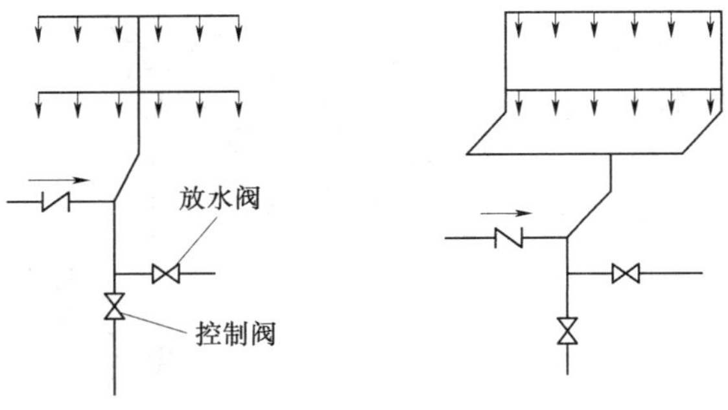

图 6.26　水幕消防系统管网
(a) 中央立管式；(b) 两边立管式

布置水幕喷头时，要防止由于障碍物而造成的空白点，应使水幕喷到应该保护的部位。水幕消防系统平时管网内不充水，当发生火灾时，打开控制阀，水流入管网，同时喷头开始喷水。水幕消防系统的管网可用枝状管网，即中央立管式，或采用环状管网，即两边立管式，如图 6.26 所示。

水幕消防的控制阀一般采用人工控制，只有在无人看管或火灾蔓延速度极快的场合，才考虑设置自动控制设备。

(5) 雨淋喷水消防系统。该系统由开式喷头、管道系统、雨淋阀、报警控制装置、控制组件和供水设备等组成。平时，雨淋阀后的管网充满水或压缩空气，其中的压力与进水管中水压相同。此时，雨淋阀由于传动系统中的水压作用而紧紧关闭着。发生火灾时，火灾探测器感受到火灾因素，便立即向控制器送出火灾信号，控制器将此信号作声光显示并相应输出释放控制信号，打开传动管网上的传动阀门，自动地释放掉传动管网中有压力的水，使传动系统中的水压骤然降低，由于传动系统与进水管相连通的 3mm 的小孔阀来不及向传动系统中补水，雨淋阀在进水管水压推动下瞬间自动开启，水便立即充满管网并经开式喷头同时喷水，可以在瞬间像下暴雨般喷出大量的水覆盖火区，达到灭火目的。该种系统提供了一种整体保护作用，实现对保护区的整体灭火或控火。同时，压力开关和水力警铃以声光报警，作反馈指示，人们在控制中心便可以确认系统是否及时启动。

学习情境 6.2　建筑排水管网管理与维护

6.2.1　室内排水系统的分类和组成

室内排水的任务就是把室内的生活污水、工业废水和屋面雨、雪水等及时畅通无阻地排至室内排水管网或处理构筑物，为人们提供良好的生活、生产、工作和学习环境。

1. 室内排水系统的分类

按所排污水的性质，室内排水系统一般分为三类。

(1) 生活污水排水系统。在住宅、公共建筑和工厂车间的生活室内安装的排水系统，用以排除人们日常生活中盥洗、洗涤和粪便污水。

(2) 工业废水排水系统。用以排除工矿企业生产过程中所排除的污（废）水。工业生产部门繁多，所排污（废）水按污染程度可分为仅受轻度污染的工业生产废水和化学成分复杂、需单独排除的工业生产污水。

(3) 雨、雪水排水系统。在屋面面积较大或多跨厂房内安装的雨雪水排水系统，用以排出屋面的雨水和融化的雪水。

上述的生活污水、工业废水和雨、雪水排水系统，可根据污（废）水的性质、污染程度，分别设置管道排出建筑物外，称为室内排水分流制；将部分性质相近的污水、废水管道组合起来，合用一套排水系统，称为室内排水合流制。

2. 室内排水系统的组成

室内排水系统一般包括污（废）水收集器、器具排水管、横管、立气管和清通设备等，如图 6.27 所示。

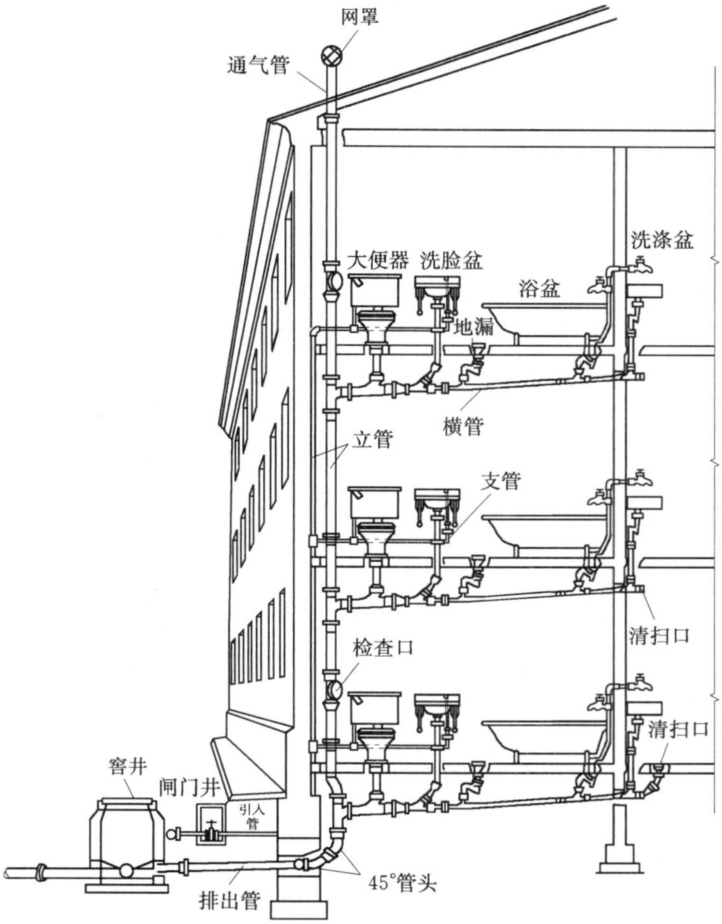

图 6.27 室内排水系统的组成

(1) 污水收集器。污水集器是指各种卫生器具、排放生产污水的设备和雨水斗等。它的作用是收集和接纳各种污（废）水并将其排入室内排水管网系统。

(2) 器具排水管。具排水管是指连接卫生器具和排水横支管之间的一段短管。通常有S形存水弯和P形存水弯等水封装置，如图 6.28 所示。存水弯的作用是阻止室外管网中的臭气、有毒气体及昆虫进入室内，以保证室内环境不受污染。

(3) 横管。横管是连接器具排水管与立管之间的水平支管。横管的作用是将卫生器具排水管排出的污水排至排水立管中去。排水横管在底层埋地敷设，楼层间一般沿墙悬吊在楼板下，横管应具有一定的坡度，坡向立管。

(4) 立管。立管是在垂直方向连接各楼层排水横支管，将各排水横管的污水收集并排至排出管，一般设在墙角明装。

(5) 排出管。排出管是室内排水立管与室外第一个检查井之间的连接管段。它接受一

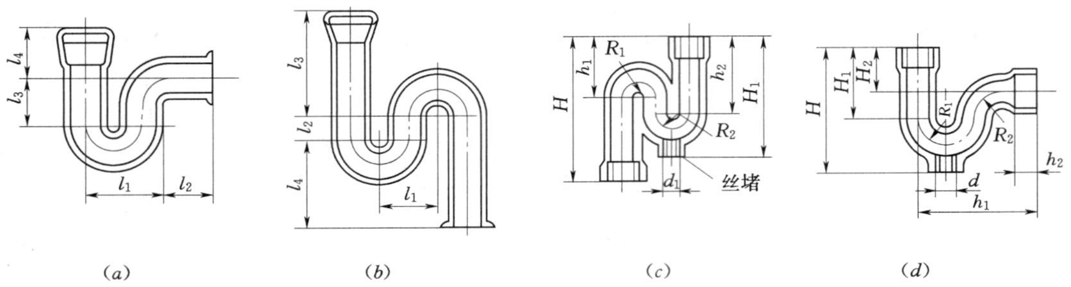

图 6.28　存水弯

(a) 铸铁 P 式存水弯；(b) 铸铁 S 式存水弯；(c) 黑铁 S 式丝扣存水弯；(d) 黑铁 P 式丝扣存水弯

根或几根排水立管流来的污水，排至室外管网。

(6) 通气管。通气管又称透气管。多层建筑中的通气管是指最高层卫生器具排水横管以上并延伸到屋顶以上的不过水部分的一段立管。在卫生器具数量很多的高层建筑中还设通气立管（分专用通气立管、主通气立管和副通气立管等三种）、器具通气管和环形通气管。它的作用是使室内外排水管与大气相通使排水管道中的臭气和有害气体排到大气中去，平衡管内压力，保证排水管道中的水流畅通。通气管顶部设有通气帽或铅丝球，防止杂物进入管道。

(7) 清通设备。清通设备包括检查口、清扫口、室内检查井以及带有清扫口的管配件等。设置的目的在于管道系统清扫和检查，当管道出现堵塞现象时，可在清通设备处进行疏通。

6.2.2　室内排水管道的设置及检修

室内排水管道的设置应力求管线短，转弯少，使污水以最佳水力条件排至室外管网；管道的布置不得影响、妨碍房屋的使用和室内各种设备功能的正常发挥，还要便于安装和维护管理，满足经济和美观的要求。

6.2.2.1　室内排水管道的设置及要求

1. 器具排水管

器具排水管的设置和存水弯的选用取决于污水收集器的类型、平面布置和安装高度等。器具排水管用弯头或三通与排水横管或立管连接。当用三通连接时，应采用 90°斜三通，尽量少用 T 形三通。除卫生器本身有水封之外，器具排水管上应装设存水弯。如虹吸喷射式低卫生器具都规定了水管最小管径，因此器具排水管的管径不必计算。

2. 排水横管

排水横管的设置应根据污水收集器的位置和管道设置要求而定。一般排水横管的设置位置在底层可埋设在地下或敷设在地沟内，也可沿墙敷设在地面上；在楼层间可沿墙装在地板上或悬吊在楼板下明装。当建筑物对美观、卫生有较高要求或有其他特殊要求时，可做吊顶。将排水横管隐蔽在吊顶内，但必须考虑安装和检修的方便。对于楼层较高、卫生器具间距较小的建筑应多设排水横管，少用立管较为经济。

排水横管不得设置在遇水引起燃烧、爆炸或损坏原料、产品和设备的上方；不得设置在有特殊生产工艺或有特殊卫生要求的生产厂房内以及食品和贵重物品仓库、通风小室和变电间内；不得设置在食堂、饮食业的烹调操作台的上方；不得设置在卧室内。

设置排水横管时，还要注意不得穿过沉降缝、风道和烟道。应避免穿越伸缩缝，当受条件限制时，应采取相应的技术措施，如装设伸缩接头。排水横管应有一定的坡度，坡向排水立管，考虑到美观要求，架空设置的排水横管应尽量避免通过大厅和控制室等。

3. 排水立管

排水立管应布置在污水水质最脏、杂质量多、污物浓度最大、排水量最大的排水点处，如厕所间排水立管应靠近大便器。生活污水立管设置应避免靠近与卧室相邻的内墙。排水立管一般在墙角、柱边或沿墙明装敷设；当有特殊要求时，可在管槽或管井内暗装敷设。暗装时必须有足够的空间，以便安装和检修。在检查口处应设检修门。

排水立管应避免穿过卧室、办公室、病房和其他对卫生和噪声控制有较高要求的房间，以避免主管水流冲刷声通过墙体传入室内。排水立管应避免偏置，如必须偏置时宜用乙字管或两个45°弯头连接。为了便于安装和检修，排水立管与墙面应留有一定的操作距离。

4. 排出管

排出管的设置视立管的位置情况和室外排水管网的分布情况而定，可以连接一根立管单独排出，也可以连接几根立管后排出。排出管一般为埋地敷设。有地下室的建筑，排出管可悬吊在地下室的天棚下。排出管应以最短的距离排至室外管网，这样可以减少排出管被堵塞的可能性，也便于清通检修。

为了防止排水管道受机械损坏，在生产厂房内，埋地敷设的排水管道与地面应有一定的保护距离，一般厂房内排水管的最小埋设深度，按表6.4确定。管道不得穿越生产设备的基础，否则不但影响管道的维修，而且会使管道承受振动和局部荷载所产生的不均匀沉降等影响。若遇特殊情况必须穿越基础时，应加装钢套。排水管道穿过承重墙或基础处，应预留孔洞，孔洞尺寸见表6.5，且管顶上部净空不得小于建筑物的沉降量，一般不宜小于0.15m。

表6.4　　厂房内排水管的最小埋设深度

管　材	地面至管顶的距离（m）	
	素土夯实、缸砖、碎石、砾石、大卵石、木砖地面	水泥、混凝土、沥青混凝土、菱苦土地面
铸铁管	0.7	0.4
混凝土管	0.7	0.5
带釉陶土管	1.0	0.6
硬聚氯乙烯管	1.0	0.6

表6.5　　排出管穿过基础预留孔洞尺寸

管　径（mm）	≤80	≥100
预留孔洞尺寸（宽×高）（mm×mm）	300×300	（管径+200）×（管径+300）

排出管过长，由于坡降大，会使室外管网埋设过深，因此排出管出外墙后距检查井的距离，不宜小于3m。排出管的管顶标高不得低于室外排水管管顶标高，其连接处的水流方向回转角不得小于90°以保证水流通畅。如有跌落差且大于0.3m，可不受角度限制。

排出管从排水立管或清扫口至室外检查井中心的最大长度，应按表6.6确定，如果大于表6.6中所列数值，应在排出管上设检查口或清扫口。

表6.6　　排出管的最大长度

排出管管径（mm）	50	75	100	>100
排出管最大长度（m）	10	12	15	20

接有大便器的污水管道系统如无专用通气立管或主通气立管时，在排出管或排水横干管管底以下0.7m的立管管段内，不得连接排水支管。在拆毁有大便器的污水管道系统中，距立管中心线3m范围内的排出管或排水横干管上，不得连接排水管道。因此，10层及10层以上的建筑物，底层生活污水管宜单独排出。

排出管应有一定的坡度，一般情况下采用标准坡度，管道最大坡度不得大于15%，以免管道落差过大。

5. 通气管

在生活污水管道或散发有害气体的生产污水管道上均应设置伸顶通气管。伸顶通气管可以帮助室内管道通气，当排水立管内呈负压时，由通气管补气增压，而立管内出现正压时，由通气管透气减压，以保证水封不被破坏。伸顶通气管还能使室外管道透气，将室外管网内有害气体排放到大气中去，以防伤害养护人员或发生火灾。但在寒冷地区，应在室内平顶处或吊顶以下0.3m处将管径放大一级。

在同一排水横支管上连接4个及4个以上卫生器具，并与立管的距离大于12m，或连接6个及6个以上大便器时，应设环行通气管。对卫生、噪声控制要求较高的建筑物，生活污水管宜设器具通气管。在只有一个卫生器具或几个器具共用一个存水弯的排水系统，可以不设伸顶通气管。

通气管高出屋面不得小于0.3m，且必须大于最大积雪厚度。在通气管出口4m以内有门窗时，则通气管应高出窗顶0.6m以上或引向无门窗一侧。在经常有人停留的平屋顶上，通气管必须高出屋面2m以上，并应根据防雷要求考虑防雷装置。通气管出口不宜设在建筑物挑出部分（如屋檐口，阳台和雨篷）的下面；通气管不得与建筑物的风道或烟道连接。

通气管的顶端应装设伞形通风帽，南方地区也可装设铅丝球网罩，以防杂物落入。器具通气管应设在存水弯出口端，环形通气管应在横支管上最始端的两个器具间接出，并应在排水支管中心线以上与排水支管呈垂直或45°连接。器具通气管和环形通气管应在卫生器具上边缘大于0.15m处，按不小于0.01的上升坡度与通气立管相连接。

通气立管的上端可在最高层卫生器具上边缘或检查口以上与污水立管通气部分以斜三通连接，下端在最低污水横支管以下与污水立管以三通连接。专用通气立管每隔两层、主通气管应每隔8～10层设结合通气管与污水立管连接。结合通气管下端宜在污水横支管以下与不小于0.15m处与通气管以斜三通连接。如受位置和空间限制时，也可直接与通气管以斜三通连接。结合通气管不宜小于通气立管管径。通气立管不得接纳器具污水、废水和雨水。

6. 清通设备

(1) 检查口。立管检查口安装高度由地面至检查口中心一般为1m，允许偏差±20mm，并应高于该层卫生器具上边缘0.15m。安装检查口时其朝向应便于检修，一般要求检查口开口方向与墙面呈 45°夹角。暗装立管检查口处，应设检修门。

（2）清扫口。是连接在污水横管上作清堵或检查用的装置。一般将清扫口安装在地面上，并使清扫口与地面相平。当污水管在楼板下悬吊敷设时，也可在污水管起点的管端设置堵头代替清扫口，堵头与管道相垂直的墙面距离不得小于 400mm。

6.2.2.2 室内排水管道的检修

排水管道系统常见的故障是漏水或管道堵塞。因此，排水管道系统的日常检修工作就在于排除漏水点，疏通堵塞管段。

1. 排水管道漏水的检修

室内排水管道漏水时，管道附近的墙面或楼板面潮湿，严重时则滴水。引起排水管道漏水的原因一般是管道接口不严，管材或管件有砂眼，管道基础不牢和所埋深度过浅，因而引起排水管道下沉或被重物压坏，造成排水管道裂纹或折断等。属于接口不严的应修补或剔掉重新打口；属于管段或管件有砂眼的，可用丝堵补漏或打管卡子进行检修；属于埋深过浅者将埋深增加，可拆除原管降低标高，否则可限制受力，减少荷载或加固地表面层，将有裂纹或折断的管段或管件换掉，并加套管接头与原有管道连接。裂纹较轻的管可用打管卡子方法检修。

2. 管道堵塞的检修

（1）引起管道堵塞的原因。

1）施工质量有问题，管道敷设坡度太小或有倒坡现象，使管内水流速度过慢，水中杂质在管内沉积下来，引起管道堵塞。

2）使用者不注意，将破布、硬块、棉纱类等杂物掉入管内，引起管道堵塞。

3）排水口地面附近泥沙冲入管内，沉积下来，越积越多，堵塞管道。

室内排水管道被堵时，地漏和卫生器具下部可能冒水，或者从最低器具往外返水，如果堵塞部位在楼上，就会出现楼板漏水现象。检修时，可根据具体情况判断堵塞位置，以决定排除的方法。

（2）常采用的检修方法。

1）管道敷设坡度有问题时，应按有关要求，对管道进行整坡。

2）单个卫生器具不下水，则堵塞物可能在卫生器具存水弯里。一般可用揣子抽吸几次，直到堵塞物排出。

3）在一个支管排水系统中，若有的卫生器具排水畅通，有的不通，则堵塞物是在排水横管中部的排水畅通和不通两个器具中间的管段内。若整个支管的所有卫生器具都不通，而立管通水正常，则说明堵塞点在支管与立管交接处附近的支管上。发生这种故障，若在支管的起点端部装有地漏时，则可将地漏打开，利用地漏口用竹劈或管道疏通机进行疏通。若无地漏，则可打开排水支管末端的清扫口进行疏通。当这些疏通方法均无效时，说明堵塞物比较大，卡得很严，这时可在堵塞物附近管段的上部或旁边用尖錾凿洞疏通。疏通后用木塞塞住洞口，或用打卡子的方法将洞口封堵。

4）当同一排水立管承接的卫生器具中下部的卫生器具排水正常，而中间层用户虽没有用水，却有污水由排水口溢出，说明立管堵塞。当判断堵塞物在检查口附近时，可打开检查口进行疏通；当堵塞物在顶层检查口以上时，可在楼顶上的通气孔处进行疏通。

6.2.3　卫生器具

6.2.3.1　卫生器具的作用和分类

卫生设备亦称卫生器具，是室内排水系统的重要组成部分，它的作用是供人们洗涤、收集和排除日常生活和生产中所产生的污（废）水。分为以下四类。

（1）便溺用卫生器具。如大便槽、小便槽等，这些卫生器具的特点是都装有冲洗设备，可及时用水清洗，保持器具清洁卫生。

（2）盥洗沐浴用卫生器具。如洗脸盆、盥洗槽、浴盆和沐浴器等。

（3）洗涤用卫生器具。如洗涤盆、化验盆和污水盆等。

（4）专用卫生器具。如医疗用的到便盆、婴儿浴盆、妇女净身盆、水疗设备及饮水器等。

对卫生器具的总要求是坚固耐用、不透水、耐腐蚀、耐冷热，内外表面光滑、便于清洗。卫生器具除大便池地漏以外均应在污水排出口处设置排水栓，以防止较粗大的污物流入管道引起堵塞，影响正常使用。

6.2.3.2　常用卫生器具的构造

1. 便溺用卫生设备

（1）大便器是排除粪便的卫生器具。它包括便器本体、冲洗设备和水封装置等。

1）坐式大便器一般装设在住宅、宾馆等建筑物的卫生间内。坐式大便器是一个内部带有存水弯，呈漏斗形状的承接粪便污物的容器。其冲洗设备多用低水箱，按冲洗的水力原理分为虹吸式和冲洗式两种。

冲洗式坐式大便器的构造如图6.29所示。这种大便器的下端为存水弯，上口是空心，空心下面均匀分布着许多小孔。冲洗时水流入空心内，再经小孔沿大便器内表面冲下，使便器内水位上升而超过存水弯边缘时，水带着粪便冲过存水弯，流入排水管道。这种大便器在使用时粪便直接落入存水弯内，臭气较少，但每次冲洗不能保证粪便和脏物全部冲洗干净，在粪便下落时水易溅起，使人感到不舒适。

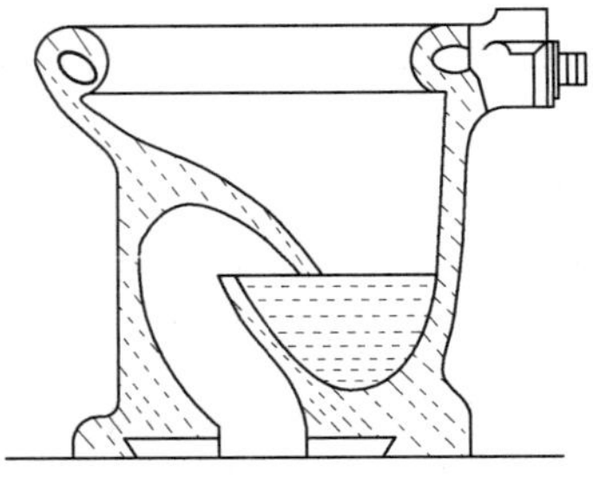

图6.29　冲洗式坐式大便器

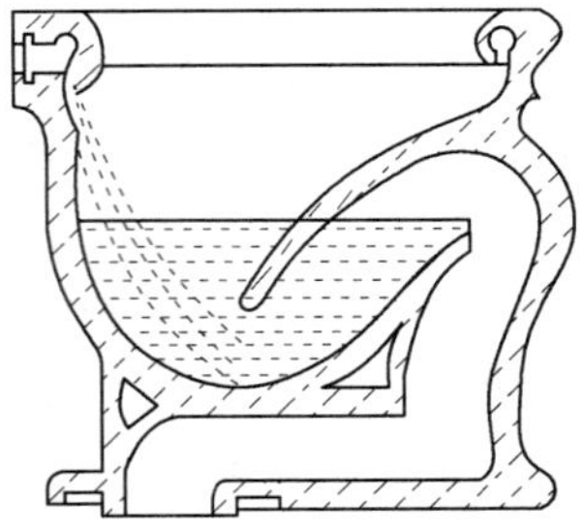

图6.30　虹吸式坐式大便器

虹吸式坐式大便器的构造如图6.30所示，存水弯的构造是一个较高的虹吸管状，其下部有一段向下的弯管。冲洗时，当便器内水位上升到虹吸管顶边缘并充满虹吸管时，在短时间内形成强大的虹吸作用，将粪便抽送到排水管道中去。这种坐便器的优点是能将大便器内所存的粪便和脏物冲洗干净，且每次冲洗完都能向存水管内注入清水以保持器内卫生。缺点是虹吸管易堵塞，同时由于冲洗时虹吸管内的水全部被吸走，故用水量较大，冲洗时噪音大，使用时水易被溅起。

2）蹲式大便器　由于使用时皮肤不直接接触大便器，因此卫生条件较好，它一般装设在集体宿舍、机关等公共建筑卫生间内。

蹲式大便器本身不带存水管，安装时在底层宜设置 S 形存水管，在楼层设置时，宜采用 P 形存水管。与蹲式大便器配套的冲洗水箱，根据安装位置不同，有高水箱和低水箱之分，如图 6.31 所示。

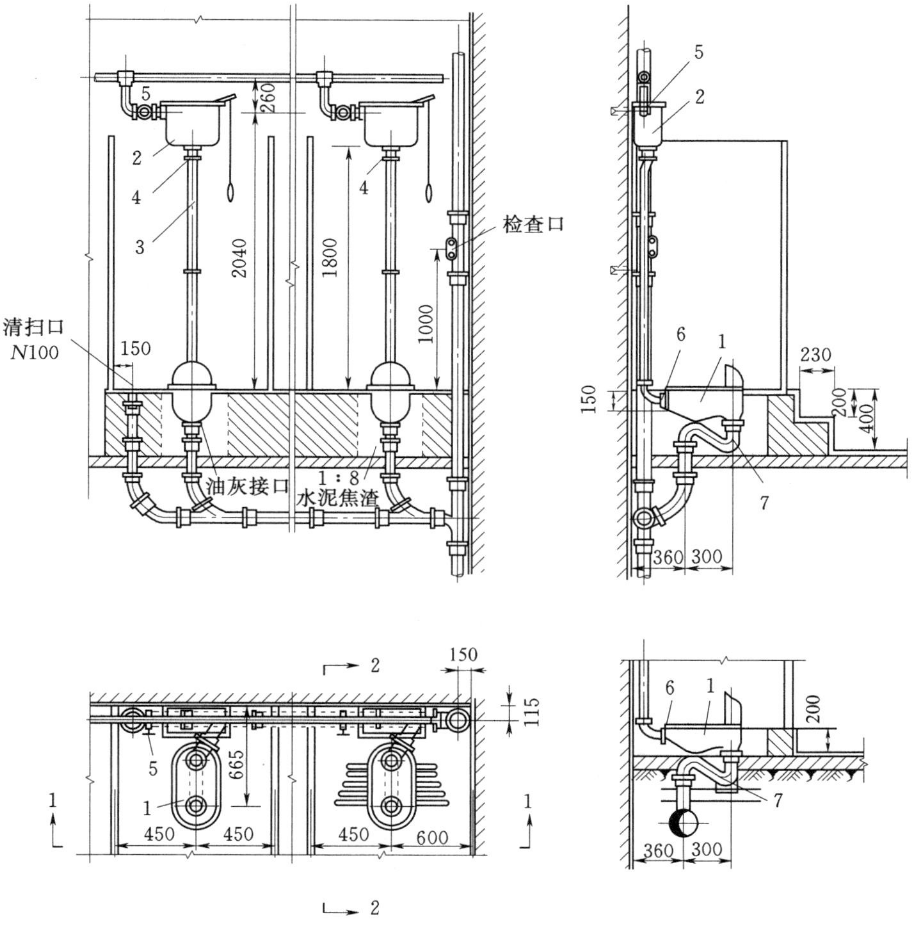

图 6.31　水箱蹲式大便器安装图

1—1 号、28 号或 29 号蹲式大便器；2—1 号或 2 号高水箱；3—*DN*32 冲水管；4—*DN*32 冲洗管配件；5—*DN*15 截止阀；6—胶皮碗；7—*DN*100 存水弯

（2）大便槽。大便槽是个狭长的敞口槽，可供几个人同时使用。它的卫生条件较差，受污面积大，有恶臭，但较其他形式造价低，并由于使用集中冲洗水箱，故耗水量较少。常建在建筑标准不高的公共建筑如工厂、学校或公共厕所内。

（3）小便器。小便器是设置在公共建筑的男厕所内，供小便用的卫生器具，可单独设置，但更多的是几个连在一起，几个人能同时使用。常用的有挂式小便器、立式小便器和小便槽三种。

1）挂式小便器。一般建在建筑标准较高的公共建筑厕所内，亦称小便斗，如图 6.32

所示。小便器用白色陶瓷制成，按人们需要的高度挂在墙上，内部构造有虹吸喷射式和冲洗式，同坐式大便器的冲洗原理相似。

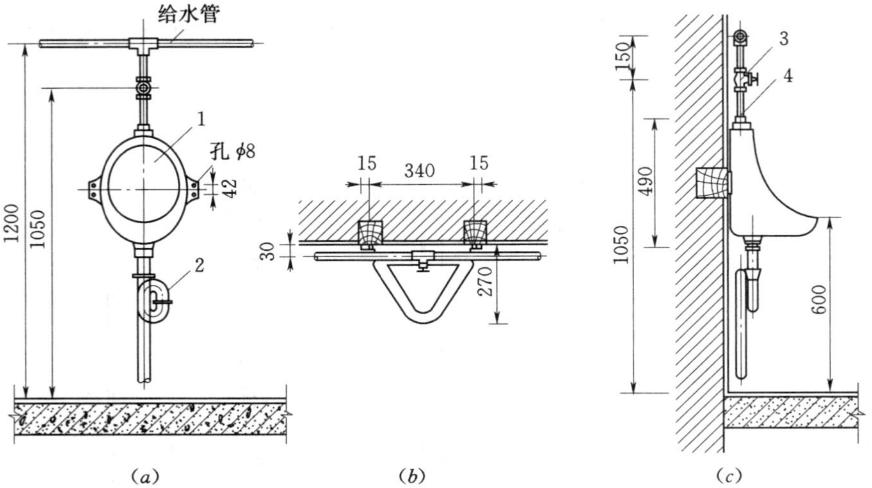

图 6.32　挂式小便器的安装图

(a) 立面图；(b) 平面图；(c) 侧面图

1—挂式小便器；2—DN32 存水弯；3—DN15 截止阀；4—冲洗管

2）立式小便器。一般装设在剧场、宾馆、展览馆等卫生设备标准较高的公共建筑男厕所内，如图 6.33 所示。小便器靠墙竖立在地面上，每个小便器上面有冲洗水进口，进水口下设有扇形布水口，使冲洗水可沿内壁均匀下流。

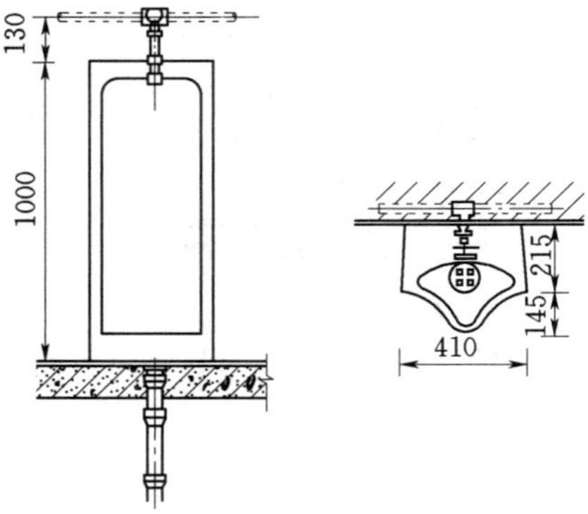

图 6.33　立式小便器的安装图

小便槽是用瓷砖沿墙砌筑的浅槽，由于建造简单，造价低，同时可以容纳较多的人使用，广泛用于集体宿舍、工矿企业和公共建筑的男厕所中。

2. 盥洗淋浴用卫生器具

（1）洗脸盆。洗脸盆是设置在盥洗间、浴室和卫生间内供人们洗脸、洗手用的卫生器具，如图 6.34 所示。一般为陶瓷制品，按其安装方式不同分为墙架式和立式两种。其外形有长方形、半圆形、椭圆形和三角形。按有无后背又分有后背和无后背两类。

（2）盥洗槽。一般采用水磨石面或瓷砖贴面的钢筋混凝土长槽，设置在同一时间盥洗人数较多的场所。如工厂的生活间、集体宿舍和公共建筑的盥洗室内。

（3）浴盆。浴盆一般用钢板搪瓷、铸铁搪瓷和玻璃钢等材料制成，如图 6.35 所示。其外形多呈长方形，设置于浴室供人们沐浴用。浴盆的一端配有冷、热水龙头或混合龙头，浴盆的排水口及浴水口均设置在水龙头的一端，盆底有 0.02 的坡度坡向排水口，有的浴盆还配置固定式或活动式淋浴喷头。

（4）淋浴器。淋浴器一般设置在工业企业生活间、公共建筑及集体宿舍的卫生间、体育馆和公共浴室内，它同浴盆比具有占地面积小、设备费用低、耗水量少、清洁卫生等特点。

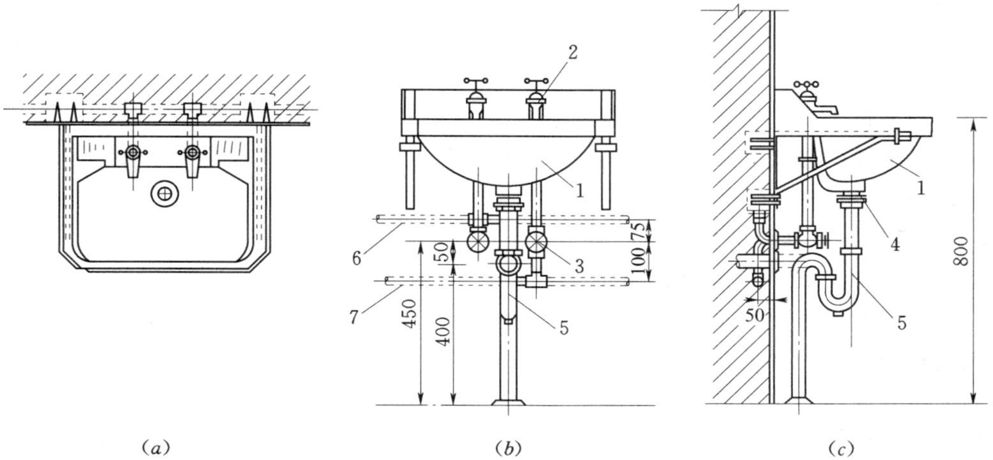

图6.34 洗脸盆安装图

(a) 平面图；(b) 立面图；(c) 侧面图

1—洗脸盆；2—DN15龙头；3—DN15角型截止阀；4—DN32排水栓；5—DN32存水弯；6—热水管；7—冷水管

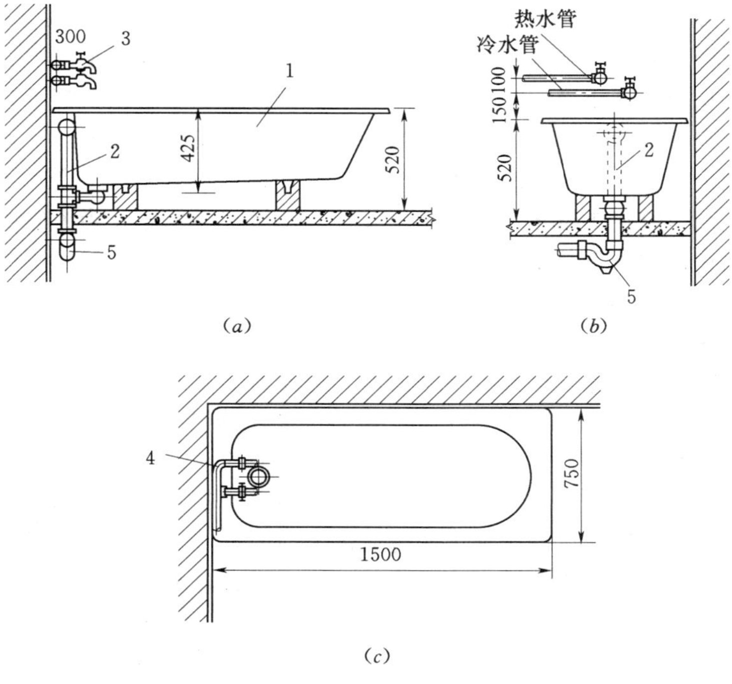

图6.35 冷热水龙头浴盆安装图

(a) 立面图；(b) 侧面图；(c) 平面图

1—浴盆；2—溢水管；3—龙头；4—弯头；5—存水弯

3. 洗涤用卫生器具

(1) 洗涤盆设置在住宅及公共食堂厨房内，供洗涤食物和碗碟用。由陶瓷和水磨石制成，规格不一，常用610mm×410mm和610mm×460mm两种。

(2) 污水盆一般装设在公共建筑的厕所和盥洗室内，供打扫卫生、洗涤拖布、倾倒污水之用。

(3) 地漏设置在厕所、浴室、盥洗室、厨房及其他需要从地面上排除污水的房间内。地漏装设在地面的最低处，其箅子顶面应比地面低5～10mm，地面应有不小于0.01的坡度坡向地漏。

6.2.3.3 常用卫生器具的检修

1. 大便器常见故障及检修方法

(1) 大便器堵塞大便器堵塞后，粪便及污水流不走或渗得慢；楼层间的卫生间，常常有楼板滴水或渗水的现象。

如果所有便器产生堵塞，应将排水管的清扫口打开，用竹劈或钢丝绳进行疏通。如个别便器堵塞，可按下述方法处理：若大便器刚刚堵塞，堵塞物尚未被冲出存水弯，可用软钢丝绳之类的工具将堵塞物掏出来；当大便器堵塞时间较长，可用揣子抽揣大便器的出水口，将堵塞物抽出来或揣松，再用水冲。

(2) 大便器存水弯损坏大便器使用不当，如用木棍之类的硬物朝出水口中乱捅，造成存水弯损坏，大便器不下水，大便器附近地面产生潮湿和臭味，严重时，楼板严重滴水和渗水。

检修时，用錾子轻轻剔开大便器周围的地面，拆开大便器橡胶接头（皮碗），取出大便器，清除存水弯的碎片。在操作过程中，应注意勿使异物落入排水管中。安装新存水弯时，需把排水管承口清理干净，抹适量麻刀白灰，把存水弯坐于排水管承口上。存水弯经找正垫稳后，再在存水弯的承口上填充适量的腻子，即可安装大便器。

(3) 橡胶接头（皮碗）漏水蹲式大便器与地面冲洗管相接的地方漏水或楼板有滴水、渗水现象时，常是橡胶接头漏水，原因是橡胶接头蚀烂或捆扎橡胶接头的铜线被蚀断。

检修时，应在冲洗管下部用錾子剔开地面的水泥层，把所填的泥砂清理出来，使橡胶接头清楚地显露出来。如是铜线蚀断，只需用铜线重新将橡胶接头捆扎好即可；如是橡胶接头蚀烂，需换橡胶接头。

换橡胶接头时，把旧橡胶接头拆下来后，先把要换上去的新橡胶接头翻过来，插进冲洗管。用铜线捆扎好后，将橡胶接头的另一端插进大便器进水口，再把橡胶接头翻过去，使橡胶接头恰好套紧于大便器进水口外缘，并用铜线捆扎在大便器上。

橡胶接头装好后，用砂土埋好，砂土上面抹一层水泥砂浆。禁止用水泥砂浆把橡胶接头处全部填死，这样会给以后的检修工作造成极大的困难。

(4) 大便器出口与存水弯接口不严，当楼板有滴水、渗水现象，而检查橡胶接头又没有损坏时，多属于这种故障。产生原因是在安装大便器时，存水弯灰口中填塞的麻刀灰量少，或灰量不均，大便器使用一段时间后，在冲洗水的作用下，使灰口的密封性遭到破坏。

检修时将手从大便器出口伸入，用麻刀白灰糊抹大便器与存水弯的连接缝，待灰层干燥后（大约48h），便器就可以使用。进行上述操作时，最好戴胶皮手套，涂抹的灰面要光滑，以免在使用中挂住脏物。

（5）便器损伤使用不当，如用力蹬踏或与硬物相碰撞造成。对损伤轻者，可用水泥砂浆糊一糊；对损伤重者和要求美观的场合下，需更换便器。

1）蹲式便器换新便器时，将旧便器轻轻打碎，并于冲洗管处拆开橡胶接头。将要换的便器放人原坑中比试，看便器周围边缘是否与地面相平（便器出水的一端可以略低一点，以利粪便下流）。若不合适，应搬出便器整修，直到修整合适为止。清除存水弯承口处的异物，抹适量麻刀灰（或油腻子），再将便器坐于存水弯上，并将挤出来的灰用手抹平。按前面介绍过的方法，把橡胶接头接好即可。进行上述操作时，均需注意不应使异物落入排水管中。

2）坐式便器拆开或锯开便器后部的锁口，拆掉便器下面的螺栓，用錾子轻轻錾开便器周围的灰缝，将旧便器移开。把下水管承口清理干净后，抹适量麻刀灰（或油腻子），把新便器坐于排水管承口上，再用螺栓固定，装好锁口。装锁口时，先将锁母套在冲洗管上，把锁口拔销的一面塞进便器入水口，然后用锁母锁紧。锁口拔销的地方和锁母处都应加橡胶垫。

2. 洗脸盆常见故障及检修方法

（1）洗脸盆排水栓漏水原因是根母拧得不紧，脸盆托架不稳或脸盆使用时晃动。检修时，常需将排水栓拆下来重新安装，并需将脸盆和托架固定稳妥。

拆卸使用很久的排水栓是比较困难的。为了不损伤脸盆，需要将脸盆取下来，此时应锯断排水栓。

装新排水栓时，最好用塑料排水栓，在上部的橡胶垫，最好用三角形的成型橡胶垫，不使用腻子也能保证接口很严密；在没有成型橡胶垫时需用麻丝或腻子缠于排水栓的上部，作为密封材料。脸盆下部的胶垫可用橡胶板剪制。橡胶板垫下面需加铁垫圈，以免在拧转根母时橡胶板垫转动，影响密封效果。安装时，还需注意勿使填料封住排水栓侧面的孔眼，并使此孔眼对准从脸盆上面返下来的溢流孔。排水栓装好后，可用橡胶塞堵住，经试水不漏时，即可将脸盆装于托架上，把存水弯上节装入排水栓口上，下节插进排水管，调好存水弯位置以后，在活接处加垫锁紧。在存水弯与排水管接合处，需用麻刀灰糊住，以免从此处落入异物。

（2）洗脸盆水嘴漏水或关不严盖母漏水及水嘴关不严或关不住的原因和修理方法在以后的内容中详细介绍；锁母漏水原因见水箱锁母漏水部分。应注意在检修脸盆水嘴时（换水嘴的情况除外），不能使水嘴转动。因为水嘴转动时容易将脸盆碰伤，在使用中使锁母处漏水。

换水嘴时，为了防止水嘴转动损伤脸盆，需用扳手从脸盆上部扳住水嘴，并用特制的弯把扳手在脸盆下面拆卸水嘴锁母和根母。

遇到拆卸不动的情况时，可以先拆开三角阀处的锁母，即可将脸盆连同脸盆存水弯一起从托架上搬下来，在地面上进行拆卸；如不好拆时，可在螺纹上喷刷缓释剂，使缓释剂浸透到螺纹中（大约需0.5～1h）再行拆卸；对确实无法拆下来的水嘴，可将水嘴锯断。

装水嘴时，凡水嘴与脸盆相接触的地方，均需用橡胶垫垫好（脸盆上面一个，下面一个），用弯把扳手把根母和锁母拧紧。以免下面锁母锁母与小管连接，需用橡胶圈或细石棉绳作填料并填好。

(3) 洗脸盆损伤 脸盆损坏多因使用不当造成。如在脸盆上放搓板洗衣服，挂的硬物掉下打坏脸盆。对脸盆损伤轻者，可用水泥砂浆或环氧树脂粘糊；对脸盆损伤重者和要求美观的场合，需更换脸盆。

更换脸盆时，最好用规格相同的脸盆，以免给安装工作造成麻烦。按上面介绍的方法，先将排水栓装好，也可将水嘴预先装在脸盆上。把脸盆装在托架上后，再进行其他的安装工作。

(4) 脸盆不下水或底部冒水。

1) 脸盆不下水的原因是排水栓处落入了肥皂碎块、棉丝、布条或头发等异物，可用揣子进行疏通。为了增加揣子的揣抽力量，可以将脸盆上面的溢流孔临时用破布堵住，把脸盆揣通后，再将破布除去。揣不通时，可用扳手拆开存水弯下部所设的丝堵，用铁线进行疏通；遇到丝堵拆卸不动或拆开后用铁线疏通仍不见效时，还可拆开存水弯活接头，或拆下存水弯进行检修。

2) 脸盆底部冒水即存水弯与排水管接口处冒水。此处冒水故障不在存水弯以上部分，而是在存水弯以下的管道。如果只是排水管（竖向的）被堵塞，只要脸盆放水，水即从底部全部（或部分）冒出。如果排水横管（或排水立管）被堵塞，整个卫生间卫生器具的污水就会从器具底部冒出来。

根据现场分析，如属后种情况，可按大便器堵塞的检修方法进行检修。如属前一种情况，可按下述方法进行检修。

先用揣子揣脸盆的排水栓处，不见效时，需将脸盆和存水弯从脸盆托架上取下来（取前需拆开三角阀锁母），再用揣子揣排水管。仍不见效时可用胶管接上水源，用强力将异物冲入排水干管中，使排水管畅通。

3. 小便器常见故障及检修方法

(1) 小便器不下水或底部冒水尿碱将存水弯堵塞，或是使用不当造成，如往小便器中倒烟灰等异物。先用揣子进行疏通，如不通时需把存水弯卸下来，将存水弯活接头打开，放在水池中一边冲洗，一边用铁线或小木棒进行疏通。已经不能用的存水弯需进行更换。

装存水弯前，应在小便器出水管外部缠以适量的麻丝和腻子，然后将存水弯承口插在出水口上面；存水弯与排水管接口处，用麻刀灰抹住。小便器底部冒水的处理可参照脸盆底部冒水的处理方法。

(2) 存水弯漏水从表面看是存水弯丝堵处滴水或漏水，但实际上多数情况均是存水弯承口处的接口或活接处漏水，漏水顺着存水弯流至丝堵，由丝堵往下滴水。检修时应从漏水的根源进行检修。如属承口接口处漏水，应在承口处填加填料；如属活接漏水，应将活接紧一下（必要时，应换活接的填料）。

实践表明，只要便器下部的排水不畅通时，存水弯就容易产生漏水现象。所以，在发现存水弯有漏水现象时，应根据具体情况，采取相应的措施进行检修。

(3) 三角阀不严或关不住，修理三角阀时，应根据具体情况换垫（或塑料芯），换阀杆或三角阀等。

6.2.3.4 冲洗设备

冲洗设备用于冲洗大、小便器具，能将器具中的污物冲走，保持器具清洁，消除厕所臭气，所以冲洗设备必须具有足够的水量和水压，在耗水量少的情况下，保证便器冲洗干净，同时，也是为了使便器不与给水管道直接相连，以防给水管道受到回流污染。常用的冲洗设备有冲洗水箱。

冲洗水箱按冲洗水力原理分为冲洗式和虹洗式；按启动方式分为手动和自动；按安装位置分为高水箱和低水箱两种。虹洗式冲洗水箱冲洗能力强，构造简单，可以自动控制，因此应用广泛。

1. 手动冲洗水箱

如图6.36所示为手动冲洗水箱构造图。低水箱坐式大便器中的低水箱就属于手动冲洗水箱，水箱外壳由陶瓷制成，内装浮球阀、橡胶球阀、溢流管、扳手及导向管装置等。使用时把低水箱正面左上角的水箱扳手由右向左进行扳动，由于扳手同杠杆相连，所以橡胶球阀沿导杆被提起；水箱内原来贮存着的水立即通过水箱底部的出水口进入冲洗管，当水箱内水快流完时，橡胶球阀就沿着导向杆下落到阀座上，这样，冲洗管的进水口被切断，停止冲洗。这种水箱常因扳动扳手时用力过猛而使橡胶球阀与水箱出水口错位，造成关闭不严而引起水箱漏水。

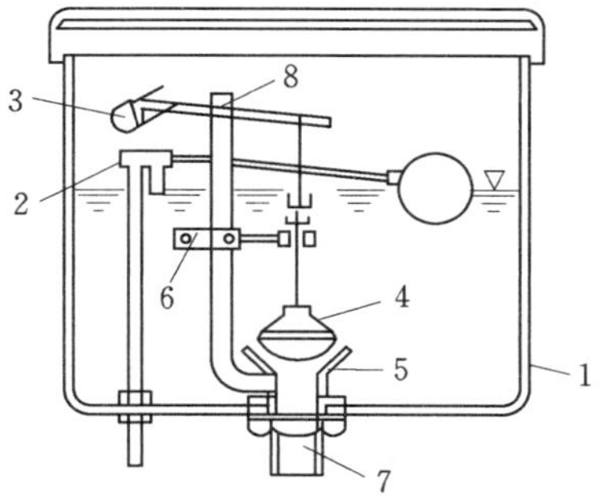

图6.36　手动冲洗水箱构造图
1—水箱；2—浮球阀；3—扳手；4—橡胶球阀；5—阀座；6—导向装置；7—冲洗管；8—溢流管

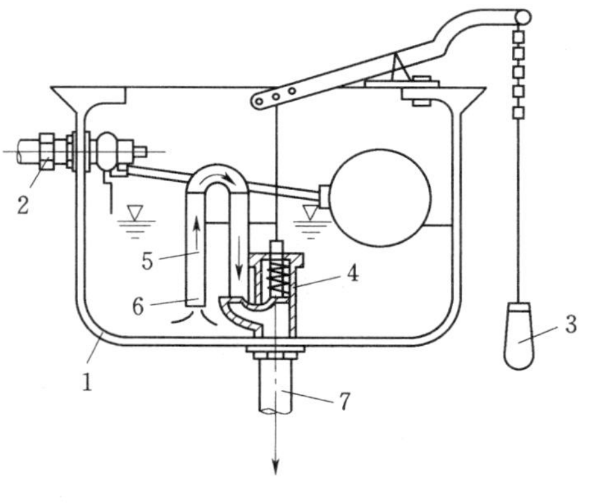

图6.37　手拉虹吸冲洗水箱构造图
1—水箱；2—浮球阀；3—拉链；4—弹簧阀；5—虹吸管；6—$\phi5$小孔；7—冲洗管

如图6.37所示为手拉虹吸冲洗水箱构造图，它由水箱、浮球阀、弹簧阀、虹吸管和冲洗管等组成，用于大便槽和小便槽上的冲洗。其作用原理是：使用时拉动拉链，将弹簧阀提起，虹吸管内的水由出水口流出并迅速下流至冲洗管产生吸力，使虹吸管中的空气被吸走，造成真空，产生虹吸；当松开拉链，使弹簧阀复原，而水箱内的水仍按图中箭头方向经虹吸管流入冲洗管。当水位下降至小孔以下时，浮球阀的出水口由于口径很小，还来不及把水箱里的水充满，这时有一部分空气通过小孔及虹吸管口进入虹吸管内，使得虹吸作用被破坏，造成水源切断，停止冲洗。这种水箱常因弹簧阀的弹簧锈蚀，使阀门关闭不严，引起水箱漏水。

2. 自动冲洗水箱

如图6.38所示为皮膜式自动冲洗水箱构造图。它是由水箱、进水调节阀和带皮膜的虹吸管等组成。这种水箱能自动定时冲洗大便槽和小便槽，无需人们去启动。当水箱中水位上升时，水通过胆上小孔慢慢流入虹吸管。当水位上升到虹吸管顶时，胆内产生虹吸，皮膜上压力降低，于是水就顶开皮膜，在皮膜下面沿着冲洗管流下去冲洗器具，直至水箱中水近于放完时，皮膜被吸回到原来的位置，紧闭冲洗管上口，由于水源切断，冲洗管停止冲洗，水箱内重新充水，就这样循环不止地自动工作。

水箱的冲洗间隔时间视厕所使用情况而定，通常 5～15min 不等。可用调节阀来控制进水的流量，当无人使用厕所时，水箱的进水可以关闭。

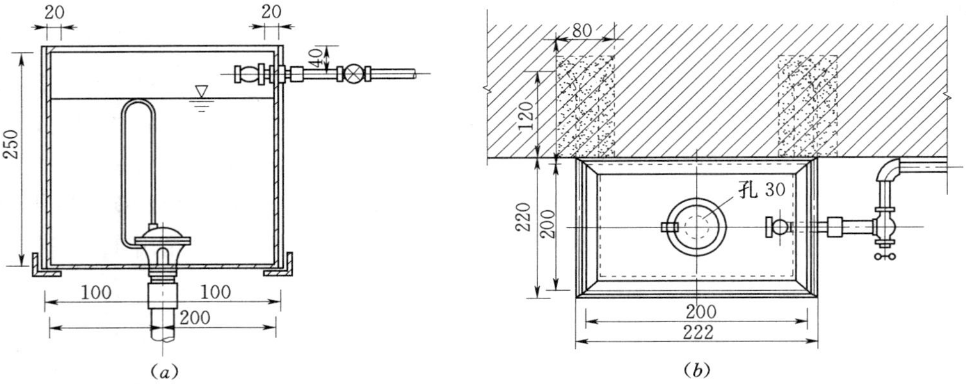

图 6.38　自动冲洗水箱
(a) 立面图；(b) 平面图

3. 水箱的常见故障检修方法

(1) 拉杆的铜丝（或铁丝）及尼龙绳断开。当拉杆铜丝（或铁丝）及尼龙绳断开后，即使水箱中有水拉拽拉链或扳动扳手，水箱的水也流不下来。检修时，应接好铜丝（或铁丝）及尼龙绳即可恢复使用。

(2) 浮球失灵。浮球失灵后，浮球阀始终向水箱中流水，常导致水箱向外溢水或弹簧阀向便器流水，对高位水箱还可能产生自泄。

1) 浮球杆与浮球阀脱开，原因是销子折断或窜出，应将销子整修好。

2) 浮球杆折断，原因是浮球杆泡在水中受到严重腐蚀，检修时需换浮球杆。

3) 浮球与浮球杆相连接的部位折断，原因是浮球杆弯曲不当，使水箱中零件与拉杆经常相互碰撞。检修时除需要更换浮球杆外，还应调整浮球杆的弯曲程度，避免用户在拉拉杆时，使水箱中的零件与浮球相碰撞。

4) 浮球杆和浮球杆座的连接螺纹有滑扣现象，原因是连接时拧得不紧，或螺纹确实滑扣。对前一种情况应拧紧，对后一种情况应更换相应的零件。

浮球被浸没在水箱的水中，原因是浮球杆座与浮球阀在连接处发生干涉。其原因可能是后配上去的浮球杆座厚或浮球杆弯曲的形状不合适。属于前者时，应将浮球杆座取下来用锉刀进行锉削或用砂轮磨削，座减薄一些。属于后者时，应将浮球杆的弯曲形状调整好。

(3) 浮球杆高度不合适。当浮球杆定得过低，会使水箱里的水量不箱装的是塑料虹吸管时（指高位水箱），会产生水箱不下水的故障。遇到上述情况，应将浮球杆适当调整得高一点。

当浮球杆定得过高，如果是低位水箱，则有水通过溢流管流入便器或从水箱上面溢水的故障；如果是高位水箱，则有水通过虹吸管流入便器或从水箱上面溢水，甚至产生水箱自泄的故障。遇到上述情况时，应将浮球杆适当调低一些。

（4）浮球阀不严。当浮球阀不严时，虽然浮球已上升到最高点，但浮球阀仍然往水箱中滴水或流水，会出现与浮球杆定得高时相同的弊病。

产生这种故障的原因是浮球阀芯橡胶垫被腐蚀和变薄。检修时，先关闭水表前阀门，然后将浮球阀帽拆下来，取出阀芯，更换阀芯上的橡胶垫。当遇到阀芯上嵌橡胶垫的凹槽已被腐蚀坏时，应更换阀芯。

（5）浮球阀不出水。浮球阀不出水，水箱里就无水。检查水箱时，如浮球处在最高点，用手一触浮球能下落并见水，这是浮球杆座与浮球阀在连接处干涉，可按前面介绍的方法进行检修。如浮球处在最低点，用手将浮球提上来，阀芯能在浮球阀中自由活动，这时浮球阀进水口被堵住，需把水表前阀门关闭，用200mm或150mm小管钳子把浮球阀帽卸下来，取出阀芯，用细铁丝疏通进水口，再用拇指堵在浮球阀上，试开水表前阀门。如果仍未通开，将水表前阀门关小后继续进行疏通；如果已经通畅，需将表前阀门关住，把阀芯和其他零件都一一装好后，再打开水表前阀门。

当用手触动浮球时，浮球不动或觉得不灵活，是因为阀芯锈在浮球阀内或阀芯在浮球阀中发涩。检修时需将水表前阀门关闭，将浮球阀帽卸掉，用剪刀清理一下阀芯，然后拆下销子和浮球杆座，用2mm左右的铁线弯出钩来，一点点地把阀芯从浮球阀中勾出，用砂布擦一擦阀芯，然后再按相反的顺序将浮球阀装好即可以使用。

（6）换浮球阀检修浮球阀锁母时，容易将插销子用的浮球阀与浮球杆座连接处的小爪碰折，使浮球阀不能再用。另外当需要换阀芯或浮球杆座等零件时，所备的零件不合适（经整修也不合适），需换浮球阀。换浮球阀时需将旧浮球阀拆下来，如果有锁母和根母时，应先拆开锁母，然后松开根母，将旧浮球阀从水箱内抽出来。如果不好拆时，为了保护水箱不受损坏，可以从根母处将浮球阀锯断取出。

换新浮球阀最好用塑料浮球阀，因为使用这种浮球阀不但可以节约费用，结构也比较简单、好用，并且塑料不生锈，检修时拆卸方便。安装时，将浮球阀从水箱内取出来，需要加根母和锁母时，在水箱外面进行。浮球阀与水箱相接触的两侧要加橡胶垫，以免损伤水箱和漏水。

（7）浮球阀锁母漏水浮球阀锁母漏水的原因是水箱不稳（严重的水箱脱离墙面），撞击浮球阀，锁母用的橡胶垫使用时间过长，失去弹性。如果属前种情况，应先将水箱固定好，再修锁母漏水的故障，否则锁母仍会漏水。如属于后种情况，需将锁母用扳手拧开，除掉旧橡胶垫，换上新橡胶垫，再将锁母拧紧即可；对于用石棉绳作填料的，应除掉旧石棉绳，换上适量的新石棉绳，再将锁母拧紧即可。

（8）弹簧塞阀和橡胶塞阀阀座不严橡胶塞（指低位水箱）或弹簧塞（指高位水箱）被腐蚀、老化，需更换橡胶塞或弹簧塞。对高位水箱来说，还有弹簧失效或折断的情况，需更换弹簧。

阀座由于在制造或使用过程中出现缺陷（不平或有划痕），因而与橡胶塞（或弹簧塞）接触不良，产生漏水现象。在此情况下需更换阀座。

更换阀座应尽量使用塑料高位水箱虹吸管或低位水箱阀座。当旧阀座拆不下来时，应将阀座锯断。安装阀座时，要按锁母、根母、铁垫圈，橡胶垫圈的顺序把它们套进冲洗管，再将阀座加好橡胶垫从水箱内插进冲洗管，用根母把阀座固紧在水箱上以后，旋紧锁母。锁母中如没有成型橡胶圈时，需在阀座与冲洗管连接处缠以细石棉绳。

装塑料阀座时，必须将根母及锁母与阀座的螺纹对正，紧度不可过大，否则将使螺纹产生滑扣现象，以致使整个阀座报废。

（9）水箱不稳与水箱膨胀螺栓装得浅或膨胀不紧有关，或检修时间相隔过长或交付使用后始终未检修过。水箱发生故障以后，得不到及时的检修，用户使用时水箱无水，便反复用力拉，年久失修腐蚀严重的膨胀螺栓螺母因水箱晃动而脱落或将膨胀螺栓拔出墙面。

如果只是水箱内膨胀螺栓腐蚀，需把膨胀螺栓杆换新，再拧紧即可。如整套膨胀螺栓腐蚀，应在下面托住水箱，将腐蚀的膨胀螺栓取下来，换上新的膨胀螺栓，再把水箱固定好。应注意，不得用铁线勒紧或不卸下水箱直接用木楔坚固水箱。否则水箱的稳固时间维持不了多久，并在以后的使用中，容易将水箱搞坏。

（10）水箱损坏水箱有细微裂纹时，可将水箱里的水暂时放掉，然后用胶布粘住，再在胶布外面涂一层环氧树脂，经24h以后，才可以放水使用。当水箱损坏严重时，就需要更换水箱。在拆除坏水箱时，应在大便器上面用木板等物遮住大便器，以免碎片落入大便器下水口或将大便器砸伤。

学习情境6.3　泵房的管理与维护

水泵是将电动机能量传递给水（或其他液体）的一种水力机械，也是提升和输送水（或其他液体）的重要工具。它把原动机的机械能转化为被输送液体的能量，使液体获得动能或势能。在给水系统中，从水源取水到清水输送都是由水泵来完成的。水泵有多种类型，给水工程中常用的是单级离心泵。

6.3.1　离心水泵的基本构造和工作原理

1. 离心水泵的基本构造

离心泵具有结构简单，体积小，效率高，供水均匀，流量和扬程在一定范围内可以调节等优点。它的主要工作部分有叶轮、泵壳、泵轴、轴承和填料函，如图6.39所示。

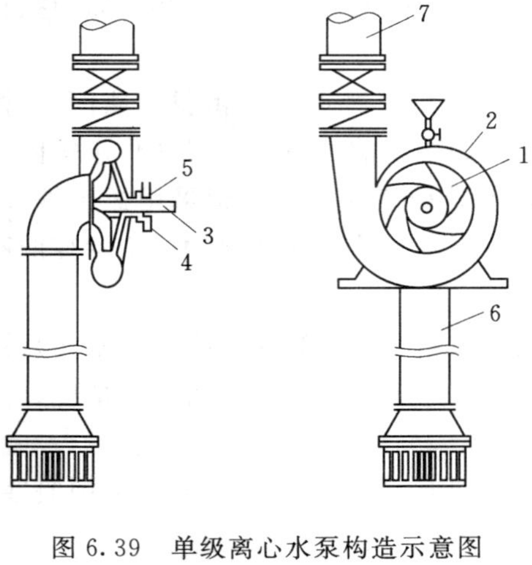

图6.39　单级离心水泵构造示意图

1—叶轮；2—泵壳；3—泵轴；4—轴承；5—填料函；6—吸水管；7—压水管

（1）泵体。泵体又称泵壳，形状为涡壳状。作用是将水引入叶轮，然后将叶轮流出的水汇集起来，引向压水管。泵壳还将所有固定部分连成一体，支持轴承架。泵壳顶端设有排气孔，以备水泵启动灌水时排除壳体内的空气或接真空泵抽空气之用。泵壳底部设有排水孔，必要时用来放空存水。泵壳借助于本体上的进、出水口法兰接头分别连接吸水管和压水管。

（2）叶轮。叶轮是离心泵的主要部件，固定在泵轴上，叶轮上的叶片一般为2～12片。水泵的工作性能同叶轮及叶片形状有密切关系，增加叶轮数量可以增大水泵扬程。

（3）泵轴。泵轴用来带动叶轮旋转，它是将电动机能量传递给叶轮的主要部件，泵轴的一端与叶轮连接，另一端以联轴器与电动机轴连接。

（4）轴承。轴承用来支撑泵轴，以便于泵轴旋转，轴承用油脂或润滑油进行润滑。

（5）填料函。为防止泵体内的水漏到泵体外或泵体外空气进入泵内，在泵轴贯穿泵壳处应装设密封装置，称之为填料函。

填料主要起密封作用，常用石棉绳和棉线绳编成。填料受到一定磨损或硬化后应及时更换。为使填料堵压得紧些，在填料外加一压盖，压盖套在泵轴上，用螺栓收紧。

2. 离心泵的工作原理

离心泵是利用叶轮旋转产生的离心力进行工作的。水泵在启动前，应先将泵壳和吸水管灌满水，或用真空泵抽气。充满水后，再驱动电动机，使叶轮带动水作高速旋转。水在离心力的作用下甩向轮外缘，经泵壳中的流道流入水泵的压水管而输送出去。水被甩出后，在叶轮进口处形成真空，吸水池的水在大气压力的作用下，沿吸水管被吸进叶轮，依靠叶轮不停地旋转，水不断甩出，又不断地得以补充。这样，水就源源不断地被输送出去，这就是离心泵的工作原理。如图6.40所示。

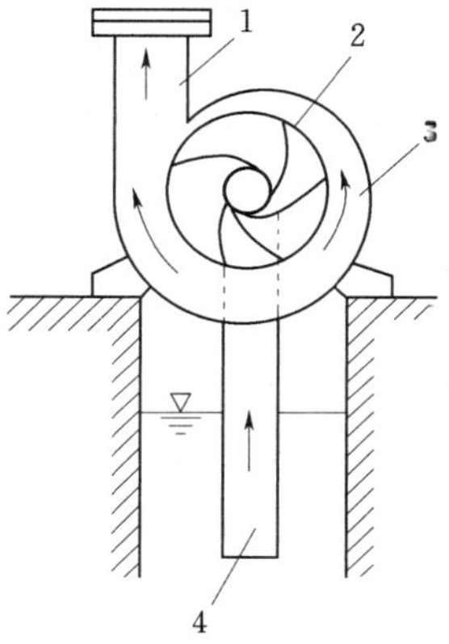

图6.40　离心泵工作原理
1—压水管；2—叶轮；3—泵壳；4—吸水管

6.3.2　离心水泵的基本参数

离心泵的基本参数反映了水泵的主要性能，如扬程、流量、功率与效率、转速和允许吸上真空高度等，这些数据都标在水泵的铭牌上。

1. 扬程

单位重量的水通过水泵后所获得的能量，也就是泵出口总水头与进口总水头之差，用 H 表示，其单位为m，即

$$H=Z_2-Z_1 \tag{6-2}$$

式中：Z_1 为水泵进口总水头；Z_2 为水泵出口总水头。

2. 流量

水泵在单位时间内所输送的液体体积，称为水泵的流量，用符号 Q 表示，单位为 m^3/h 或 L/s、m^3/s。

3. 转数

转数又称转速，是指水泵叶轮每分钟旋转的次数，单位为r/min。常用转数有2900r/min、1450r/min、980r/min、750r/min。选用电动机时，电动机的转速必须与水泵的转速一致。

4. 功率与效率

水泵的功率是指水泵在单位时间内所做的功，也就是单位时间内通过水泵的液体所获得的能量，用符号 N 表示，单位为kW。水泵的这个功率称为有效功率。

电动机传递给水泵轴的功率称为轴功率，轴功率大于有效功率，用符号 $N_{轴}$ 表示，轴功率除包括水泵的有效功率外，还包括水泵在运转过程中由于各种原因损失的功率。

水泵的效率就是水泵的有效功率与轴功率的比值，用符号 η 表示，即

$$\eta=N/N_{轴}\times100\% \tag{6-3}$$

从上面的关系可以看出，泵的效率越高，说明泵所做的有效功率越大，损耗的功率越

小，水泵的效能越高，因此，效率是评价水泵性能好坏的一个重要参数。

水泵铭牌上的配套功率是电动机的功率，用符号 N 机表示。配套功率比水泵的轴功率还要大一些，它们之间的比值称为备用系数，用 K 表示，K 值一般取 1.15～1.5，即

$$N_{机}=KN_{轴}=KN/\eta \tag{6-4}$$

5. 允许吸上真空高度

为了防止发生气蚀现象，每一台水泵有一个允许吸上真空高度，它是由实验求出的，指在一个标准大气压、水温为 20℃时水泵进口处允许达到的最大真空值（真空度），用符号 H_s 表示，此值通常标在铭牌上。使用水泵时，泵进口处的真空度不能超过此值。

由于使用水泵时往往不是在一个标准大气压和水温 20℃的条件下运转，而水在不同压力和不同温度下有不同的汽化压力，因此就有不同的允许吸上真空高度，所以必须根据实际情况对真空高度强进行修正。

6.3.3　离心水泵的引水设备

离心式水泵的工作是建立在水流连续的基础上的，因此水泵在启动前必须使泵壳和吸水管充满水。当泵轴的位置在吸水池水面以下时，水泵处于自灌状态，只要将泵壳顶上的排气阀打开，把空气排出，泵壳及吸水管即可灌满水。当泵轴的位置高于吸水池水面时，即非自灌状态时，必须设置引水设备。常用的引水装置有以下几种。

1. 有底阀引水

离心水泵吸水管直径在 300mm 以下时，可以采用底阀灌水启动。此法的缺点是水头损失较大，并需经常清洗和修理。

（1）压力水管引水。离心水泵启动前的充水，可由旁边的压力水管接入。水泵吸水管较短时，也可由水泵出水管接出的旁通管注入，如图 6.41 所示。先关闭阀门 1，打开阀门 2 和排气阀 3，压力水流入泵壳和吸水管中。由于底阀是关闭的，水逐渐灌满泵壳和吸水管，使空气排出，直到排气阀 3 有水出来，这时将阀门 3 和阀门 2 关闭，就可启动水泵把池水吸上来。

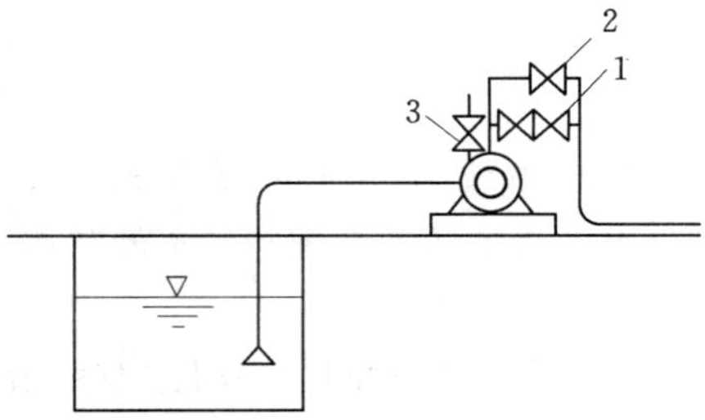

图 6.41　启动前水泵的灌水排气

1—切断阀；2—旁通阀；3—排气阀

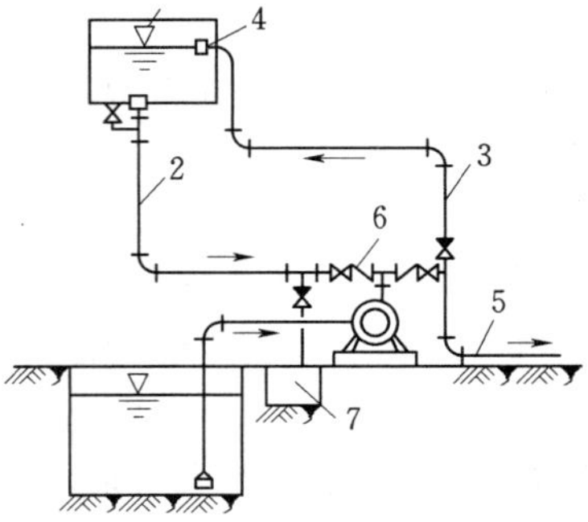

图 6.42　高架水箱灌水

1—水箱；2—水箱出水管；3—压力水管；4—浮球阀；5—出水管；6—止回阀；7—集水坑

（2）高架水箱灌水。当吸水管较短，所需注入水量不多时，可采用高架水箱灌水，如图 6.42 所示，它一般适用于无管理的小型泵送站。这一装置是将有压力的水管接到高架

水箱，水箱满时浮球阀浮起，停止进水。在水箱底部有出水管接到水泵，使得泵壳和吸水管里灌满水。

2. 无底阀引水

（1）真空泵引水。当吸水管较长或管径较大时，经常采用真空泵引水的方法。其优点是启动迅速，效率较高，适用于启动各种型号的水泵。其工作原理是依靠真空泵的运行在泵壳内造成真空，吸水池的水在大气压的作用下进入泵体，使泵壳和吸水管充水。

（2）水射器引水。水射器引水是利用压力水通过水射器喷嘴处产生高速水流，使喉管进口处形成真空的原理将泵内的空气抽走。水射器接在泵房的压力管路上，水射器的吸水管应连接于水泵的最高点，当水射器开始带出被吸水时就可启动水泵，如图6.43所示。

水射器具有结构简单，占地少，安装方便，工作可靠和维修简单等优点，是一种常用的引水设备。缺点是效率较低，并需供给大量的高压水。

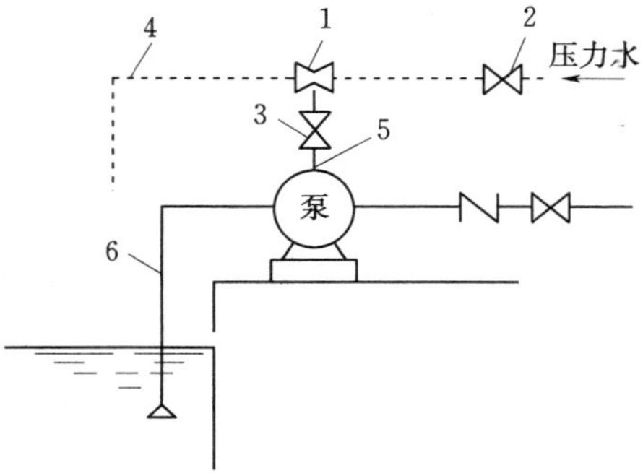

图6.43　水射器引水

1—水射器；2—阀门；3—阀门；4—排水管；5—抽气管；6—吸水管

6.3.4　离心水泵的布置

1. 水泵机组的布置

（1）水泵机组的布置形式。水泵房内水泵机组的平面布置基本上有以下三种形式：

1）横向排列。数台水泵横向排成一列，其优点是泵房跨度小，敷设管线较短，管配件简单，管路便于连接；缺点是水泵房的长度较长，建筑造价高，如图6.44所示。

2）纵向排列。其水泵机组布置得比较紧凑，管线便于安装，也便于操作，占用面积较横向排列稍小些；缺点是所需配件尤其是弯头较多，水力条件较差，泵房跨度大，如图6.45所示。

3）双行排列。双行排列优点是水泵机组布置紧凑，管道可布置在泵房两侧，不需要横穿泵房，通道较宽敞，便于维修，所占面积最小；缺点是管线走向复杂，所需配件较多，泵房跨度较大，如图6.46所示。

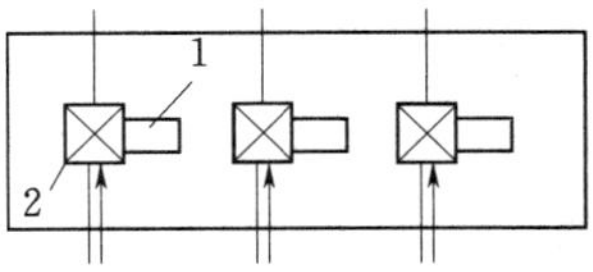

图6.44　矩形泵站内机组横向排列

1—电动机；2—水泵

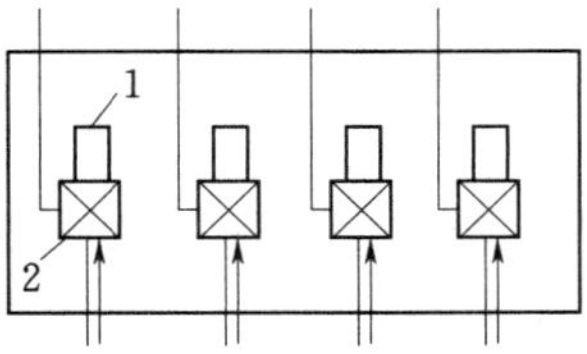

图6.45　矩形泵站内机组纵向排列

1—电动机；2—水泵

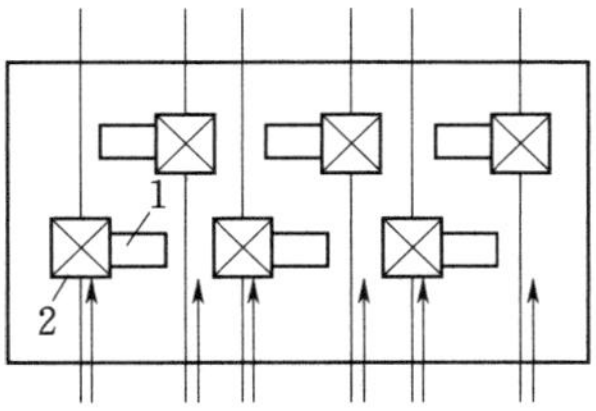

图6.46　矩形泵站内机组双行排列

1—电动机；2—水泵

（2）水泵的运行方式。在实际工作中，为了增加系统中水流量和提高扬程，有时需要两台或两台以上的水泵联合运行。水泵的联合运行可分为并联和串联两种。

1）水泵的串联。水泵的串联运行如图6.47所示，就是将第一台水泵的压水管与第二台水泵的吸水管相连接，水由第一台泵吸入，立即转输给第二台泵，再由第二台泵输送到用水点，这种运行方式，称为水泵的串联运行。

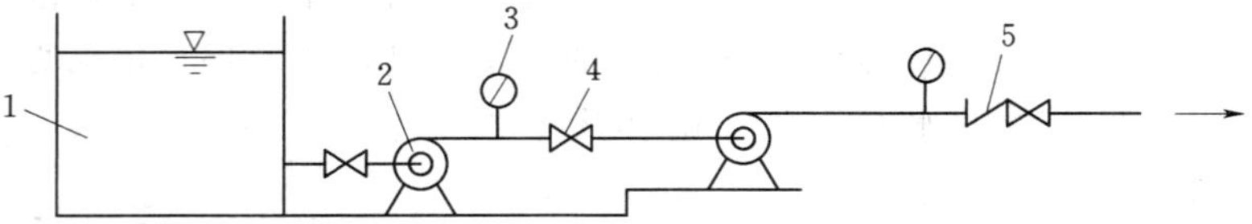

图6.47　水泵的串联运行图

1—水池；2—水泵；3—压力表；4—闸阀；5—止回阀

水泵的串联运行可提高扬程，使通过水泵的水压力升得更高，满足系统中用户的使用要求。

2）水泵的并联。水泵的并联运行如图6.48所示，就是用两台或两台以上的水泵向同一压水管路供水。这种运行方式，在同一扬程的情况下，可以获得较单机工作时大的流量，而且当系统中需要的流量较小时，可以停开一台，进行调节，使运行费用降低。

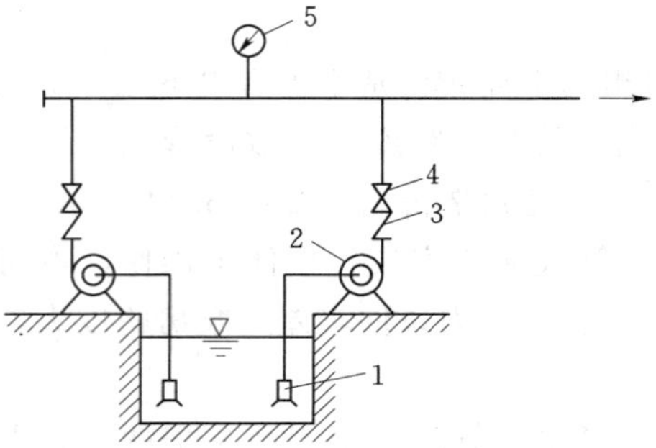

图6.48　水泵的并联示意图

1—底阀；2—水泵；3—止回阀；4—闸阀；5—压力表

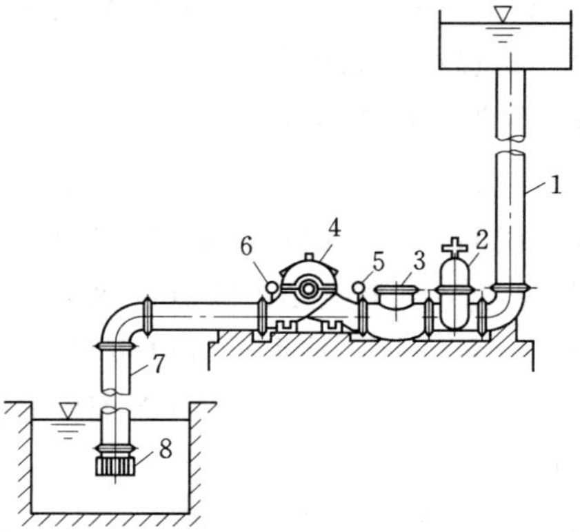

图6.49　离心水泵管路与附件

1—压水管；2—闸阀；3—止回阀；4—水泵；5—压力表；6—真空表；7—吸水管；8—滤网和底阀

2. 安装管道注意事项

(1) 管路的布置安装。水泵吸水管和出水管布置与安装的好坏直接影响水泵的正常使用，如果布置不合理，安装不正确，接头不严密，水泵的流量就会降低，运行不稳定，因此必须重视水泵管路的布置和安装。如图6.49所示为离心水泵管路与附件的安装示意图。

(2) 泵站内管道敷设注意事项。

1）泵站内的管道可以采用钢管或铸铁管，管道与水泵进出管的连接，与闸门和逆止阀的连接管皆采用法兰连接，其他采用焊接，泵站内不采用承插连接，因检修困难。

2）埋深较大的地下式泵房和一级泵房的吸、压水管道沿地面敷设，地面式泵房或埋深较浅的泵房宜采用管沟内敷设管道，可使泵房简洁，管理方便，维修场地宽敞。

3）互相平行敷设的管道，其净距应在400～500mm以上。闸门、逆止阀管道转弯处应设置承重支墩，以防止管件自重及水流作用所引起的作用力传至泵体，引起泵轴扭曲而损坏。

4）架空管道应安装于沿壁的支墩上，管底距地面不得小于2.0m，不得安装在电气设备之上。

5）管道不得穿越机组基础及柱子，当穿越地下泵房的墙壁及吸水池壁时，应做好穿墙钢套管，以防漏水。

6）水泵吸水管一般采用一泵一管，即每台水泵单独设吸水管。吸水管要短，长度不宜超过50m，尽量少转弯，以减少管路水头损失。为防止吸水管内存有空气，吸水管的水平部分应有不小于0.005沿水流方向上升的坡度。

6.3.5 水泵的运行与管理

要维护管理好泵站，必须了解泵站内各种设备的性能，熟悉其操作管理技术，严格执行岗位责任制和安全技术操作规程。

（1）水泵的运行与维护。

1）水泵的启动。

a. 运行前准备。仔细检查设备各部分情况是否正常，如轴承中润滑油是否量够质好；出水阀、压力表及真空表上的旋塞位置是否合适；供配电设备是否完好等。

b. 盘车。用手转动机组的联轴器，检查其转动是否灵活，有无异常声响。目的是为了检查水泵及电动机有无异常情况，如转动零件松脱后卡住，杂物堵塞，填料过紧或过松，轴承缺油及轴承弯曲变形等问题。

c. 水泵引水。打开吸水管阀门，关闭出水管阀门或启动真空泵，以排除泵壳及吸水管内的空气，在水泵吸入口处造成抽吸液体所必须的真空值。观察水泵顶上的抽气管，若抽气管中已有液体，说明注水成功。

d. 水泵的启动准备就绪后，启动电动机，使水泵运转。稳定后，打开真空表和压力表上的阀门，并注意其读数是否上升，当压力表读数上升至水泵零流量时的空转扬程，表明水泵已经上压，可逐渐开启出水阀，此时压力表读数徐徐下降，电流表读数逐渐上升，到达正常运行数值后，使出水阀门全开，水泵启动工作完毕。

2）水泵运行中的维护与管理。水泵在运行过程中，应经常检查有无下列不正常现象出现，若有，应及时查找原因，进行修理，严重时，要立即停泵检修，以免损坏机组或发生事故。

a. 水泵机组有无不正常的噪声或振动。

b. 检查各个仪表工作是否正常、稳定若电流指针突然升高又剧烈摆动，应立即切断电源和停泵以免发生烧坏电动机的严重事故。若电流表读数超过额定电流，可能是由于叶轮被杂物上下卡住、轴承损坏，密封环互摩、电网中电压降太大等原因引起的；反之可能由于吸水底阀或出水闸阀未打开或开度不足、水泵气蚀或进气等原因，导致电流表读数过小。无论电流过大或过小，均应及时停泵检查。

c. 以填料处滴水量反映其松紧度滴水呈滴状连续渗出为适度。若填料处发热不滴水，则填料压得过紧；若填料处漏水很多或进气，则填料可能过松，可通过填料压盖螺栓来控制滴水量。

d. 检查泵与电动机的轴承和机壳温升轴承温升一般不得超过周围温度35℃，最高不超过75℃。如感到烫手不能多摸时，应停泵检查。注意油位是否太低，油环是否转动灵活，填料压盖是否正常，水封冷却水是否适量，螺栓是否松动等。

e. 按规章制度，定时巡视，并记录水泵的流量、扬程、电流、电压、功率因数等有关技术数据。

3）水泵的停车停泵时，缓缓关闭出水闸阀，待阀门全闭后，切断电源停泵。关闭真空表及压力表上的阀门，擦净泵和电动机表面的水和油。

（2）离心泵的检修。为使水泵能高效率地安全运转，除进行一些经常性的维护管理外，水泵应进行定期检修。定期检修的时间和内容，视水泵每天运行的时数，其构造和经常性维护情况而定。

对于离心泵的检修，如平时运转正常，在定期检查时，则仅检查轴、轴承和填料，并更换轴承润滑油，检查靠背轮的间隙是否适当，以及外部情况是否良好即可。不必拆开整个水泵。

水泵在工作一段相当长的时间后，运转和固定部件接触部分都会磨损，连接部分也会松动，故水泵在用过之后或抽水终了时，应作一次全面的检查。检查时将水泵拆开，查看轴承内有无磨损、腐蚀现象；叶轮上有无裂痕；固定叶轮的螺帽有无松动；滚珠轴承有无足够的润滑油；填料是否完好或应更换；轴承有无弯曲损坏及叶轮平衡情况是否良好等。机件如有损坏或磨损，应进行修理或更换。

（3）水泵的运行故障与排除方法。水泵运行时，所发生故障的现象、产生原因及排除方法见表6.7。

表6.7　　水泵的运行故障与排除方法

故障现象	形成原因	排除方法
水泵吸不上水	启动前未灌水或灌水不足，真空泵抽不成真空	大量灌水
	不泵转向不对	对换一根接线，改变转向
	吸水管漏气或存有气泡，使真空度不够	堵塞漏气处
	底阀堵塞或漏水	清理杂物或修理
	水泵转速太低	检查电路，是否电压太低
泵不吸水，真空表读数过大	水面产生漩涡，空气带入泵内	加大吸水口淹没深度或采取防止措施
	吸水阀门未开或阀门转轴锈住	检查修整或更换阀门
	叶轮进水口及流道堵塞	清洗水管
	吸程太高，水泵安装太高	核算吸水高度，必要时降低水泵安装高度
水泵压出口压力表指示有压力，但水泵不出水	出水管阻力太大	检查清洗并截短出水管段长度
	水泵叶轮堵塞	取下吸水管接头，疏通叶轮
	泵转数不够	增加水泵的转数
水泵出水量过小，出水不畅	叶轮进水口被杂物堵塞	清除水泵进水口杂物
	叶轮破损	修理或更换叶轮
	吸水底阀堵塞	疏通阀门
	吸水管接头不严密	拧紧吸水管接头

续表

故障现象	形成原因	排除方法
水泵轴功率过大	填料函压得过紧，填料发热	放松填料函或重新安装填料
	水泵叶轮损坏	更换叶轮
	水泵供水量过大	关小出水闸阀，降低流量
水泵响声异常，泵不上水	流量过大	增加压水管阻力以降低流量
	吸水管阻力太大	检查修理吸水管及底阀
	吸水管有空气渗入	堵塞漏气处
	水温过高	降低水温
水泵机组振动和噪声过大	安装不良，水泵与电动机的同轴度相差大	找正水泵与电动机的同轴度
	泵轴弯曲	修理或更换水泵轴
	叶轮或平衡盘歪斜	修理或更换叶轮或平衡盘
	水泵产生气蚀	降低吸水高度，减少水头损失
	轴承损坏及磨损	更换轴承
	基础松软	加固基础
	地脚螺栓松动或未填实	拧紧并填实地脚螺栓
	泵内有严重磨损	检查咬住部分
	出水管存留空气	在存留空气片加装排气阀
轴承过热	轴承缺油或太多（使用黄油时）	按规定油面加油，去掉多余黄油
	油质不佳，含有杂质	更换合格润滑油
	油环停止转动或转动不灵活	放正油环位置或更换油环
	轴承弯曲或联轴器没找正	矫直或更换泵轴，找正联轴器
	轴承间隙太小	调整好轴承间隙
	轴承损坏	更换轴承
	平衡盘安装不正引起摩擦	调整或重新安装
	叶轮平衡孔堵塞，泵轴向力不平衡	清除平衡孔中堵塞的杂物
	多级泵平衡轴向力装置失去作用	检查回水管是否堵塞，联轴器是否相碰，平衡盘是否损坏
电动机过载	电动机启动时，压水阀未关严	闭闸启动
	压水管破裂，水管漏损严重，导致水泵工作时流量过大，扬程低	检修压水管
	平衡盘故障	检查和调整平衡盘
	转速高于额定值	检查电路及电动机
	电动机和水泵发生机械故障	检查水泵及电动机
	转子安装倾斜，轴承、填料盒和密封环摩擦过大	调整或重新安装
填料函处发热，渗漏水过少或没有	填料压得过紧	调整松紧度，使渗漏水呈滴状连续渗出
	填料环安装位置不对	调整填料环位置，使之对准水封管口
	水封管堵塞	疏通水封管
	填料盒与轴不同心	检修，放正不同心处
填料函处渗漏过大	填料函压盖过松	拧紧压盖螺栓，普通软填料泄漏每分钟不超过10～20滴；机械密封每分钟约3滴

本项目学习小结

本学习项目讲述了建筑给水管网、排水管网、消防给水系统的基本组成，详细讲述了建筑给水管网、排水管网、消防给水系统运行与管理相关知识和技能，重点阐述建筑给排水系统运行与管理的技能。

通过本学习项目的学习，并辅助以一定量的实训，使学生了解建筑给排水管网的组成；熟悉建筑消防给水管道与附属设备的运行与管理方法；熟练掌握建筑给水管道与附属设备的运行与管理技能；掌握建筑排水管道与附属设备的运行与管理技能。

思考题与习题

6.1　常见给水方式有哪几种？各有什么特点？

6.2　常见的升压设备有哪些？

6.3　调节水箱上应设置哪些管道和配件？各有何作用？

6.4　试述气压给水设备的组成及工作原理。

6.5　试述水表的分类。

6.6　水表的技术参数有哪些？各自的含意如何？

6.7　室内给水系统管理的主要内容有哪些？

6.8　室内给水管道常用的防冻方法有哪些？

6.9　水龙头和阀门常见故障有哪些？

6.10　试述室内普通消防给水系统的组成。

6.11　自动喷水消防系统有几种类型？各有什么特点？

6.12　室内排水系统一般怎样分类？

6.13　室内排水系统由哪些部分组成？

6.14　存水弯有什么作用？有哪几种形式？

6.15　排水横管一般布置在什么地方？要求如何设置？

6.16　室内排水管道系统常见的故障是什么？

6.17　室内排水管道漏水应采取哪些措施进行检修？

6.18　室内排水管道的堵塞常采用哪些措施？

6.19　叙述大便器堵塞的处理方法。

6.20　叙述大便器存水弯损坏的检修方法。

6.21　叙述洗脸盆排水栓漏水的检修方法。

6.22　简述水箱的常见故障及检修方法。

6.23　离心水泵的基本构造有哪些部分？

6.24　离心水泵有哪些基本参数？分别表示什么意义？

6.25　如何在水泵启动、运行和停车时进行维护管理？

参 考 文 献

[1] 上海市政工程设计院．给排水设计手册第3册：城市给水［M］．北京：中国建筑工业出版社，1985.
[2] 同济大学环境工程系．给水工程基本知识［M］．第2版．北京：中国建筑工业出版社，1985.
[3] 陈卫，张金松．城市水系统运营与管理［M］．北京：中国建筑Ｔ业出版社，2005.
[4] 祁鲁梁，李永存，杨小莉．水处理药剂及材料使用手册［M］．北京：中国石化出版社，2000.
[5] 祁鲁梁，李永存，李本高．水处理工艺与运行管理实用手册［M］．北京：中国石化出版社，2002.
[6] 严煦世，范瑾初．给水工程［M］．第4版．北京：中国建筑Ｔ业出版社，1999.
[7] 张莉平，习晋．特殊水质处理技术［M］．北京：化学工业出版社，2006.
[8] 周云，何义亮．微污染水源净水技术及工程实例［M］．北京：化学工业出版社，2003.
[9] 张启海．城市给水工程［M］．北京：中国水利水电出版社，2002.
[10] 李兴旺，张思梅．水处理工程技术［M］．北京：中国水利水电出版社，2007.
[11] 高湘．给水工程技术及工程实例［M］．北京：化学工业出版社，2002.
[12] 张自杰．排水工程：下册［M］．北京：中国建筑工业出版社，2000.
[13] 李健，高沛峻．污水处理技术［M］．北京：中国建筑工业出版社，2005.
[14] 张奎．给排水管道工程技术［M］．北京：中国建筑工业出版社，2005.
[15] 张忠祥，钱易．废水生物处理新技术［M］．北京：清华大学出版社，2004.
[16] 徐亚同，黄民生．废水生物处理的运行管理与异常对策［M］．北京：化学工业出版社，2003.
[17] 李亚峰，晋文学．城市污水处理厂运行与管理［M］．北京：化学工业出版社，2005.
[18] 张健．建筑给水排水工程［M］．北京：中国建筑工业出版社，2005.
[19] 陶俊杰，于军亭，等．城市污水处理技术及工程实例［M］．第2版．北京：化学工业出版社，2005.
[20] 朱亮，张文妍．水处理工程运行与管理［M］．北京：化学工业出版社．2004.